高等职业教育"十四五"化学系列教材

高等职业教育校企合作开发新形态教材

无机及分析化学

丁晓红　勇飞飞　主编
潘立新　孙春艳　谭新旺　副主编
杨彩英　齐　勇　主审

化学工业出版社

·北京·

内容简介

《无机及分析化学》为"校企合作"开发的教材。全书分为九章，分别是绪论、无机化学基础、定量分析实验基础、溶液及其制备、定量分析中的有效数字及误差、滴定分析概论、酸碱滴定分析、配位滴定分析、氧化还原滴定分析、沉淀滴定分析。全书内容丰富翔实，注重实用性，列举了丰富的案例和例题，突出职业教育特色。本书配有丰富的数字化资源，可通过扫描二维码查看案例解析，有利于学生更好地理解知识点。

本书可作为高等职业院校药品、食品、化妆品、医学检验、环境检测类等专业的教学用书，也可作为相关行业从业人员的培训用书、自主学习参考用书。

图书在版编目（CIP）数据

无机及分析化学 / 丁晓红，勇飞飞主编. — 北京：化学工业出版社，2024.9. — ISBN 978-7-122-46009-7

Ⅰ. O61；O65

中国国家版本馆 CIP 数据核字第 20246WOT45 号

责任编辑：李 瑾 蔡洪伟　　装帧设计：关 飞
责任校对：李雨晴

出版发行：化学工业出版社
　　　　　（北京市东城区青年湖南街13号　邮政编码100011）
印　　刷：北京云浩印刷有限责任公司
装　　订：三河市振勇印装有限公司

787mm×1092mm　1/16　印张15　彩插1　字数371千字
2024年10月北京第1版第1次印刷

购书咨询：010-64518888
售后服务：010-64518899
网　　址：http://www.cip.com.cn

凡购买本书，如有缺损质量问题，本社销售中心负责调换。

定　　价：45.00元　　　　　版权所有　违者必究

编审人员名单

主　　编：丁晓红　勇飞飞

副 主 编：潘立新　孙春艳　谭新旺

编写人员：（以姓氏笔画为序）

丁晓红　山东药品食品职业学院
于田田　山东新华制药股份有限公司
孙春艳　山东药品食品职业学院
张双双　山东药品食品职业学院
张修梅　山东药品食品职业学院
侯利珂　山东新华制药股份有限公司
勇飞飞　山东药品食品职业学院
谭新旺　山东药品食品职业学院
潘立新　山东药品食品职业学院

主　　审：杨彩英　山东药品食品职业学院
　　　　　齐　勇　山东新华制药股份有限公司

前言

为全面落实《国家职业教育改革实施方案》中关于"建设一大批校企'双元'合作开发的国家规划教材"的要求,以教材建设助力"三教"改革,提升人才培养质量,我们组织行业企业一线专家、岗位技术人员和学校教师共同编写本教材。

无机及分析化学课程是药品、食品、化妆品、医学检验、环境检测类等专业的一门重要的专业基础课,为更好地服务专业人才培养目标和岗位工作需求,本教材参照相关专业的国家教学标准和职业标准(规范)对课程知识、技能的要求,基于产业转型升级对本课程的实际需求,针对当前学情基础,结合多所学校教学需要编写而成。全书分为九章内容,主要具有以下特色:

1. 内容体现学科特点,突出职业教育特色。内容体系上,删除了传统教材中物质结构和化学反应速率与化学平衡两章;重新梳理了"四大平衡"与"四大滴定"的逻辑架构,适当融入化学反应速率与化学平衡内容于四大平衡中,删减了部分理论性很强而实用性不强的内容,增强了内容的针对性;岗课对接,加强了定量分析实验基础、溶液及其制备、定量分析中的有效数字及误差三章岗位工作要求高的内容,增强了内容的实用性。仪器分析相关内容放入《仪器分析》课程配套教材。

2. 符合技术技能人才成长规律和学生认知特点。本教材以典型工作任务、案例等为载体组织教学单元,每章内容以案例导入、抛出问题、解决问题为逻辑主线,将知识点、技能点和思政点有机贯穿,层层递进,由浅入深,重点突出,逻辑清晰,同时也便于学生提前熟悉岗位工作要求,岗课紧密衔接。

3. 编排科学合理,栏目设置丰富多样。教材中设置了大量例题、案例、练一练、难点解析、知识补充、知识回顾、目标检测等栏目,便于学生更好地理解和掌握重点,攻克难点,学用结合,教师易教,学生易学。

4. 配套的数字化资源丰富。对于教学重点和难点,编写了丰富的案例和例题,通过扫描二维码可以查看案例解析,有利于学生更好地理解知识点。同时针对教材中的实践操作项目,建立了体系化数字资源平台(学银在线),师生可以登录课程平台观看,便于实施课前课后、线上线下混合式教学。

本书为校企合作开发的教材,具体编写分工为:绪论、第二章由勇飞飞编写;第一、第五章由潘立新编写;第三章由于田田和侯利珂编写;第四章由丁晓红编写;第六章由孙春艳编写;第七章由张修梅编写;第八章由谭新旺编写;第九章由张双双编写。全书由山东药品食品职业学院杨彩英教授和山东新华制药股份有限公司经理齐勇担任主审,从校、企不同角度提出很多宝贵意见。教材在编写过程中还得到山东新华制药股份有限公司等多位专家的指导和大力帮助,在此一并表示感谢。

由于编者水平有限,书中疏漏之处在所难免,敬请各位读者和同仁给予批评指正。

编 者
2024 年 5 月

目录

绪论 / 001

一、认识无机及分析化学 / 001
二、无机及分析化学的主要内容 / 001
三、无机及分析化学的作用 / 002
四、无机及分析化学的学习方法 / 003
知识回顾 / 004
目标检测 / 004

第一章　无机化学基础 / 005

第一节　原子核外电子的运动状态 / 005
　一、原子核外电子的运动 / 005
　二、原子核外电子运动状态的描述 / 006
第二节　原子核外电子的排布规律 / 008
　一、近似能级图 / 008
　二、原子核外电子的排布规律 / 009
第三节　元素周期律与元素周期表 / 011
　一、元素周期律 / 011
　二、元素周期表 / 013
第四节　化学键 / 014
　一、离子键 / 014
　二、共价键 / 014
第五节　分子间作用力和氢键 / 017
　一、分子的极性 / 017
　二、分子间作用力 / 017
　三、氢键 / 018
知识回顾 / 020
目标检测 / 020

第二章　定量分析实验基础 / 023

第一节　化学试剂 / 023
　一、化学试剂分类 / 023
　二、化学试剂管理 / 024
　三、化学试剂取用 / 025
第二节　实验室用水 / 027
　一、实验室用水的制备 / 027
　二、实验室用水的规格 / 028
第三节　定量分析常用仪器 / 028
　一、电子分析天平 / 028
　二、移液管 / 032
　三、容量瓶 / 035
　四、滴定管 / 037
　五、玻璃仪器的洗涤 / 041
第四节　实验室安全 / 042
　一、化学实验室规则 / 042
　二、实验室意外事故的急救处理 / 043
　三、实验室环境保护 / 044
知识回顾 / 046
目标检测 / 047

第三章 溶液及其制备 / 051

第一节 分散系 / 051
 一、分散系的概念 / 051
 二、分散系的分类 / 052
第二节 溶液的分类和制备 / 052
 一、溶液浓度的表示方法 / 052
 二、溶液的分类 / 055
 三、溶液的制备 / 056
第三节 溶液的管理 / 059
 一、溶液的有效期管理 / 059
 二、溶液的标识管理 / 059
 三、溶液的发放及使用管理 / 059

第四节 稀溶液的依数性（选学内容） / 060
 一、稀溶液的蒸气压下降 / 060
 二、稀溶液的沸点升高 / 061
 三、稀溶液的凝固点降低 / 061
 四、稀溶液的渗透压 / 062
第五节 胶体溶液（选学内容） / 065
 一、溶胶 / 065
 二、高分子化合物溶液 / 068
 三、凝胶 / 069
知识回顾 / 071
目标检测 / 071

第四章 定量分析中的有效数字及误差 / 074

第一节 定量分析中的有效数字及其处理 / 074
 一、定量分析概述 / 074
 二、有效数字及其运算 / 075
 三、有效数字的应用举例 / 080
第二节 定量分析误差及其处理 / 081

 一、误差的分类及来源 / 082
 二、准确度与精密度 / 083
 三、提高分析结果准确度的方法 / 087
知识回顾 / 089
目标检测 / 089

第五章 滴定分析概论 / 093

第一节 滴定分析法概述 / 093
 一、基本概念与原理 / 093
 二、滴定反应基本条件 / 095
 三、滴定方法及滴定方式 / 095
第二节 滴定液及其制备 / 097
 一、滴定液及其浓度的表示方法 / 097
 二、滴定液的制备 / 098

 三、滴定液的使用与管理 / 101
第三节 滴定分析计算应用 / 101
 一、溶液浓度的计算 / 102
 二、物质含量的计算 / 104
知识回顾 / 106
目标检测 / 106

第六章 酸碱滴定分析 / 110

第一节 酸碱质子理论 / 111
 一、酸碱的概念 / 111
 二、酸碱反应 / 112

第二节 溶液的酸碱性 / 113
 一、可逆反应与平衡常数 / 114
 二、水的质子自递平衡及溶液酸碱性 / 115

三、弱酸（碱）的解离平衡 / 117
第三节　缓冲溶液 / 122
一、缓冲溶液及其组成 / 122
二、缓冲溶液的配制及在医药学上的应用 / 124
第四节　酸碱滴定法 / 125
一、酸碱指示剂 / 125
二、酸碱滴定法基本原理 / 128
三、酸碱滴定曲线 / 128
四、酸碱滴定液的配制与标定 / 136

五、酸碱滴定法的应用 / 141
第五节　非水溶液的酸碱滴定 / 144
一、基本原理 / 144
二、非水酸碱滴定法的特点 / 145
三、非水酸碱滴定法的溶剂 / 145
四、非水酸碱滴定类型及应用 / 146
知识回顾 / 155
目标检测 / 156

第七章　配位滴定分析 / 159

第一节　配位化合物 / 159
一、配位化合物的概念和组成 / 159
二、配合物的命名 / 162
第二节　配位平衡 / 163
一、配位平衡常数 / 163
二、配位平衡的移动 / 164
第三节　EDTA 及其配合物 / 165
一、EDTA 的性质及其解离平衡 / 166
二、EDTA 与金属离子配位的特点 / 167

三、EDTA 配合物的解离平衡 / 168
第四节　配位滴定法 / 171
一、金属指示剂 / 171
二、提高配位滴定选择性的方法 / 174
三、EDTA 标准溶液的配制与标定 / 175
四、配位滴定法的应用 / 176
知识回顾 / 178
目标检测 / 179

第八章　氧化还原滴定分析 / 181

第一节　氧化还原反应 / 181
一、氧化还原反应基本概念 / 181
二、氧化还原反应方程式的配平 / 185
第二节　电极电势 / 186
一、原电池 / 186
二、电极电势与标准氢电极 / 188
三、电极电势的应用 / 191

第三节　氧化还原滴定法介绍 / 192
一、概述 / 192
二、高锰酸钾法 / 194
三、碘量法 / 198
四、亚硝酸钠法 / 201
知识回顾 / 203
目标检测 / 204

第九章　沉淀滴定分析 / 206

第一节　沉淀溶解平衡及其影响因素 / 206
一、溶度积常数 / 207
二、沉淀溶解平衡 / 209
三、分步沉淀 / 211
四、沉淀的转化 / 211

第二节　沉淀滴定法 / 212
一、莫尔法 / 212
二、佛尔哈德法 / 214
三、法扬司法 / 215
四、沉淀滴定法的应用 / 217

第三节 重量分析法简介 / 218
　　一、沉淀法 / 218
　　二、气化法 / 219
　　三、提取法 / 219
　　四、电解法 / 219
知识回顾 / 220
目标检测 / 220

附录1　常见质子酸碱的解离常数 / 224
附录2　常见金属配合物的稳定常数 / 225
附录3　常见电极电对的标准电极电势 / 226
附录4　常见难溶化合物的溶度积常数 / 228
目标检测参考答案 / 229

参考文献 / 232

二维码资源目录

序号	资源名称	资源类型	页码	序号	资源名称	资源类型	页码
1	解析2-1	文档	025	16	解析5-1	文档	096
2	解析2-2	文档	025	17	解析5-2	文档	097
3	解析2-3	文档	026	18	解析6-1	文档	111
4	解析2-4	文档	026	19	解析6-2	文档	121
5	解析2-9	文档	031	20	解析6-3	文档	142
6	解析2-10	文档	040	21	解析6-4	文档	143
7	解析2-11	文档	045	22	解析6-5	文档	144
8	解析3-1	文档	052	23	解析7-1	文档	160
9	解析3-2	文档	053	24	解析8-1	文档	182
10	解析4-1	文档	075	25	解析8-2	文档	182
11	解析4-2	文档	076	26	解析8-3	文档	196
12	解析4-3	文档	077	27	解析8-4	文档	201
13	解析4-4	文档	078	28	解析9-1	文档	212
14	解析4-5	文档	083	29	解析9-2	文档	218
15	解析4-6	文档	084				

绪 论

一、认识无机及分析化学

  化学的历史十分久远，远古人钻木取火以及用火烘烤食物、驱寒取暖应该是人类较早利用的化学反应。从那以后，人类开始吃熟食，学习制陶、冶炼、制药、酿造、染色等，由此人类积累了大量化学实践经验，但尚未形成化学科学知识。直至17世纪后期，英国化学家波义耳（R. Boyle）提出化学研究的对象和任务就是寻找和认识物质的组成和性质，对化学元素提出了科学的定义，化学才走上科学发展的轨道。18世纪下半叶，法国化学家拉瓦锡（A. Lavoisier）在大量研究的基础上提出燃烧氧化学说，发现质量守恒定律，与后来相继建立的定组成定律、倍比定律等，开创了定量化学时期。1803年英国化学家道尔顿（J. Dalton）提出原子学说，1811年意大利化学家阿伏伽德罗（A. Avogadro）提出分子概念。1869年俄国化学家门捷列夫提出元素周期律，大大推动化学研究的系统化发展。19世纪末至20世纪40年代，电子、原子核、X射线、放射性等的发现，以及量子力学的建立，大大加深了人们对物质结构和性质关系的认识。20世纪下半叶起，化学合成突飞猛进，化学热力学充分完善，化学分析方法日新月异，化学与其他学科相互渗透，化学进入黄金发展时代。

  化学传统地分为无机化学、分析化学、有机化学、物理化学四个分支。本课程将无机化学和分析化学的部分内容进行适当整合形成无机及分析化学。无机及分析化学所涉及的研究与应用十分广泛，其常常作为一种手段而广泛应用在化学学科本身以及与化学有关的各学科领域中。在国民经济建设中，无机及分析化学具有更重要的实用意义，无论是在工农业生产的原料选择、生产过程的控制与管理、产品质量检验，还是新技术的探索应用、新产品的开发研究等，都要以分析结果作为重要参考依据。在医药卫生、环境保护、国防公安等方面也都离不开分析检验。

二、无机及分析化学的主要内容

  无机化学是化学科学中发展最早的一个分支学科，它的研究对象是元素和非碳氢结构的化合物。无机化学的主要任务是研究无机物质的组成、结构、性质及其变化规律。其研究范围较为广泛，所涉及的一些理论和普遍规律是其他化学分支学科研究的基础。

  分析化学是化学科学的一个重要分支，它是研究物质组成的分析方法、有关理论和技术的一门学科。它的研究对象不仅包括无机物，也包括有机物。分析化学的任务包括三个方面，即：定性分析、定量分析和结构分析。定性分析的任务是鉴定物质的化学组成；定量分析的任务是测定样品中有关组分的含量；结构分析则是确定物质的分子结构或晶体结构。分析化学在工农业生产、国防、医药卫生、环境保护、科学研究等众多领域具有重要作用，其发展是衡量国家科学技术和人民生活水平的重要标志之一。

无机及分析化学是将无机化学和分析化学的内容进行有效整合，是药品及食品类专业的一门核心基础课程。根据专业人才培养目标和课程的教学目标，本课程内容强调与专业知识、能力的联系，重视学生的素质教育及学习能力、实践能力和创新能力等的培养，注重学生职业道德的培养。

本教材以典型的案例作为每一章的学习引导，重点介绍了定量分析实验基础、溶液及其制备、定量分析中的有效数字及误差处理、滴定分析概论、酸碱滴定分析、配位滴定分析、氧化还原滴定分析、沉淀滴定分析等内容。

三、无机及分析化学的作用

药学科学是生命科学的重要组成部分，承担着研制预防和治疗疾病、促进人类身体健康、提高生存质量的药物，并揭示药物与人体及病原体相互作用规律的重要任务。化学与药学的关系十分密切，利用药物治疗疾病是化学对医学和人类文明的重要贡献之一。

1800 年，英国化学家 H. Davy 发现了一氧化二氮的麻醉作用，后来又发现了更加有效的麻醉药物，如乙醚、盐酸普鲁卡因等，使无痛外科手术成为可能。1932 年，德国科学家 G. Domagk 发现了一种偶氮磺胺染料百浪多息，使一位患细菌性败血症的孩子得以康复。此后，化学家先后研究出数千种抗生素、抗病毒药物及抗肿瘤药物，使许多长期危害人类健康和生命的疾病得到控制，挽救了无数生命，充分显示出化学在医学和人类文明进步中的巨大作用。

阿司匹林的问世，可追溯到公元前 4 世纪，那时人们就知道用柳树皮煮汤或咀嚼柳树皮可以治疗疼痛和发热，但是一直不知道柳树皮里的什么物质有这种神奇疗效。直至 1828 年德国药剂学教授毕希纳（J. Buchner）从柳树皮中分离出水杨苷，人们才意识到这种物质具有镇痛和解热功效。1838 年意大利化学家皮里亚（R. Piria）发现水杨苷水解氧化生成水杨酸，疗效比水杨苷更好。1860 年德国化学家科尔贝（Koble）首次合成水杨酸，1875 年水杨酸钠作为解热镇痛和抗风湿病药应用于临床。1898 年德国 29 岁化学家霍夫曼（Hoffmann）合成了阿司匹林，应用于治疗风湿性关节炎，疗效极好，副作用较低，一直使用至今。

医学研究的目的是预防和治疗疾病，而疾病的预防和治疗则需要广泛地使用药物。药物的主要作用是调整因疾病而引起的机体的种种异常变化，抑制或杀死病原微生物，帮助机体战胜感染。药物的药理作用和疗效是与其化学结构及性质相关的，例如碳酸氢钠、乳酸钠等药物，因为在水溶液中呈碱性，所以是临床上常用的抗酸药，主要用于治疗糖尿病及肾炎等引起的代谢性酸中毒；药物多巴分子中有一个手性中心，存在一对对映体——右旋多巴和左旋多巴，右旋多巴对人体无生理效应，而左旋多巴却被广泛用于治疗帕金森病；钙是人体必需元素，钙缺乏会造成骨骼畸形、手足抽搐、骨质疏松等许多疾病，老人与儿童常需要服用葡萄糖酸钙、乳酸钙等药物以防止钙的缺乏。枸橼酸钠能通过将体内的铅转变为稳定的无毒的 $[Pb(C_6H_5O_7)]^-$ 配离子，使之经肾脏排出体外，以治疗铅中毒。顺式二氯二氨合铂（Ⅱ）是第一代抗癌药物，能破坏癌细胞 DNA 的复制能力，抑制癌细胞的生长，从而达到治疗的目的。由于药物在防病和治病方面的重要作用，越来越多的科学家、医学家为开发利用新的药物而进行不懈的探索和试验，而药物的研制、生产、质量控制、保存及新药的合成等，都依赖于丰富的无机化学和分析化学的知识。

食品是人们赖以生存的物质基础，无论在营养膳食、食品加工、食品营养与检测等各个方面都离不开化学。

四、无机及分析化学的学习方法

无机及分析化学是以实践为基础的学科，是药学和食品等专业重要的基础课。学习无机及分析化学除了要掌握其基本理论、分析方法及其有关仪器外，一定要重视与药学和食品等专业相关的无机及分析化学操作技术的学习，坚持理论联系实际，树立正确的"量"的概念，培养严谨认真、实事求是的科学态度，培养应用所学知识和技能解决实际问题的能力。

无机及分析化学的任务是学习无机基础知识、对物质进行定性和定量分析，学习无机及分析化学主要是学习其中的分析方法和有关操作技术。各种分析方法既自成体系，又相互联系，因此，在学习过程应注意以下几个方面。

1. 提高学习效率

无机及分析化学概念、理论、知识点、技能点众多。要学好无机及分析化学，必须养成良好的学习习惯，课前做好预习，上课认真听讲，做好笔记，积极参与课堂练习和讨论，多想、多问、多看、多记、多练都是必要的；课后及时复习，整理课堂笔记，独立完成作业。

分析方法种类繁多，有些分析方法"共性"和"个性"比较分明，因此，学完一种或一类分析方法，有必要将有关知识点、技能点，通过类比、归纳、总结，形成知识和技能网络体系。这是知识和技能的提高过程，也是理性认识到综合应用的准备过程。

2. 注重实验技能

无机及分析化学实验是理论联系实际的重要教学环节，对于培养学生职业能力、创新创业能力和科学素质具有重要意义。在进行实验前，必须仔细阅读实验有关知识和技能内容，明确实验目的、原理、步骤、结果计算以及实验中的误差来源，写好预习提纲，方可进入实验室做实验。在实验过程中，要严格遵守实验室安全守则和操作规程，仔细观察实验现象，实事求是地记录实验数据，对实验现象和实验结果做理性分析和讨论，寻找产生误差的原因，以便在以后的实验中减小或消除误差。

3. 树立正确的"量"的概念

"量"是分析化学的核心。"量"的概念是指关系到测量数据的准确性、实验操作规范严谨、计算结果的正确性等方面的理论知识、操作技能和科学态度。"量"的概念主要体现在：分析化学基本操作，如仪器洗涤、物质称量、液体量取、标准溶液配制、滴定操作和终点控制等；分析过程，如取样及试样储存、分解和制备方法等；分析方法的质量参数，如灵敏度、准确性、选择性等；数据表达，如有效数字记录、修约、运算等。树立正确的"量"的概念是学习分析化学的基础，需要在学习过程中对基本知识和基本技能深化认识，对分析检验过程做好质量把控。

4. 合理使用互联网

在"互联网$^+$教育"时代下，合理使用互联网已成为学习无机及分析化学知识和技能、解决无机及分析化学问题的重要手段之一。无机及分析化学教学资源库和相关的网络课程为大学生课外自主学习、终身学习提供了信息化平台。在网络化学习模式下，学习内容不再是枯燥的文字，而是图片、语音、视频、虚拟实验等；学习资源的发放、作业的布置与提交，无需面对面进行，而是可以通过"手机扫码"的形式进行，提高教学效果。

知识回顾

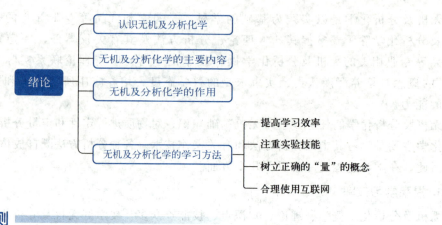

目标检测

简答题

1. 无机及分析化学包含哪些内容？
2. 如何学好无机及分析化学？

第一章 无机化学基础

学习引导

在一个标准大气压下,纯水结冰的温度为0℃,此时水的密度为999.87kg/m³(纯水在4℃时密度最大,为1000kg/m³),冰的密度为917kg/m³。水和冰的分子式都为H_2O,为什么水的密度比冰的密度大?

通过本章内容的学习,我们能找到水比冰密度大的原因,让我们一起探索微观世界的奥秘。

学习目标

1. 知识目标
掌握原子核外电子排布规律、离子键和共价键的形成过程及特征、价键理论的基本要点、分子间作用力、氢键对物质物理性质的影响;熟悉多电子原子轨道的能级图、元素周期律、元素周期表的结构;了解核外电子运动状态的四个量子数,s、p电子云的形状和空间伸展方向。

2. 能力目标
能正确排布元素原子的最外层电子,会分析分子间作用力、氢键对物质物理性质的影响。

3. 素质目标
培养学生认识世界的唯物史观和不断求索的科学精神。

第一节 原子核外电子的运动状态

一、原子核外电子的运动

原子是化学反应不可再分的最小微粒,原子由原子核和核外电子组成。原子的质量极小,主要集中在原子核上。核外电子是一种微观粒子,在核外直径约为10^{-10}m的空间高速运动。核外电子的运动与宏观物体运动不同,没有确定的方向和轨迹。根据量子力学中的测不准原理,我们不可能同时准确地测定出电子在某一时刻所处的位置和运动速度,也不能描画出它的运动轨迹。为了形象地表示核外电子的运动状态,化学上常用小黑点的疏密表示电子出现概率的相对大小。小黑点密集的地方,表示电子出现的概率大;小黑点稀疏的地方,表示电子出现的概率小。在这些图像中,电子如同一团带负电的云雾笼罩在原子核的周围,故称为电子云。如氢原子核外只有 1 个电子，该电子在原子核外的运动状态统计后形成的电子云有很多小黑点，如图 1-1 所示。从图中可以看出，氢原子的电子云为球形对称，离原子核越近，小黑点越密集，表明电子出现的概率越大；离原子核越远，小黑点越稀疏，表明电子出现的概率越小。通常把电子出现概率最大且密度相等的地方连起来作为电子云的界面，电子在界面内出现的总概率高达 90% 以上，如图 1-2 所示。

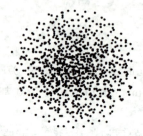
图 1-1　氢原子电子云示意图

图 1-2　氢原子电子云界面图

二、原子核外电子运动状态的描述

电子在原子核外的运动状态是相当复杂的，要确定核外电子的运动状态，必须从主量子数、角量子数、磁量子数和自旋量子数四个方面来描述。

1. 主量子数（n）

主量子数用来描述核外电子离核的远近，它是决定电子能量的主要因素，用符号 n 表示。n 的取值为 1、2、3、…n 的正整数。n 值越小，表明该电子离原子核越近，该电子具有的能量越低；n 值越大，表明该电子离原子核越远，该电子具有的能量越高。把主量子数相同的轨道划为一个电子层，如 $n=1$，称为第一电子层。在光谱学中，每个电子层都有不同的符号来表示，其对应关系为：

n 的取值	1	2	3	4	5	6	7
电子层	一	二	三	四	五	六	七
电子层符号	K	L	M	N	O	P	Q
能量高低	低 ──────────────→ 高						

2. 角量子数（l）

实验证实，即使在同一电子层中，电子的能量也有微小的差别，且电子云的形状也不完全相同，所以根据能量差别及电子云形状的不同，把同一电子层又分为几个电子亚层。

角量子数代表的是电子云的形状，用符号 l 表示。在多电子原子中主量子数与角量子数共同决定电子能量的高低。角量子数 l 的取值受主量子数 n 的限制，它们之间的关系为：

$$l \leqslant n-1$$

l 取值为 0、1、2、…（$n-1$）的正整数，用光谱学符号 s、p、d、f、g 等来表示。例如 $n=1$，$l=0$，可表示为 1s，称为 1s 亚层；$n=2$，$l=0$、1，分别表示为 2s、2p，

称为 2s、2p 亚层，如下表所示：

n 的取值	1	2		3			4				⋯
l 的取值	0	0	1	0	1	2	0	1	2	3	⋯
电子亚层	1s	2s	2p	3s	3p	3d	4s	4p	4d	4f	⋯

电子亚层不同，电子云的形状也不相同。s 亚层电子云的形状为球形分布，p 亚层电子云的形状呈无柄哑铃形，如图 1-3 所示。

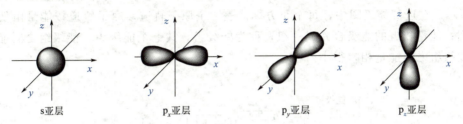

图 1-3　s 亚层、p 亚层电子云的形状

3. 磁量子数（m）

磁量子数决定着电子云在空间的伸展方向，用符号 m 表示。磁量子数 m 的取值受角量子数 l 的限制，它们之间的关系为：

$$|m| \leqslant l$$

m 的取值为 0、±1、±2、⋯±l，共有 $2l+1$ 个取值，即电子云在空间有 $2l+1$ 个伸展方向。

例如 $l=0$ 时，s 电子云呈球形对称分布，没有方向性。m 只能有一个值，即 $m=0$，说明 s 亚层只有一个轨道为 s 轨道。当 $l=1$ 时，m 有 −1、0、+1 三个取值，说明 p 电子云在空间有三种取向，分别用 p_x、p_y 和 p_z 表示。

习惯上把在一定的电子层上、具有一定形状和伸展方向的电子层所占据的空间称为原子轨道，简称轨道。常用圆圈（○）或方框（□）表示 1 个轨道。同一亚层能量相同的轨道，称为等价轨道。如 $2p_x$、$2p_y$ 和 $2p_z$ 轨道的主量子数和角量子数相同，所以它们的能量也就相同，它们是等价轨道。

4. 自旋量子数（m_s）

原子中的电子不仅绕着原子核运动，而且绕着自身的轴转动。自旋量子数代表电子在空间的自旋方向，用符号 m_s 表示。电子的自旋只有顺时针和逆时针两种方向，通常用向上（↑）和向下的箭头（↓）来表示自旋方向相反的两个电子，所以 m_s 的取值只有 $+\dfrac{1}{2}$、$-\dfrac{1}{2}$ 两种。由于自旋量子数 m_s 只有两个取值，因此每个原子轨道最多容纳 2 个自旋方向相反的电子。

综上所述，当我们要说明一个电子的运动状态时，必须同时指明电子的主量子数、角量子数、磁量子数和自旋量子数。

第二节 原子核外电子的排布规律

一、近似能级图

1939年美国化学家鲍林根据大量的实验数据提出了多电子原子轨道的近似能级图，如图1-4所示。在近似能级图中，每个小方框代表一个原子轨道，原子轨道按能量由低到高的顺序排列；能量相近的能级合并成一组，称为能级组，共七个能级组，能级组之间能量相差较大而能级组之内能量相差很小。

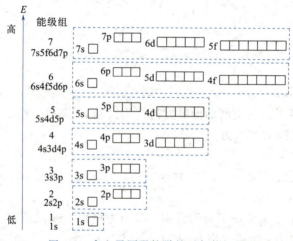

图1-4 多电子原子轨道的近似能级图

从多电子原子轨道的近似能级图可以看出：①当 n 和 l 都相同时，原子轨道的能量也相同，如 np 亚层的三个等价轨道、nd 亚层的五个等价轨道、nf 亚层的七个等价轨道。②当 n 相同，l 不相同时，l 值越大，轨道的能量越高，如 $E_{ns}<E_{np}<E_{nd}<E_{nf}$。③当 l 相同，n 不相同时，n 值越大，轨道的能量越高，如 $E_{1s}<E_{2s}<E_{3s}$、$E_{2p}<E_{3p}<E_{4p}$。④当 n 和 l 都不相同时，由于各电子间存在着较强的相互作用，造成某些电子层数较大的亚层，其能量反而低于某些电子层数较小的亚层的能量，这种现象称为能级交错，如 $E_{4s}<E_{3d}<E_{4p}$、$E_{5s}<E_{4d}<E_{5p}$ 等。

> **知识补充**
>
> **屏蔽效应和钻穿效应**
>
> **屏蔽效应** 在多电子原子中，一个电子不仅受到原子核的引力，而且还要受到其他电子的排斥力。内层电子排斥力显然要削弱原子核对该电子的吸引，可以认为排斥作用部分抵消或屏蔽了核电荷对该电子的作用，这种现象称为屏蔽效应。
>
> **钻穿效应** 在多电子原子中，外层电子并不总是在离核远的区域内运动，也可以钻入

内部区域而更靠近原子核，从而削弱了内层电子的屏蔽效用，相对增加了原子的有效核电荷，使得原子轨道的能级降低，这种现象称为钻穿效应。钻穿效应使轨道的能量降低，正因为钻穿效应的影响，才会出现能量交错现象。

二、原子核外电子的排布规律

在多电子原子中，核外电子的排布需要遵循能量最低原理、泡利不相容原理和洪特规则。

1. 能量最低原理

电子在原子核外排布时，要尽可能使电子的能量最低，这也比较符合自然界的普遍规律——能量越低越稳定。所以核外电子总是优先占据能量最低的原子轨道，然后再依次进入能量较高的轨道，这就是能量最低原理。

根据近似能级图和能量最低原理，核外电子填入原子轨道的顺序如图1-5所示。

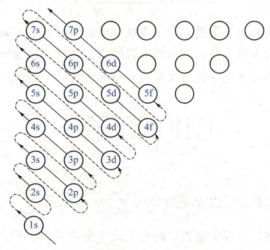

图1-5　原子核外电子填充顺序图

2. 泡利不相容原理

1925年，奥地利物理学家泡利指出，在同一个原子中不可能有运动状态完全相同的2个电子同时存在，即每一个原子轨道中最多只能容纳2个自旋方向相反的电子，这就是泡利不相容原理。

原子核外电子的排布常用电子排布式来表示。按电子在原子核外各亚层中的分布情况，在亚层符号的右上角注明排列的电子数，这种排布方式称为电子排布式。如 $_{12}$Mg 的电子排布式为：$1s^2 2s^2 2p^6 3s^2$。

实验证明，参加反应的只是原子的外层电子（也称价电子），内层电子结构一般不变。为了简化电子排布式，通常把内层已达到惰性气体元素电子层结构的部分，用相应的惰性气体元素符号加方括号表示，称为原子实。如 $_{17}$Cl 的电子排布式为：[Ne] $3s^2 3p^5$。

价电子是指原子在参加化学反应时能够用于成键的电子。主族元素原子的价电子为最外层电子；副族元素原子的价电子为最外层电子和次外层电子。

例题 1-1 根据原子核外电子的排布规律，请写出 $_7$N、$_{11}$Na、$_{19}$K 的电子排布式。

解析： $_7$N 的电子排布式为：$1s^2 2s^2 2p^3$

$_{11}$Na 的电子排布式为：$1s^2 2s^2 2p^6 3s^1$

$_{19}$K 的电子排布式为：$1s^2 2s^2 2p^6 3s^2 3p^6 4s^1$

练一练：

已知某元素的电子排布式为 $1s^2 2s^2 2p^6 3s^2 3p^6 3d^2$，对吗？若错，违背了什么原理？请改正。

3. 洪特规则

1925 年，德国物理学家洪特根据大量光谱实验数据得出：电子在进入同一亚层的等价轨道时，总是尽可能占据不同的轨道，且自旋方向相同。如 $_7$N 的电子排布式为：$1s^2 2s^2 2p^3$，7 个电子在原子轨道中的填充情况为：

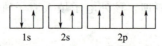

小方框（或圆圈）代表原子轨道，在小方框（或圆圈）的上方或下方标注原子轨道的符号，用"↑"或"↓"代表电子自旋方向和数目的表示方式，称为轨道表示式。

例题 1-2 根据原子核外电子的排布规律，请写出 $_6$C 的轨道表示式。

$_6$C 的轨道表示式：

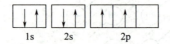

练一练：

请写出 $_8$O、$_{11}$Na、$_{15}$P 和 $_{17}$Cl 的轨道表示式。

洪特规则有一个特例：当等价轨道中的电子处于全空（p^0、d^0、f^0）、半充满（p^3、d^5、f^7）或全充满（p^6、d^{10}、f^{14}）时，体系能量最低。如 $_{24}$Cr 的电子排布式为 $1s^2 2s^2 2p^6 3s^2 3p^6 3d^5 4s^1$，$_{29}$Cu 的电子排布式为 $1s^2 2s^2 2p^6 3s^2 3p^6 3d^{10} 4s^1$。

根据光谱实验结果，绝大多数元素的核外电子排布式遵循能量最低原理、泡利不相容原理、洪特规则。表 1-1 列出了 1～36 号元素原子的电子层结构。

表 1-1　1～36 号元素原子的电子层结构

原子序数	元素	电子层结构	原子序数	元素	电子层结构
1	H	$1s^1$	7	N	[He]$2s^2 2p^3$
2	He	$1s^2$	8	O	[He]$2s^2 2p^4$
3	Li	[He]$2s^1$	9	F	[He]$2s^2 2p^5$
4	Be	[He]$2s^2$	10	Ne	[Ne]
5	B	[He]$2s^2 2p^1$	11	Na	[Ne]$3s^1$
6	C	[He]$2s^2 2p^2$	12	Mg	[Ne]$3s^2$

续表

原子序数	元素	电子层结构	原子序数	元素	电子层结构
13	Al	[Ne]$3s^23p^1$	25	Mn	[Ar]$3d^54s^2$
14	Si	[Ne]$3s^23p^2$	26	Fe	[Ar]$3d^64s^2$
15	P	[Ne]$3s^23p^3$	27	Co	[Ar]$3d^74s^2$
16	S	[Ne]$3s^23p^4$	28	Ni	[Ar]$3d^84s^2$
17	Cl	[Ne]$3s^23p^5$	29	Cu	[Ar]$3d^{10}4s^1$
18	Ar	[Ar]	30	Zn	[Ar]$3d^{10}4s^2$
19	K	[Ar]$4s^1$	31	Ga	[Ar]$3d^{10}4s^24p^1$
20	Ca	[Ar]$4s^2$	32	Ge	[Ar]$3d^{10}4s^24p^2$
21	Sc	[Ar]$3d^14s^2$	33	As	[Ar]$3d^{10}4s^24p^3$
22	Ti	[Ar]$3d^24s^2$	34	Se	[Ar]$3d^{10}4s^24p^4$
23	V	[Ar]$3d^34s^2$	35	Br	[Ar]$3d^{10}4s^24p^5$
24	Cr	[Ar]$3d^54s^1$	36	Kr	[Ar]$3d^{10}4s^24p^6$

第三节　元素周期律与元素周期表

大量实验证明，元素单质及其化合物的性质随原子序数（即核电荷数）的递增而呈周期性的变化，这一规律称为元素周期律。元素周期律的发现是化学系统化过程中的一个重要里程碑。

一、元素周期律

1. 原子半径

根据量子力学的观点，原子的大小无法直接测定。通常所说的原子半径，是根据原子的不同存在形式来定义的。根据原子间成键的类型不同，原子半径分为共价半径、金属半径和范德华半径三种。

当同种元素的两个原子以共价单键结合时，两原子核间距离的一半称为共价半径；在金属晶体中相邻的两个原子核间距离的一半称为金属半径；在分子晶体中，分子间以范德华力结合，相邻分子间两原子核间距离的一半称为范德华半径。同一种元素的三种原子半径的数值不同，一般来说，共价半径最小，金属半径较大，范德华半径最大。如 Na 原子的共价半径为 157pm，金属半径为 186pm，而范德华半径为 231pm。在进行原子半径比较时，应采用相同形式的原子半径。

原子半径的大小主要取决于核外电子层数和有效核电荷，其变化有如下规律：

（1）同一周期的主族元素，从左到右原子半径逐渐减小　因为同一周期元素的电子层数相同，随原子序数的增加核电荷数增大，原子核对电子的吸引力增强，致使原子半径缩小。稀有气体半径是范德华半径，所以原子半径又增大。

(2) 同一主族的元素，自上而下元素的原子半径逐渐增大　同一主族，自上而下随着原子序数的增大，电子层数增多，原子核对外层电子吸引力减弱，原子半径逐渐增大。

2. 原子的电离能

电离能是基态的气态原子失去电子变为气态阳离子，克服核电荷对电子的引力所需要的能量。常用符号 I 表示，单位为 kJ/mol。对于多电子原子，处于基态的气态原子生成正一价气态阳离子所需要的能量称为第一电离能，标记为 I_1。一价气态阳离子再失去一个电子形成二价气态阳离子所需要的能量称为第二电离能，标记为 I_2，以此类推。同一种元素原子的电离能依次增大，即：$I_1 < I_2 < I_3 \cdots$。如 Mg 的第一、二、三电离能分别为 737.7kJ/mol、1450.7kJ/mol、7732.8kJ/mol。

根据电离能的大小可以判断原子失去电子的难易程度，通常用第一电离能来判断原子失去电子的难易程度，其变化规律如下：

(1) 同一周期元素，从左到右元素原子的第一电离能逐渐增加　由于核电荷数增加，原子半径逐渐减小，原子核对外层电子的吸引能力逐渐增强，失去电子所需的能量也就越大，因此第一电离能逐渐增大。

(2) 同一主族元素，从上到下元素原子的第一电离能逐渐减小　因为随着电子层的增加，原子半径逐渐增大，原子核对外层电子的吸引力逐渐减弱，外层电子容易失去，因此第一电离能逐渐减小。

3. 元素的电负性

1932 年，鲍林提出元素的电负性是原子在化合物中吸引电子能力的标度。元素的电负性越大，表示其原子在化合物中吸引电子的能力越强。指定最活泼的非金属元素 F 的电负性为 4.0，然后通过计算得出其他元素电负性的相对值。表 1-2 列出部分元素的电负性。

表 1-2　部分元素的电负性

H 2.2																
Li 0.9	Be 1.5										B 2.0	C 2.5	N 3.0	O 3.4	F 4.0
Na 0.9	Mg 1.3										Al 1.6	Si 1.9	P 2.1	S 2.5	Cl 3.1
K 0.8	Ca 1.0	Sc 1.3	Ti 1.5	V 1.6	Cr 1.6	Mn 1.5	Fe 1.8	Co 1.8	Ni 1.9	Cu 1.9	Zn 1.6	Ga 1.8	Ge 2.0	As 2.1	Se 2.5	Br 2.9
Rb 0.8	Sr 0.9	Y 1.2	Zr 1.3	Nb 1.6	Mo 2.1	Tc 1.9	Ru 2.2	Rh 2.2	Pd 2.2	Ag 1.9	Cd 1.7	In 1.7	Sn 1.8	Sb 2.1	Te 2.1	I 2.6
Cs 0.7	Ba 0.8	La 1.1	Hf 1.3	Ta 1.5	W 2.3	Re 1.9	Os 2.2	Ir 2.2	Pt 2.2	Au 2.5	Hg 2.0	Tl 1.6	Pb 1.8	Bi 2.0	Po 2.0	At 2.2

从表 1-2 中可以得到元素电负性的变化规律如下：

(1) 同周期元素，从左到右电负性逐渐增大　由于原子的核电荷数逐渐增多，原子半径逐渐减小，所以原子在分子中吸引成键电子的能力逐渐增强。

(2) 同族元素，从上到下电负性逐渐减小　由于原子半径逐渐增大，原子在分子中吸引成键电子的能力逐渐减弱。过渡元素的电负性没有明显的变化规律。

电负性也可以作为判断元素金属性和非金属性强弱的尺度。一般来说，金属元素的电负性在 2.0 以下，非金属元素的电负性在 2.0 以上。元素的电负性越大，该元素的原子越易得到电子，元素的非金属性越强、金属性则越弱；反之，电负性越小，该元素的原子越易失去电子，元素的金属性越强、非金属性则越弱。

二、元素周期表

元素周期表是元素周期律的具体表现形式，它反映了元素之间的内在联系，是对元素的一种很好的自然分类。

1. 周期

周期的划分依据是原子核外电子的规律性排布，与轨道能级组相对应。每个能级组对应一个周期，每个周期具有相同的电子层数。元素周期表共有七行，每一行为一个周期，故有七个周期。同一周期元素的特点：从左到右，最外层电子的填充都是从 ns^1 开始，到 np^6 结束。

每一周期所能容纳元素的数目与该能级组最多能容纳的电子数目一致，如第二能级组有 2s、2p 亚层，共 4 个轨道，可以容纳 8 个电子，所以第二周期共有 8 种元素。以此类推，各周期所含元素的数目分别是：2 种、8 种、8 种、18 种、18 种、32 种、32 种。

元素所在的周期序数等于该元素原子的电子层数或最外层电子层的主量子数 n。如 $_{13}$Al 的电子排布式为 $1s^2 2s^2 2p^6 3s^2 3p^1$，其电子层数为 3，最外电子层的主量子数 $n=3$，故 Al 元素位于第三周期。

2. 族

周期表中共有 18 个纵行，分为 16 个族，其中 7 个主族、7 个副族、1 个第八族（有三个纵列）和一个零族。主族和副族分别用符号 A、B 代表。同族元素的价电子构型相似。

元素所在的族数等于其价电子的电子总数。如 $_{15}$P 的电子排布式为 $1s^2 2s^2 p^6 3s^2 3p^3$，价电子构型为 $3s^2 3p^3$，最外层有 5 个电子，所以 P 在第 5 主族；$_{24}$Cr 的电子排布式为 $1s^2 2s^2 p^6 3s^2 3p^6 3d^5 4s^1$，价电子构型为 $3d^5 4s^1$，价电子总数 6 个，所以 Cr 在第 6 副族。

3. 周期表的分区

根据元素原子的价电子构型，元素周期表划分为五个区：

s 区　s 区元素原子的价电子构型为 $ns^{1\sim 2}$，包括 I A 和 II A。该区元素的原子容易失去最外层的电子而形成 +1 或 +2 价的离子，其单质是活泼金属（氢元素除外）。

p 区　p 区元素原子的价电子构型为 $ns^2 np^{1\sim 6}$，包括 III A～VII A 和 0 族，该区元素大部分为非金属元素。

d 区和 ds 区　d 区元素原子的价电子构型为 $(n-1)d^{1\sim 9}ns^{1\sim 2}$，包括 III B～VII B 和 VIII 族。ds 区元素原子的价电子构型为 $(n-1)d^{10}ns^{1\sim 2}$，包括 I B～II B。d 区和 ds 区的元素又称为过渡元素，都是金属元素。

f 区　镧系和锕系元素原子的价电子构型为 $(n-2)f^{1\sim 14}(n-1)d^{0\sim 2}ns^2$，包括镧系和锕系元素，都是金属元素。该区元素的结构特点是：最外层电子数目相同，次外层电子数目也大部分相同，只有倒数第三层的电子数目不同。同系内元素的化学性质极为相似。

第四节 化学键

分子或晶体中相邻原子（或离子）之间主要的、强烈的相互吸引作用称为化学键。根据化学键的特点，将化学键分为离子键、共价键和金属键。本节主要介绍离子键和共价键。

一、离子键

1. 离子键的形成

1916 年，德国化学家柯赛尔根据稀有气体原子的电子层结构高度稳定的事实，提出了离子键理论：任何元素原子都要使外层满足 8 电子稳定结构。金属原子易失去电子形成正离子，非金属原子易得到电子形成负离子。原子得失电子后，生成的正、负离子之间靠静电作用而形成的化学键即为离子键。

以 NaCl 的形成过程表示如下：

$$\left.\begin{array}{l}\text{Na}\ (1s^22s^22p^63s^1) \xrightarrow{-e} \text{Na}^+\ (1s^22s^22p^6) \\ \text{Cl}\ (1s^22s^22p^63s^23p^5) \xrightarrow{+e} \text{Cl}^-\ (1s^22s^22p^63s^23p^6)\end{array}\right\} \longrightarrow \text{NaCl}$$

离子键的生成条件是原子间的电负性相差较大，一般要大于 1.7 左右。由离子键形成的化合物叫作离子型化合物，如 NaCl、$MgCl_2$、CaO 等。在一般情况下，离子型化合物具有较高的熔点和沸点，在熔融状态或溶于水后均能导电。

2. 离子键特征

每个离子都是带电体，其电荷呈球形对称分布，无方向性，所以每个离子可以在任何方向都吸引带相反电荷的离子，而且总是尽可能多地与异性离子相吸引，因此离子键无方向性、无饱和性。

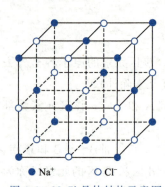

图 1-6　NaCl 晶体结构示意图

如 NaCl 晶体中（如图 1-6 所示），每个 Na^+ 周围有 6 个 Cl^-，每个 Cl^- 周围也有 6 个 Na^+。这并不意味着每个 Na^+ 周围吸引了 6 个 Cl^- 后，它的静电场就饱和了。事实上，在稍远的距离处还有 Cl^-，只不过静电吸引力随距离的增大而减弱。

二、共价键

柯赛尔的离子键理论能很好地解释活泼金属原子和活泼非金属原子形成分子的本质，但无法解释 H_2、O_2 等同种元素原子能形成分子的原因。1916 年，美国化学家路易斯提出共价键理论。

路易斯认为，同种元素的原子之间以及电负性相近的元素原子之间可以通过共用电子对实现 8 电子稳定构型。通过共用电子对形成的化学键称为共价键。

1. 共价键的形成

1927 年，德国物理学家海特勒和伦敦用量子力学处理氢分子，用近似方法算出了氢分

子体系的波函数,这是首次用量子力学方法解决共价键问题。当两个氢原子相互靠近形成氢分子时,存在两种情况:

① 若两个氢原子所带的电子自旋方向相反,当它们相互靠近时,两个原子轨道发生重叠,两核间的电子云密度增大,降低了两原子核间的正电排斥力,并使体系的能量降低,因而两个氢原子形成稳定的共价键,这种状态称为分子的基态,如图1-7(a)所示。

② 若两个氢原子所带的电子自旋方向相同,当它们相互靠近时,两个氢原子间的作用是相互排斥的,两核间的电子云密度几乎为零,不能形成稳定的共价键,这种状态称为分子的排斥态,如图1-7(b)所示。

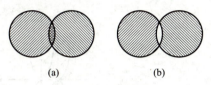

图1-7 氢分子的形成

2. 价键理论的基本要点

海特勒和伦敦将应用量子力学解决氢分子问题的成果推广到其他共价化合物中,成功解释了许多分子的结构问题。价键理论在这一方法的推广中诞生,其基本要点如下:

(1) 电子配对原理 一个原子有几个未成对电子,便可和几个自旋相反的电子配对形成几个共用电子对。根据该电子配对原理,可以推断出共价键具有饱和性。

(2) 原子轨道最大重叠原理 原子轨道总是尽可能沿着最大重叠的方向进行重叠,重叠越多,体系的能量越低,形成的共价键越稳定。根据原子轨道最大重叠原理,可以推断出共价键具有方向性。如图1-8所示,在形成HCl时,只有氢原子的1s轨道沿着氯原子的3p轨道对称轴的方向靠近、重叠,才能达到最大重叠而形成稳定的共价键,如图1-8(a)所示;而在其他方向的重叠很少或是不能重叠,如图1-8(b)所示。

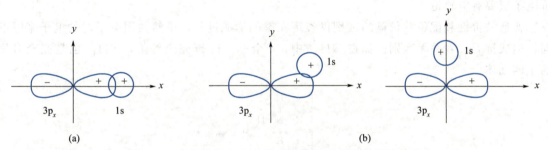

图1-8 H原子与Cl原子轨道在不同方向的重叠示意图

3. 共价键的类型

(1) σ键和π键 根据成键原子轨道重叠方式的不同,可以把共价键分为σ键和π键两种类型。

① σ键 两个原子轨道沿轨道对称轴(即两个原子核间连线)方向以"头碰头"的方式重叠而形成的共价键称为σ键,如图1-9所示。由于σ键是沿轨道对称轴方向形成的,轨道间重叠程度大,所以σ键的键能大、稳定性高,不易断裂。所以所有的单键都是σ键。

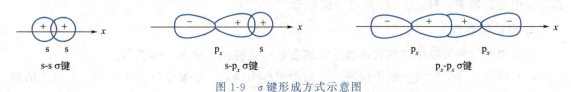

图1-9 σ键形成方式示意图

② π键 两个原子轨道以"肩并肩"的方式重叠而形成的共价键称为π键,如图1-10所示。如果以 x 轴为对称轴,则 p_y 与 p_y 原子轨道、p_z 与 p_z 原子轨道重叠可形成π键。

形成π键时轨道不可能满足最大重叠原理,所以π键的稳定性小,π键电子活泼,容易参与化学反应。如果两个原子可以形成多个共价键,其中必定先形成一个σ键,其余为π键。如 N_2 分子中的三个键,其中一个为σ键,两个为π键。

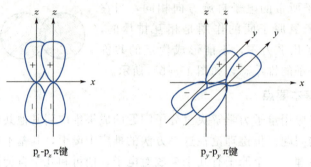

图1-10 π键形成方式示意图

(2) 普通共价键和配位共价键 根据共用电子对的来源不同,共价键分为普通共价键和配位共价键两种类型。

成键时两个原子各自提供一个未成对电子形成的共价键称为普通共价键。若共用电子对由成键的一方原子单独提供所形成的共价键称为共价配位键,简称配位键。配位键通常用"→"表示。形成配位键的条件是:一个原子的价电子层要有未共用的电子对;另一原子的价电子层要有空轨道。

普通共价键和配位共价键的区别仅表现在键的形成过程,虽然共用电子对的电子来源不同,但成键后二者并无区别。如在 NH_4^+ 中,4个N—H键完全等价,NH_4^+ 也是完全对称的正四面体。

$$\left[\begin{array}{c} H \\ H-N-H \\ \downarrow \\ H \end{array} \right]^+$$

(3) 极性共价键和非极性共价键 根据共用电子对是否偏向,可以把共价键分为极性共价键和非极性共价键两种类型。

由不同种元素的原子形成的共价键叫作极性共价键,简称极性键。由于两个原子吸引电子的能力不同,电子云偏向吸引电子能力较强的一方,因此吸引电子能力较强的一方显负电性,吸引电子能力较弱的一方显正电性。如H—Cl、C—O共价键都是极性键。

由同种元素的原子形成的共价键叫作非极性共价键,简称非极性键。同种原子吸引共用电子对的能力相等,成键电子对匀称地分布在两核之间,不偏向任何一个原子,成键的原子都不显电性。如H—H、O—O都是非极性键。

4. 共价键参数

化学键的性质可以用键参数来描述,键参数包括键长、键角、键能等。

(1) 键长 分子中两个原子核间的平均距离称为键长。如氟化氢分子中H、F原子的核间距为92pm,则H—F键的键长为92pm。

(2) 键角　共价键之间的夹角称为键角，键角反映了物质的空间结构。如水是V形分子，水分子中两个 H—O 键的键角为 104°30′。甲烷分子为正四面体型，C—H 键的键角为 109°28′。

(3) 键能　在标准状况下，将 1mol 气态分子 AB 解离为气态原子 A、B 所需的能量，用符号 E 表示，单位为 kJ/mol。键能是衡量化学键强弱的物理量。

一般来说，键长越长，原子核间距离越大，键的强度越弱，键能越小。

第五节　分子间作用力和氢键

一、分子的极性

分子内电荷分布不均匀，正、负电荷中心没有重合的分子称为极性分子；正、负电荷中心重合的分子称为非极性分子。

1. 双原子分子

双原子分子的极性由键的极性决定。如 H—Cl、C—O 为极性键，所以 HCl、CO 为极性分子；H—H、Cl—Cl 为非极性键，所以 H_2、Cl_2 为非极性分子。

2. 多原子分子

由多个不同原子组成的分子如 SO_2、CO_2、CH_4 等，分子的极性由分子的空间构型决定。如 SO_2 为 V 形结构，正、负电荷中心不能重合，因而 SO_2 是极性分子。CO_2 为直线形，O=C=O，正负电荷中心重叠，故 CO_2 是非极性分子。

通常用偶极矩（μ）来衡量分子的极性大小，单位是 C·m。

$$\mu = q \cdot d$$

式中　q——分子中正、负电荷中心所带的电量，C。

　　　d——正、负电荷中心的距离，m。

偶极矩是一个矢量，方向规定为从正电中心指向负电中心，且偶极矩越大，分子的极性越强。非极性分子的偶极矩为零。

二、分子间作用力

原子与原子通过化学键形成分子，分子与分子之间还存在着一种较弱的作用力，称为分子间作用力。根据分子间作用力产生的原因，分子间作用分为取向力、诱导力和色散力三种。

1. 取向力

极性分子与极性分子之间产生取向力。极性分子有正、负偶极，当两个极性分子相互靠近时，两个分子必将发生相对转动，而后呈现有序排列，这种现象称为取向。由极性分子的固有偶极而产生的作用力称为取向力。如图 1-11 所示。

图 1-11 取向力的形成示意图

2. 诱导力

当极性分子与非极性分子相互靠近时，在极性分子固有偶极的诱导下，非极性分子的正、负电荷不再重合从而产生诱导偶极。诱导偶极与极性分子固有偶极间的作用力称为诱导力。极性分子之间，由于固有偶极的相互诱导，每个分子也会发生变形，产生诱导偶极，所以极性分子之间也同样存在诱导力。如图 1-12 所示。

图 1-12 诱导力的形成示意图

3. 色散力

在非极性分子内部，由于原子核和电子的不停运动，它们的相对位置会不断发生改变，正、负电荷重心发生瞬时的不重合，从而产生瞬时偶极。这种由瞬时偶极产生的作用力称为色散力。因为分子的瞬时偶极是不断产生的，所以色散力存在于所有分子之间。如图 1-13 所示。

图 1-13 色散力的形成示意图

实验证明，对大多数分子来说，色散力是最主要的分子间作用力。一般来说，分子的分子量越大，分子的变形性越大，色散力就越大。所以，色散力一般随分子的分子量增大而增大。

> **练一练：**
> 下列各组分子间存在哪些分子间作用力？
> （1）CO_2 和 H_2O （2）NH_3 和 H_2O （3）CH_4 和 CO_2

分子间作用力主要影响物质的物理性质，如熔点、沸点、溶解度等。①组成和结构相似的物质，随着分子量的增大，物质的熔点、沸点逐渐升高。如常温常压下，卤素单质中 F_2、Cl_2 是气态，Br_2 是液态，I_2 是固态。②极性分子间有着较强的取向力，彼此可以相互溶解，如 NH_3、HX 都易溶于水；CCl_4 不溶于水，而易溶于苯等弱极性溶剂。这就是"相似相溶"原则，即极性溶质易溶于极性溶剂，非极性溶质易溶于非极性溶剂。

三、氢键

结构相似的同系列物质的熔点、沸点一般随分子量的增加而升高，但 HF、H_2O 和

NH₃ 的熔点、沸点比同族其他氢化物要高得多。这说明分子之间除了分子间作用力，还存在一种力——氢键。

1. 氢键的形成

以共价键与电负性大的 X 原子（如 F、O、N）结合的 H 原子，若与电负性大、半径小的原子 Y（如 F、O、N）接近时，则生成 X—H⋯Y 形式的一种静电作用力，称为氢键。氢键用 X—H⋯Y 表示，其中 X 和 Y 可以是同种元素的原子，也可以是不同种元素的原子。

如在 HF 分子中，因为 F 的电负性很大，共用电子对强烈偏向 F 原子，使 H 原子几乎成了裸露的原子核。当 H 原子与另一个 HF 分子中带负电荷的 F 原子靠近时，就形成了氢键，即 F—H⋯F。氟化氢分子间的氢键如图 1-14 所示。

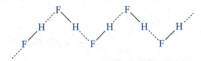

图 1-14　氟化氢分子间氢键示意图

2. 氢键的类型

两个分子之间形成的氢键称为分子间氢键。分子间氢键可在相同分子间形成，如 H₂O 分子之间的氢键；也可在不同分子间形成，如 NH₃ 与 H₂O 分子间的氢键。

同一分子内的原子之间形成的氢键称为分子内氢键。如邻苯二酚分子可以形成分子内氢键，图 1-15 所示。分子内氢键由于受环状结构的限制，X—H⋯Y 往往不能在同一直线上。

图 1-15　邻苯二酚的分子内氢键

3. 氢键对物质物理性质的影响

分子间氢键使物质的熔点、沸点升高，溶解度增大。因为分子间氢键增强了分子间的结合力，固体熔化或液体汽化，既要克服分子间作用力，还要破坏分子间的氢键，从而使物质的熔点、沸点升高。若溶质与溶剂形成分子间氢键，则溶质的溶解度增加。如 NH₃ 极易溶于水。

任务 1-1　**请解释水的密度比冰的密度大（见本章开头"学习引导"）**

液态水在凝固成冰的时候，分子间相互作用力使分子按一定规则排列，每个分子都被四个分子包围，形成一个结晶四面体。在液态水中，水分子是自由的，可以达到形成氢键的排列；氢键的作用使水分子之间靠近，造成水分子之间的平均距离小于冰晶的分子间距离，故水的密度比冰的密度大。

> **练一练：**
> 下列各组分子间哪些能形成氢键？
> （1）HF 分子间　（2）NH₃ 和 H₂O　（3）邻硝基苯酚　（4）CH₄ 和 HF

知识回顾

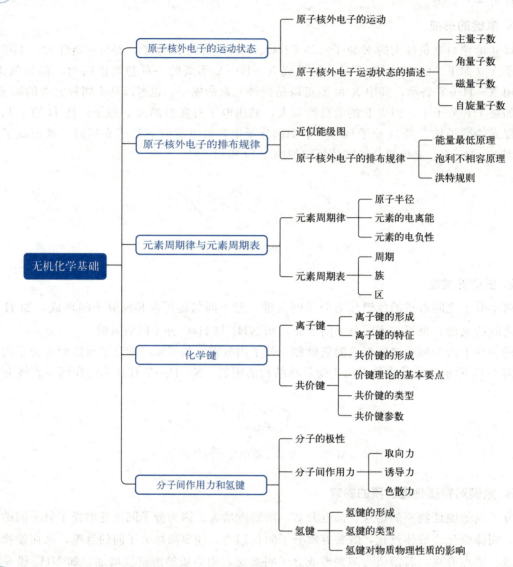

目标检测

一、选择题

（一）单选题

1. 描述一确定的原子轨道，需要用到以下哪些参数？（　　）。
   A. n　　　　　B. n 和 l　　　　　C. n、l 和 m　　　　　D. n、l、m 和 m_s

2. 下列分子偶极矩为零的是（　　）。
   A. H_2O　　　　　B. NH_3　　　　　C. CO_2　　　　　D. CO

3. $_{20}Ca$ 的电子排布式 $1s^2 2s^2 2p^6 3s^2 3p^6 3d^2$ 违背（　　）。
   A. 能量最低原理　　　　　　　　　B. 泡利不相容原理

C. 洪特规则　　　　　　　　　　　　D. 洪特规则特例

4. 下列化合物为极性分子的是（　　）。
A. CCl_4　　　B. H_2O　　　C. CO_2　　　D. N_2

5. 下列物质中，分子间有氢键形成的是（　　）。
A. F_2　　　B. H_2O　　　C. H_2S　　　D. O_2

6. 水的沸点出现"反常现象"是因为分子间存在（　　）。
A. 氢键　　　B. 分子间作用力　　　C. 共价键　　　D. 离子键

7. 在碘的四氯化碳溶液中，溶质和溶剂之间存在（　　）。
A. 取向力　　　B. 诱导力　　　C. 色散力　　　D. 取向力和色散力

8. 决定原子轨道能量高低的参数是（　　）。
A. n　　　B. l　　　C. n 和 l　　　D. m

9. s 电子云的性状是（　　）。
A. 球形　　　B. 哑铃形　　　C. 花瓣形　　　D. 更复杂的形状

10. $_{19}K$ 的电子排布式为（　　）。
A. $1s^22s^22p^63s^23p^63d^1$　　　B. $1s^22s^22p^63s^23p^64s^1$
C. $1s^22s^22p^63s^23p^7$　　　D. $1s^22s^22p^63s^23p^1 3p^8$

（二）多选题

1. 原子核外电子的排布规律有（　　）。
A. 能量最低原理　　　B. 泡利不相容原理　　　C. 洪特规则
D. 洪特规则特例　　　E. 能量守恒原理

2. 下列原子的电子排布，正确的是（　　）。
A. $1s^22s^22p^3$　　　B. $1s^22s^22p^63s^23p^64s^1$　　　C. $1s^3$
D. $1s^22s^22p^63s^1$　　　E. $1s^22s^22p^63s^23p^63d^1$

3. 对于主族元素，同一周期从左到右元素性质的递变规律为（　　）。
A. 原子半径逐渐增大　　　B. 电负性逐渐减小
C. 电负性逐渐增大　　　D. 原子半径逐渐减小
E. 最高正化合价逐渐升高

4. 下列化合物中存在氢键的是（　　）。
A. HF　　　B. H_2O　　　C. NH_3
D. CCl_4　　　E. CO_2

5. 极性分子间存在的分子间作用力有（　　）。
A. 色散力　　　B. 诱导力　　　C. 取向力
D. 氢键　　　E. 共价键

二、判断题

（　　）1. NH_4Cl 分子中存在配位键。
（　　）2. 等价轨道的能量相同。
（　　）3. 化学键主要有离子键、共价键、金属键和氢键。
（　　）4. 原子间形成的共价双键或叁键中一定有一个 σ 键。

( ) 5. 非极性分子的偶极矩为零。
( ) 6. 凡是含氢的化合物，其分子间都可以形成氢键。
( ) 7. 共价键的特征是有方向性和饱和性。
( ) 8. 具有极性键的分子一定是极性分子。
( ) 9. 氢键分为分子内氢键和分子间氢键。
( ) 10. CO_2 为非极性分子。

第二章　定量分析实验基础

学习引导

定量分析是原分析化学的一个分支，以测定物质中各成分的含量为主要目标。根据所用方法的不同，分为重量分析、容量分析和仪器分析三类。因分析试样用量和被测成分的不同，又可分为常量分析、半微量分析、微量分析、超微量分析等。本章主要学习容量分析法，即化学分析法。化学分析法是依赖于特定的化学反应及其计量关系来对物质进行分析的方法。因此，化学实验是化学定量分析的基础。比如阿司匹林的含量测定：取本品约0.4g，精密称定，加中性乙醇（对酚酞指示液显中性）20ml 溶解后，加酚酞指示液3滴，用氢氧化钠滴定液（0.1mol/L）滴定。每1ml 氢氧化钠滴定液（0.1mol/L）相当于18.02mg 的 $C_9H_8O_4$。

这是一个定量分析的案例。请同学们仔细分析：
(1) 在这个案例中需要用到哪些仪器和试剂？
(2) 这些仪器如何使用？
(3) 这些溶液如何制备？应选用何种试剂？
学习完本章内容后，同学们就会找到答案并建立起对"量"的基本认知。

学习目标

1. 知识目标

掌握实验室安全操作基本知识，以及电子分析天平、移液管、容量瓶、滴定管等定量分析常用仪器的选择与使用方法；熟悉化学试剂的分类、管理和取用方法；了解实验室用水的等级及制备方法。

2. 能力目标

能正确选择和取用化学试剂，规范、熟练使用电子分析天平、移液管、容量瓶、滴定管等定量分析常用仪器。

3. 素质目标

严格遵守实验室管理制度，杜绝易制毒、易制爆等特殊试剂外溢，具备牢固的实验室安全和环保意识，建立精细的"量"的概念，追求精操细作的技能和精益求精的工匠精神。

第一节　化学试剂

一、化学试剂分类

化学试剂品种繁多，其分类方法国际上尚未有统一规定。可按应用范围来分类，分为通用试剂、分析试剂、标准试剂、临床化学试剂、电子工业用试剂等几类至几十类，每类下面还可分为若干亚类。也可按组成来分类，如无机试剂、有机试剂、生化试剂、同位素标记试剂等。

按照国家标准，根据试剂中所含杂质的多少，将一般化学试剂分为四个等级，即优级纯（一级）、分析纯（二级）、化学纯（三级）和实验试剂（四级），并将纯度等级标明在试剂瓶上，以便用户选择使用。化学试剂的级别和用途见表2-1。

表 2-1 化学试剂的级别和用途

试剂等级	一级	二级	三级	四级
试剂规格	优级纯	分析纯	化学纯	实验试剂
标签颜色	绿色	红色	蓝色	黄色
等级符号	GR	AR	CP	LR
用途	精密分析实验和科研工作	一般分析实验和科研工作	一般化学实验	一般化学实验辅助试剂

二、化学试剂管理

1. 化学试剂的贮存环境

① 一般的化学试剂室应保持阴凉避光，以防止因为阳光照射及室温偏高而造成的试剂变质、失效等问题。

② 化学试剂室内应严禁明火，并配备消防灭火设施器材。

③ 化学试剂贮藏室室温应保持在 $5\sim25℃$。

④ 危险品的贮存数量要进行控制，不得大量贮存。

2. 化学试剂的贮存管理

化学试剂应单独贮藏于专用的化学试剂贮存柜内。化学试剂贮存柜应阴凉避光，设在安全位置，有良好的耐腐蚀性能，且取用方便。

① 化学试剂的贮存由化学试剂管理员专人负责。

② 化学试剂管理员应为具备一定专业知识的专业技术人员，从而保证化学试剂按规定的要求贮存。

③ 化学试剂种类繁多，须严格按其性质（如剧毒、麻醉、易燃、易挥发、强腐蚀等）和贮存要求分类存放。

④ 化学试剂贮存需按液体、固体分类存放，每一类又按有机、无机、危险品、低温贮存品等再次归类存放。按序排列，码放整齐造册登记，每一类贴有标记，内容包括类别、贮存条件、异常情况下的紧急处理方法等。

⑤ 各种试剂均应包装完好、封口严密、标签完整。

⑥ 化学试剂管理员应每周检查一次温、湿度表，并做好记录。记录内容应包括检查时间、检查人、温度、湿度、结果、备注等，超出规定范围应及时调整。

3. 特殊化学试剂的贮存管理

① 易潮解、易失水风化、易挥发、易氧化、易吸水变质等化学试剂，需密闭保存。

② 见光易变色，易分解、氧化的化学试剂，需避光保存。

③ 爆炸品、剧毒品、易燃品、腐蚀品等分开单独存放。
④ 溴、氨水等应放于普通冰箱内,某些高活性试剂应在低温干燥环境贮存。

> **案例 2-1**
>
> 2011 年 10 月,湖南某大学化学化工实验室,因药物储柜内的三氯氧磷、氰乙酸乙酯等化学试剂存放不当,遇水自燃,引起火灾。整个四层楼全部烧为灰烬,实验室的电脑和资料全部烧毁,导致火灾受损面积近 790 平方米。
>
> 讨论:1. 该事故原因是什么?
> 2. 事故中的三氯氧磷、氰乙酸乙酯等遇水自燃试剂应该如何存放?

解析2-1

> **案例 2-2**
>
> 2021 年 5 月 17 日,一公司员工进入实验室关闭烘箱,进入实验室后听到试剂柜里有"噗噗"的异响声,检查发现试剂柜中的试剂着火,火势从试剂柜的底层往上蔓延。起火原因为实验室人员未按照危险试剂存放要求存放试剂,违规将低沸点易挥发的硼烷四氢呋喃溶液存放于室温试剂橱柜内,因温度高造成试剂挥发泄漏引起自燃。
>
> 讨论:1. 如果你是试剂管理员,你会如何存放硼烷四氢呋喃溶液?
> 2. 你存放的依据是什么?

解析2-2

三、化学试剂取用

(一)化学试剂的选用

化学试剂的选用应根据所做实验的具体情况进行选择,如分析方法的灵敏度和选择性、分析对象的含量及对分析结果准确度的要求等,合理选用不同级别的试剂。具体要求如下:
① 标定滴定液应选用基准试剂。
② 制备滴定液可选用分析纯或化学纯试剂,但直接法配制滴定液需选用基准试剂。
③ 制备杂质限度检查用标准溶液需选用优级纯或分析纯试剂。
④ 制备一般试液与缓冲溶液等可采用分析纯或化学纯试剂。

(二)试剂的取用

取用化学试剂时,必须首先核对试剂瓶标签上的试剂名称、规格及浓度等,确保准确无误后方可取用。取完试剂后,应立即盖好瓶塞,并将试剂瓶放回原处,注意标签应朝外放置。

1. 固体试剂的取用

固体试剂通常盛放在便于取用的广口瓶中。取用原则为:
① 要用干净的药匙取用,以免污染试剂。

② 取用试剂后立即盖紧瓶盖，防止试剂与空气中的氧气等发生反应。

③ 称量固体试剂时，注意尽量不要取多，取多的药品，不能放回原瓶。

④ 一般的固体试剂可以放在干净的称量纸或表面皿上称量。具有腐蚀性、强氧化性或易潮解的固体试剂应放在玻璃容器内称量。如氢氧化钠有腐蚀性，又易潮解，应在烧杯中称取，否则容易腐蚀天平。

⑤ 有毒的药品称取时要做好防护措施，如戴好口罩、手套等。

案例 2-3

张明同学做盐酸滴定液的标定实验，称取无水碳酸钠时，为了节约药品，把药匙中剩余的无水碳酸钠放回了盛无水碳酸钠的试剂瓶中。

讨论：1. 张明同学的做法是否正确？
2. 正确的做法是什么？

解析2-3

2. 液体试剂的取用

液体试剂和配制的溶液通常放在细口瓶或带有滴管的滴瓶中。取用原则为：

① 从细口瓶中取液体试剂时，用倾注法。先将瓶塞取下，反放在桌面上，试剂瓶贴标签的一面朝向手心，逐渐倾斜瓶子使液体试剂倾出。取出所需量后，将试剂瓶口在容器上靠一下，再逐渐竖起瓶子，以免遗留在瓶口的液体滴流到瓶的外壁。

② 从试剂瓶中取少量液体试剂时，则需使用专用滴管，装有药品的滴管不得横置或滴管口向上斜放，以免液体滴入滴管的胶皮帽中，腐蚀胶皮帽，再取试剂时污染试剂。

从滴瓶中取液体试剂时，要用滴瓶中的滴管，滴管不能伸入所用的容器中，以免接触器壁而沾污药品。

③ 定量取用液体时，用量筒或移液管取。量筒用于量度一定体积的液体，可根据需要选用不同量度的量筒，而取用准确量的液体时则必须使用移液管定量移取。

④ 取用挥发性强的试剂时要在通风橱中进行，并做好安全防护措施。

案例 2-4

某公司实验员在溶液室配制氨性氯化亚铜溶液（1体积氯化亚铜，加入2体积25%的浓氨水）时，在量取200ml氯化亚铜溶液倒入500ml平底烧瓶中后，还需加入400ml的氨水。实验员从溶液室临时摆放柜里拿了两瓶"氨水试剂"（每瓶约200ml，其中一瓶为98%的浓硫酸，浓硫酸瓶和氨水瓶的颜色较为相似），将第一瓶氨水试剂倒入一只500ml烧杯中，后拿起第二瓶，在没有仔细查看瓶子标签的情况下，误将98%的浓硫酸约200ml倒入烧杯中，烧杯中溶液立即发生剧烈反应，烧杯被炸裂，溶液溅到实验员脸上和手上，造成脸部和手部局部化学烧伤。

讨论：请分析事故的主要原因有哪些？

解析2-4

3. 试剂的估量

当实验中不需要准确要求试剂的用量时，可不必使用天平或量筒量取，根据需要粗略估量即可。

（1）固体试剂的估量　实验取固体试剂少许或绿豆粒、黄豆粒大小等情况时，可根据其要求按所取量与之相当即可。

（2）液体试剂的估量　用滴管取用液体试剂时，一般滴出20滴即约为1ml。

第二节　实验室用水

一、实验室用水的制备

1. 蒸馏法

蒸馏法是目前实验室中广泛采用的制备实验室用水的方法。由于绝大部分无机盐类不挥发，所以通过蒸馏方法得到的蒸馏水除去了大部分无机盐类，适用于一般的实验。蒸馏水中通常还含有一些其他杂质，如：二氧化碳及某些低沸点易挥发物可随着水蒸气进入蒸馏水中；少量液态水呈雾状飞出，直接进入蒸馏水中；微量的冷凝器材料成分也能带入蒸馏水中。因此，一次蒸馏水只能达到三级水标准。

为了获得比较纯净的蒸馏水，可以进行重蒸馏，并在预备重蒸馏的蒸馏水中加进适当的试剂以抑制某些杂质的挥发。加进甘露醇能抑制硼酸的挥发，加进碱性高锰酸钾可破坏有机物并防止二氧化碳蒸出。二次蒸馏水一般可达到二级标准。

2. 离子交换法

离子交换法是通过离子交换制备实验室用水的方法。此法的优点是操作与设备简单，出水量大，成本低。离子交换法能除去原水中绝大部分盐、碱和游离酸，但不能完全除去有机物和非电解质。因此，要获得既无电解质又无微生物等杂质的纯水，还须将离子交换水再进行蒸馏。

自来水通过阳离子交换柱除去阳离子，再通过阴离子交换柱除去阴离子，流出的水即可作为化验用水。但它的水质不太好，pH值通常大于7。为了提高水质，可再串联一个阳、阴离子交换树脂"混合交换柱"，就可以得到较好的化验用水。用离子交换法制备纯水有单床法、复床法和混合床法等。

3. 电渗析法

电渗析法是在离子交换技术上发展起来的一种方法。电渗析是一种固膜分离技术，可除去原水中的电解质，故又叫电渗析脱盐。它利用离子交换膜的选择透过性，即阳离子交换膜仅允许阳离子透过，阴离子交换膜仅允许阴离子透过，在直流电场的作用下，使一部分水淡化，另一部分水浓缩。电渗析过程可除去水中电解质杂质，但对弱电解质去除率低。电渗析法常用于海水淡化，不适用于单独制取化验用纯水。与离子交换法联用，可制得较好的化验用纯水。电渗析法的特点是设备可以自动化，省省人力，仅消耗电能，不消耗酸碱，不产生废液等。

4. 反渗透法

反渗透法的原理是让水分子在压力的作用下，通过反渗透膜成为纯水，水中的杂质被反渗透膜截留排出。反渗透水克服了蒸馏水和去离子水的许多缺点，利用反渗透技术可以有效地除去水中的溶解盐、胶体、细菌、病毒、内毒素和大部分有机物等杂质。

> **课堂互动** 如何制备实验室去离子水？

二、实验室用水的规格

分析实验室用水分为三个级别：一级水、二级水和三级水。国家标准（GB/T 6682—2008）中分析实验室用水规格见表2-2。

表2-2 分析实验室用水规格

名称	一级	二级	三级
pH值范围(25℃)	—	—	5.0～7.5
电导率(25℃)/(mS/m)	≤0.01	≤0.10	≤0.50
可氧化物质含量(以O计)/(mg/L)	—	≤0.08	≤0.4
吸光度(254nm,1cm 光程)	≤0.001	≤0.01	—
蒸发残渣(105℃±2℃)/(mg/L)	—	≤1.0	≤2.0
可溶性硅(以SiO_2计)/(mg/L)	≤0.01	≤0.02	—

注：1. 由于在一级水、二级水的纯度下，难以测定其真实的pH值，因此，对一级水、二级水的pH值范围不做规定。
2. 一级水、二级水的电导率需用新制备的水"在线"测定。
3. 由于在一级水的纯度下，难以测定可氧化物质和蒸发残渣，所以对其限量不做规定。可用其他条件和制备方法来保证一级水的质量。

1. 一级水

一级水用于有严格要求的分析试验，包括对颗粒有要求的试验。如高效液相色谱分析用水。一级水可用二级水经过石英设备蒸馏或交换混床处理后，再经 0.2μm 微孔滤膜过滤来制取。

2. 二级水

二级水用于无机衡量分析等试验，如原子吸收光谱分析用水。二级水可用多次蒸馏或离子交换等方法制取。

3. 三级水

三级水用于一般化学分析试验。三级水可用蒸馏或离子交换等方法制取。

第三节 定量分析常用仪器

一、电子分析天平

（一）电子分析天平分类

按天平的分度值可分为：千分之一、万分之一、十万分之一天平等。

按称量范围分为：常量天平、半微量天平、微量天平、超微量天平。

常量天平：此种天平的最大称量一般在100～200g，其分度值小于（最大）称量的十万分之一。

半微量天平：半微量天平的称量一般在20～100g，其分度值小于（最大）称量的十万分之一。

微量天平：微量天平的称量一般在3～50g，其分度值小于（最大）称量的十万分之一。

超微量天平：超微量天平的最大称量是2～5g，其标尺分度值小于（最大）称量的百万分之一。

（二）电子分析天平的构造

电子分析天平是最新一代的天平，近年来已生产出多种型号，但结构相似。外观构造一般由控制面板、天平盘托、顶门、侧门、水平仪、水平调节螺母等组成。见图2-1。

（三）电子分析天平的校准

天平安装后，第一次使用前，应对天平进行校准。因存放时间较长、位置移动、环境变化或未获得精确测量，天平在使用前一般都应进行校准操作。天平校准采用外校准或内校准（有的电子天平具有内校准功能）完成。

电子分析天平外校准的方法应按照说明书校准方法进行，例如某一型号天平的校准方法为：首先轻按CAL键，当显示器出现CAL-时，立即松手，显示器出现CAL-100，其中"100"为闪烁码，表示校准砝码需用100g的标准砝码。将"100g"校准砝码放在秤盘上，显示器即出现"----"等待状态，经过一段时间后显示器出现100.000g，拿掉校准砝码，显示器应出现0.000g。若出现的不是零，则再清零，重复以上校准操作。

图2-1 电子分析天平

（四）电子分析天平的使用

1. 称量前的准备

（1）天平的选择　根据被称物重量范围和称量精度的要求，选择适宜精度与量程的天平。

（2）检查记录表　选择好适宜的天平后，在使用天平前，应检查该天平的使用登记记录，了解天平前一次使用情况以及天平是否处于正常可用状态。

（3）检查水平仪　检查水准器内的气泡应位于水准器圆的中心位置，否则应调节水平调节螺母使天平处于水平状态。

（4）清扫　如天平处于正常可用状态，必要时用软毛刷将天平盘上的灰尘轻刷干净。

（5）预热　接通电源并打开天平开关，天平完成开机自检后需根据天平说明书要求，预热后（一般30分钟以上）方可进行称量操作。

2. 称量方法

（1）**直接称量法** 此法是将称量物直接放在天平盘上直接称量物体的质量。例如称量小烧杯的质量，容量器皿校正中称量容量瓶的质量，重量分析实验中称量坩埚的质量等，都使用该称量法。此法要求所称物体洁净、干燥，不易潮解、升华，无腐蚀性。

> **案例 2-5**
>
> 　　称量 50ml 小烧杯的质量。
> 　　操作方法：天平清零后显示 "0.0000g" → 被称物直接放在秤盘中间 → 关天平门 → 稳定后读数 → 记录称量值。

（2）**增重法** 需称取准确重量的供试品，常采用增重法。该法适于称量不易吸潮、在空气中能稳定存在的粉末状或小颗粒样品（最小颗粒应小于 0.1mg）。

> **案例 2-6**
>
> 　　精密称取约 0.3g 固体氯化钠试样于小烧杯中。
> 　　操作方法：天平清零后显示 "0.0000g" → 小烧杯放在秤盘上 → 关天平门 → 清零 → 将固体氯化钠转移到小烧杯至显示屏数值为 0.27~0.33g 间 → 记录天平读数数值。

> **案例 2-7**
>
> 　　用称量纸精密称取 0.45~0.55g 固体氯化钠试样于小烧杯中。
> 　　操作方法：天平清零后显示 "0.0000g" → 称量纸放在秤盘上 → 关天平门 → 清零 → 将氯化钠逐步加入至显示屏数值为 0.45~0.55g → 关天平门 → 记录数据 → 将氯化钠定量转移到小烧杯 → 放回称量纸 → 关天平门 → 记录数据 → 计算称量值。
> 　　加样方法：本操作在天平中进行，用右手中指和无名指轻轻弹击药匙或者左手手指轻击右手腕部，将药匙中样品慢慢震落于容器内，当达到所需质量时停止加样，关上天平门，显示平衡后即可记录所称取试样的质量。

（3）**减量法** 减量法常用于称量一定质量范围内的样品或试剂。主要适于易挥发、易吸水、易氧化和易与二氧化碳反应的物质。

> **案例 2-8**
>
> 　　精密称取约 0.5g 无水碳酸钠基准试剂两份于小烧杯中。
> 　　操作方法：天平清零后显示 "0.0000g" → 将装有足量试样的称量瓶放在秤盘上 → 关天平门 → 读数记录质量 m_1 → 转移所需质量样品至小烧杯（不能用药匙）→ 再次将称量瓶放到秤盘上 → 关天平门 → 读数记录质量 m_2 → 两次质量之差（$m_1 - m_2$）即为称取试样的质量。

3. 称量瓶的使用

① 从干燥器中取出空称量瓶（如图 2-2 所示，取用时要注意戴上手套或用纸握住瓶盖和瓶身），打开瓶盖，加入适量试样（一般为称一份试样量的整数倍），盖上瓶盖。

② 称出称量瓶加试样后的准确质量。

③ 将称量瓶从天平上取出，在接收容器的上方倾斜瓶身，用称量瓶瓶盖轻敲瓶口上部（如图 2-3 所示），使试样慢慢落入容器中，瓶盖始终不要离开接收容器上方。

④ 当倾出的试样接近所需量时，一边继续用瓶盖轻敲瓶口，一边逐渐将瓶身竖直，使黏附在瓶口上的试样落回称量瓶，然后盖好瓶盖，准确称其质量。两次质量之差，即为试样的质量。重复以上操作，可平行称量多份试样。

图 2-2　拿称量瓶的方法　　　　　图 2-3　称量瓶中药品转移至烧杯中的方法

 案例 2-9

甲同学用千分之一的电子分析天平称量药品，天平显示为 5.1410，但甲同学在数据记录表中记录为 5.141g。

讨论：1. 甲同学的记录正确吗？

2. 5.1410g 和 5.141g 这两个数值分别代表天平的感量为多少？

解析2-9

练一练：

电子分析天平的使用应注意哪些问题？

解析：（1）将样品尽可能放在秤盘中心位置。

（2）称量物的总重量不能超过天平的称量范围。

（3）所有称量物都必须置于一定的洁净干燥容器（如烧杯、表面皿、称量瓶等）或是称量纸上进行称量，以免沾染腐蚀天平。

（4）不能用手直接拿取容器，以避免手上的汗液污染容器。称取易挥发或易与空气作用的物质时，必须使用称量瓶，以确保在称量过程中称量物质的重量不发生变化。

（5）操作时不能将试剂散落于容器以外的地方，称好的试剂必须定量地由容器直接转入接收容器，即"定量转移"。

(6) 称量的数据应及时记录在记录本上，不能记录在零星纸片上或其他地方，不可任意涂改。

(7) 同一次分析工作或同一供试品测定中的数次称量，必须使用同一台电子分析天平，以减少误差。

(8) 称量结束后，按 OFF 键关闭天平，天平盘和天平室内用软毛刷清扫干净，关好天平门，填好大型仪器记录卡，所用物品归位。

（五）分析天平室的规则和维护

① 天平室应靠近实验室，远离震源，并防止气流和磁场干扰。

② 天平室要求干燥明亮，光线均匀柔和，阳光不得直射在天平上。

③ 天平室温度应相对稳定，一般应控制在 10～30℃，保持恒温；相对湿度以保持在 40%～70% 为宜，室内应备有温度计和湿度计。

④ 放置天平的台面应水平光滑、牢固防震、防静电，有合适的高度与宽度。

⑤ 天平室电源要求相对稳定，电压变化要小；电子天平需接地线，以消除或减小静电带来的影响。

⑥ 天平室不得存放或转移具有腐蚀性或挥发性的试剂。

⑦ 为便于天平的保养和保持称量环境的相对稳定，感量为 0.001mg 的天平应单室放置。

⑧ 天平室内应保持肃静，不许大声喧哗。室内尽量少来回走动，走动时脚步要轻。

⑨ 天平室门窗应经常关闭，防止空气对流和避免水汽、腐蚀性气体、粉尘的侵袭。天平室内应清洁无尘，天平底座与天平盘要经常用软毛刷刷净。

⑩ 在开关天平门、取放称量物时，动作必须轻缓，切不可用力过猛或过快，以免造成天平损坏。

⑪ 天平不宜经常搬动。若必须搬动时，当移动天平位置后，应对天平的计量性能做全面检查。

⑫ 天平应定期校验并在有效周期内使用。天平应有专人保管，并负责维护和保养。

二、移液管

化学分析实验工作中，准确移取一定体积的液体，常用到的玻璃量器为吸量管或移液管，吸量管分为单标线吸量管（惯称移液管）和分刻度吸量管（惯称吸量管）。

移液管是中间有一膨大部分的玻璃管，管颈上部刻有一环形标线，此标线是按放出液体的体积来刻度的。常用的移液管有 5ml、10ml、25ml、50ml 等规格。吸量管是带有分刻度的吸量管，用于准确移取所需不同体积的液体。常用的带刻度吸量管有 1ml、2ml、5ml、10ml、20ml 等规格。吸量管在仪器分析中配制系列溶液时应用较多。

（一）移液管的使用

1. 选管

根据所移溶液的体积和要求，选择合适规格及外观完整的移液管。外观完整是指管口应与纵轴相垂直，口边要平整光滑，不得有粗糙处及未经熔光的缺口。

2. 洗涤

（1）自来水洗　如果内壁严重污染，应把移液管放入盛有洗液的大量筒或高型玻璃缸浸泡15分钟到数小时，取出后用自来水洗。如果内壁无污染，可直接用自来水洗，自来水洗净后内壁留有一层均匀的水膜，既不聚成水滴也不成股流下。

（2）蒸馏水洗　自来水洗净后，用蒸馏水洗2～3次。洗涤方法：用右手拇指和中指、无名指拿住移液管管颈标线以上的部位或吸量管无刻度部分，将移液管下端伸入水中，左手执吸耳球，排出空气后紧按在管口上，借吸力轻轻将水吸入，直至达到移液管球部的1/3处或吸量管刻度部分约1/2处，用右手食指按住管口，取出后，把管横过来。左右两手的拇指及食指分别拿住吸管上下两端，使其一边旋转一边向上口倾斜，当水流至距上口2～3cm时，直立吸管，将水由尖嘴（下口）放出。

（3）待吸液润洗　用蒸馏水洗净后，用吸水纸将移液管尖端内外的水除去，然后用待吸液润洗三次。洗涤方法：用吸水纸处理过的移液管直接插入试剂瓶中，将待吸溶液吸至移液管球部1/3处或吸量管刻度部分约1/3处，立即用右手按住管口（尽量勿使溶液回流，以免稀释溶液）。每次用吸水纸除去管尖端内外液体，后面操作同前。若操作不熟练，为避免润洗时将溶液稀释或沾污，可将溶液转移少量至干净的小烧杯中吸取润洗。

3. 吸液

用右手拇指和中指捏住移液管的上端，将管的下口垂直插入液面以下1～2cm处，插入不要太浅或太深，左手拿吸耳球，先把球中空气压出，再将球的尖嘴接在移液管上口，慢慢松开压扁的吸耳球使溶液吸入管内，眼睛注意上升的液面的位置，吸管应随容量瓶中液面下降而下降（如图2-4所示）。当液体上升到刻度以上5～10mm时，迅速用右手食指堵住管口。

4. 调节液面

取出吸管，用滤纸擦去管尖外部的溶液，将移液管的下口尖端靠在洁净小烧杯内壁，小烧杯倾斜约30度，管身垂直，稍松食指（或用拇指及中指轻轻捻转管身），使液面缓慢下降，眼睛平视标线，直到弯月面刚好与之相切，立即按紧食指，使溶液不再流出。

5. 放液

取出吸管放入准备接收溶液的锥形瓶中，使其下口尖端靠住瓶壁并保持垂直，锥形瓶倾斜30度。抬起食指，使溶液自由地顺壁流下（如图2-5所示），全部溶液流完后需等待15秒后再拿出移液管，以便附着在管壁的部分溶液得以流出，此时所放出溶液的体积即等于吸管上所标示的体积。如果移液管未标明"吹"字，则残留在管尖内的溶液不可吹出，因为移液管所标定的量出容积中并未包括这部分残留溶液。

（二）移液管的校准

为保证吸量管精度能满足实验结果准确度的要求，移液管购入后要先进行清洗，然后进行校准，以抵消实测值与标示值的误差。校准后才能使用，自校周期为三年。

1. 校准条件

移液管的校准要求技术性较强，实验室应具备下列条件：

① 具有足够承载范围和称量空间的天平，其称量误差应小于被校量器允差的 1/10；
② 有新制备的实验室用蒸馏水或去离子水；
③ 有分度值为 0.1℃ 的温度计；
④ 室温最好控制在 20℃±5℃，且温度变化不超过 1℃/h。校准前，移液管和纯水温度应在该室温下达到平衡。

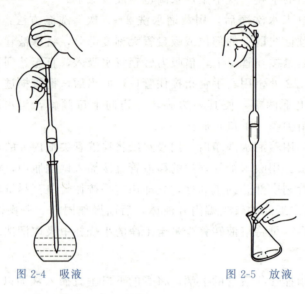

图 2-4 吸液　　　　图 2-5 放液

2. 移液管的校正——绝对校准法（衡量法）

用洗净的移液管吸取蒸馏水，使液面达刻度线上约 5mm 处，迅速用食指堵住吸管口，擦干吸管外壁的水，慢慢将液面准确地调至刻度，将已称重的称量杯（或将重量在电子天平上校为零的称量杯）放在垂直的单标线吸管下，放开食指，使蒸馏水沿称量杯壁流下，蒸馏水流至尖端不流时，按规定等待时间等待后，精密称定，得出水的重量。用该温度时水的重量除以水的密度，计算出移液管的真实容积和校正值，平行多次实验，对该移液管编号并记录备案。

例题 2-1 在 21℃ 时，用绝对校准法校准 25ml 移液管，用此移液管移取 25.00ml 水，其重量为 25.00g，已知在 21℃ 时每毫升水的重量为 0.99799g。计算移液管的体积校正值为多少？

解析：可算出 21℃ 时移液管的实际容积为 $\dfrac{25.00}{0.99799} = 25.05\text{ml}$。$25.05 - 25.00 = 0.05\text{ml}$，故此移液管的体积校正值为 0.05ml。

用作取样的移液管，必须采用绝对校准法；而对于配套使用的容量瓶和移液管，多采用相对校准法。

（三）移液管使用注意事项

① 在调节液面和放液过程中要保持管身垂直。
② 调节液面过程中食指不能完全抬起，要一直轻轻按在管口，以免溶液流下过快以致液面落到标线时不能及时按住。

③ 由于吸量管的容量精度低于移液管，所以在移取 2ml 以上固定量溶液时，应尽可能使用移液管。
④ 尽可能在同一实验中使用同一吸量管的同一段。
⑤ 吸量管种类较多，要根据实验要求，合理地选用。
⑥ 移液管（吸量管）不能在烘箱中烘干，不能移取太冷或太热的溶液。
⑦ 移液管（吸量管）使用完毕后，应立即用自来水和蒸馏水洗净，置于移液管架上。
⑧ 容量瓶与移液管常配合使用，因此在使用前常做两者的相对校正。

三、容量瓶

容量瓶是实验室常用精密玻璃仪器，主要用于准确配制一定浓度的溶液。

容量瓶的构造为一个细长颈、梨形的平底玻璃瓶，配有磨口塞，瓶颈上有环形标线。当瓶内液体在所指定温度下达到标线处时，其体积即为瓶上所注明的容积数。容量瓶有 5ml、10ml、50ml、100ml、200ml、250ml、1000ml 等多种规格。

（一）容量瓶的使用

1. 选容量瓶

根据所配溶液的体积和要求选择合适规格及结构完整的容量瓶。

2. 检漏

容量瓶使用之前，首先要检查是否漏水。其方法是将容量瓶装自来水至标线附近，盖紧瓶塞，一手食指按住瓶塞，一手握住瓶体，将量瓶倒置 1～2 分钟，观察瓶口是否有水渗出，如不漏水，将瓶塞转动 180 度后，再检查一次，仍不漏水，即可使用。

3. 洗涤

尽可能用自来水冲洗，必要时才用洗涤液浸洗。用铬酸洗液洗涤时，倒入大约 10～20ml（注意容量瓶尽量保持干燥），边转动容量瓶边向瓶口倾斜，使洗液布满全部内壁，放置数分钟后，将洗液倒回原瓶。用自来水充分洗涤，自来水冲净后内壁留有一层均匀的水膜，既不聚成水滴也不成股流下。再用纯化水洗 3 次。

4. 定量转移

容量瓶经常用于以固体物质（基准试剂或试样）准确配制溶液。配制时把准确称量好的固体溶质放在烧杯中，用少量溶剂溶解。

用玻璃棒引流把溶液转移到容量瓶里，转移的方法是将玻璃棒一端靠在容量瓶颈内壁上，注意不要太接近容量瓶口，以免有溶液溢出（如图 2-6 所示）。待烧杯中的溶液倒尽后，烧杯不要直接离开玻璃棒，而应在烧杯扶正的同时使杯嘴沿玻璃棒上提 1～2cm，同时直立，使附着在玻璃棒与烧杯嘴之间的溶液回流到烧杯中。玻璃棒放回烧杯，用洗瓶吹水洗涤烧杯壁及玻璃棒 3 次，要从烧杯壁上方旋转吹洗，洗涤液转移入容量瓶中。

在称取固体物质溶解制备溶液时，如果没有很大的热效应，

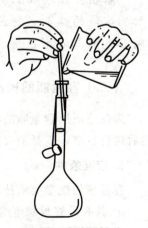

图 2-6　溶液的转移

也可将称取的固体溶质小心地加入容量瓶中,加水溶解后定容至刻度。

5. 定容

洗涤完毕继续加水至容量瓶容积的 2/3,水平旋摇几次,以使溶液初步混匀。平摇时,先用右手食指及中指夹住瓶盖的扁头,然后拇指在前、中指及食指在后拿住瓶颈标线以上处(如图 2-7 所示)。注意在平摇时,勿使溶液溅出。

向容量瓶内加入的液体液面离标线 0.5~1cm 左右时,等候 1~2 分钟,使附着在瓶颈内壁的水流下后,用滴管加水至标线定容,盖好瓶塞。

若加水超过刻度线,则需重新配制。

6. 摇匀

左手捏住瓶颈上端,以食指顶住瓶塞,用右手指尖顶住瓶底边缘(如果容积小于 100ml,可不用手顶住瓶底),将容量瓶倒转(如图 2-8 所示),使气泡上升到顶部,此时将瓶振荡。再倒转过来,仍使气泡上升到顶部,振荡,如此反复 10~20 次。

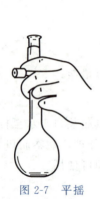
图 2-7 平摇

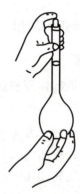
图 2-8 摇匀

练一练:

实验中需要精确配制 100ml 的标准溶液 A 和 500ml 的标准溶液 B,分别需要选择什么规格的容量瓶?

解析: 在精确配制溶液时应该选用在容量瓶中配制。在选择规格时根据需要配制溶液的体积进行选择,需要配制 100ml 溶液则选用 100ml 的容量瓶,需要配制 500ml 溶液则选用 500ml 的容量瓶。

(二) 容量瓶的校准

为保证所用容量瓶的精度能满足实验结果准确度的要求,容量瓶购入后要先进行清洗,然后进行校准,以抵消实测值与标示值的误差。校准后才能使用,自校周期为三年。

1. 校准条件

容量瓶的校准要求技术性较强,实验室应具备下列条件:

① 具有足够承载范围和称量空间的天平,其称量误差应小于被校量器允差的 1/10;
② 有新制备的实验室用蒸馏水或去离子水;

③ 有分度值为 0.1℃ 的温度计；

④ 室温最好控制在 20℃±5℃，且温度变化不超过 1℃/h。校准前，容量瓶和纯水温度应在该室温下达到平衡。

2. 校准方法

容量瓶校准在实际工作中通常采用绝对校准和相对校准两种方法。

(1) 绝对校准法　又称衡量法，是准确称取量器某一刻度内放出或容纳纯水的质量，根据该温度下纯水密度，将水的质量换算成体积的方法。

校正方法：将洗净、干燥、带塞的容量瓶准确称重，注入蒸馏水至水的弯月面底部与容量瓶颈上的标线相切。记录水温，用滤纸条吸干瓶颈内水滴，盖上瓶塞准确称重，两次称重之差即为容量瓶内容纳的水重。用该温度时水的重量除以水的密度，即可算出容量瓶的实际体积（即 20℃ 时的真实容积）。

例题 2-2　21℃ 时，用绝对校准法校正 50ml 容量瓶，称出 50ml 容量瓶中水的重量为 49.87g，已知 21℃ 时每毫升水的重量为 0.99799g，求此 50ml 容量瓶的体积校正值为多少？

解析：可算出 21℃ 时其实际容积为 $\frac{49.87}{0.99799}=49.97\text{ml}$，$49.97-50.00=-0.03\text{ml}$。故此容量瓶的体积校正值为 -0.03ml。

一般每个容量瓶应平行校正多次，求取平均值，且相对偏差不得过 0.1%。

(2) 相对校准法　在很多情况下，容量瓶与移液管是配合使用的。因此，重要的不是要知道所用容量瓶的绝对容积，而是容量瓶与移液管的容积比是否正确，例如 250ml 容量瓶的容积是否为 25ml 移液管所放出的液体体积的 10 倍。一般只需要做容量瓶与移液管的相对校正即可。

校正方法：预先将容量瓶洗净控干，用洁净的移液管吸取蒸馏水注入该容量瓶中。例如容量瓶容积为 250ml，移液管为 25ml，则用 25ml 移液管移取 10 次蒸馏水于 250ml 容量瓶中，观察容量瓶中水的弯月面是否与标线相切，若不相切，表示有误差，一般应将容量瓶控干后再重复校正一次，如果仍不相切，在容量瓶颈上做一新标记，以后配合该移液管使用时，以新标记作为容量瓶的标线。分析工作中，对于配套使用的容量瓶和移液管，多采用相对校准法。

（三）使用注意事项

① 容量瓶校准后方可使用。

② 容量瓶不能进行加热，也不能盛放热溶液。

③ 容量瓶只能用于配制溶液，不能长时间贮存溶液，配好的溶液如果需要长期保存，应移入磨口试剂瓶中，贴好标签。

④ 容量瓶用毕应及时洗涤干净。容量瓶长期不用时，可在瓶口处夹一张小纸条，以防粘连。

四、滴定管

常用滴定管有具塞滴定管（酸式）和无塞滴定管（碱式）。

具塞滴定管的下端装有玻璃活塞，可盛放酸性溶液及氧化性溶液。无塞滴定管盛放碱性溶液，其下端连接一段带有尖嘴玻璃管的橡胶管，内装有一粒玻璃珠。采用聚四氟乙烯材质制作的滴定管活塞，可用于盛装酸液或碱液。

常量用的滴定管容积有 25ml 和 50ml 两种，其最小刻度都是 0.1ml。

滴定管按其准确度不同分为 A 级和 B 级。

（一）滴定管的使用

酸式滴定管下端的玻璃活塞应与滴定管密合，且易于旋转。使用前先取下活塞，将活塞及活塞套完全拭干，蘸取适量凡士林，分别涂在活塞的粗端和细端（切勿将塞孔堵住）（见图 2-9），然后将活塞插入活塞套，压紧旋转，此时整个转动部分应透明。再用橡皮圈将活塞与管身系牢，以防脱落。

图 2-9　玻璃活塞涂凡士林

碱式滴定管的下端有胶管连接带有尖嘴的小玻璃管，胶管内装有一个圆玻璃球，用以堵住溶液。胶管容易老化，应注意及时更换。

1. 洗涤

滴定管洗净的基本要求是滴定管用水润湿时，其内壁应不挂水珠，否则说明滴定管内壁有沾污。如果无明显油污，可用自来水冲洗，也可用肥皂水或洗涤剂冲洗（不能用去污粉）。若仍不能洗干净，则可用洗液浸泡，再用自来水冲洗干净，最后用纯化水洗 2~3 次，直至内壁不挂水珠。

2. 润洗

装溶液前，先用少量待装溶液进行润洗，用量一般为滴定管体积的 1/5。其方法是加入适量被装溶液，然后将滴定管倾斜，慢慢转动，使溶液浸润全管，然后打开活塞，将溶液自下端放出至废液缸内。

3. 装溶液

装溶液时，要直接从试剂瓶倒入滴定管，不能借助其他容器或者仪器，以免污染或影响溶液的浓度。

4. 排气泡

酸式滴定管稍倾斜，迅速转动活塞，排出滴定管下端存留的气泡。碱式滴定管排除气泡则是将橡胶管向上弯曲，用两指挤压玻璃球，使溶液从尖嘴喷出，气泡随之逸出（见图 2-10），继续边挤压边放下胶管，气泡便可全部排除。

5. 调零

调节液面弯月面正好与"0"刻度线相切。

6. 滴定

进行滴定时，应将滴定管垂直地夹在滴定管架上。

滴定操作是左手操作滴定管，右手拿锥形瓶。右手拇指、食指和中指拿住锥形瓶的颈部，转动右手腕使锥形瓶内溶液沿同一方向做圆周运动，边滴加边摇动。

酸式滴定管操作手法如图 2-11 所示。左手拇指在前，食指和中指在后，无名指和小指抵住滴定管下端，转动活塞时，手指微微弯曲轻轻扣向手心。碱式滴定管操作，左手拇指和食指捏住玻璃球部位稍靠上的地方，向一侧挤压胶管，使胶管和玻璃球间形成一条缝隙，溶液即可流出。

滴定管下端伸入锥形瓶口内约 1~2cm。滴定开始时，液体滴出可快一些，但应成滴状而不成流状，临近终点时，慢速滴定，每次滴加一滴或半滴，不断旋摇，直至终点。

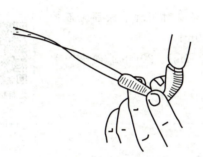 

图 2-10　碱式滴定管赶气泡的方法　　　　图 2-11　酸式滴定管操作手法

7. 读数

读取滴定管数字时，应使视线与液面保持水平。读数须读到小数点后第二位。

① 读数时，将滴定管从滴定管架上取下，用一只手的拇指和食指捏住滴定管上部，使滴定管保持垂直。装满或放出溶液后，须等 1~2 分钟，使附着于管壁上的溶液流下后再读数。

② 对于无色或浅色溶液，应读取弯月面下缘最低点。读数时，视线在弯月面下缘最低点处，且与液面保持水平（图 2-12）；对颜色较深的溶液，可读液面两侧的最高处。此时，视线应与该点保持水平。注意初读数与终读数采用同一标准。

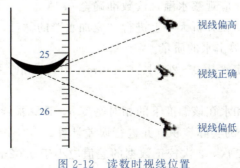

图 2-12　读数时视线位置

③ 为了便于读数，可在滴定管后衬一黑白两色的读数卡，见图2-13。

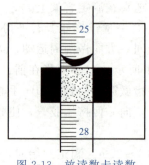

图2-13 放读数卡读数

 案例2-10

甲同学在做盐酸滴定液标定的实验，滴定到终点时消耗盐酸滴定液的体积三次平行实验分别记录为20ml、20.5ml、20ml。

讨论：1. 甲同学记录的三个数据20ml、20.5ml、20ml正确吗？为什么？

2. 记录的三个数据的正确读数应该为多少？

解析2-10

（二）滴定管的校正

校正滴定管常采用衡量法（称量法），即称量一定体积纯水的质量m，查得该温度下纯水的密度ρ，根据公式$V=m/\rho$算出滴定管的容积。

① 将具塞的50ml锥形瓶洗净并擦干外部，在电子天平上称出其质量，准确记录质量数值m_1。

② 酸式滴定管洗净，加纯净水至零刻度线上5mm处，擦去滴定管外表面的水，缓慢调液面至"0.00"刻度，移去尖嘴处的最后一滴水，记下准确读数V_1。

③ 将纯水以小于10ml/min的流速从滴定管尖嘴流出，当液面降至被检刻度线以上约5mm处时，等待30s，然后在10s内将液面调至被检刻度线10ml处，随即用具塞锥形瓶移去尖嘴处的最后一滴水。注意整个过程中，滴定管尖嘴不应接触具塞锥形瓶。

④ 在调整液面的同时，应观察水温，读数准确至0.1℃。

⑤ 将锥形瓶盖上瓶塞，在分析天平上进行"瓶加水"的称量，记录质量数据m_2。两次的质量差（m_1-m_2）即为放出水的质量。

⑥ 用同样方法称量滴定管从0~20ml、0~30ml、0~40ml、0~50ml刻度间放出水的质量。

⑦ 根据放出水的质量和水在该温度下的相对密度ρ，计算被检滴定管在该温度时的实际容量V，即得滴定管各部分的实际容积，并进行误差计算。

⑧ 一般校正次数至少2次，2次校正数据的差值应小于0.02ml，并取2次的平均值。

⑨ 根据实验数据，以滴定管读数为横坐标，总校准容积为纵坐标，在坐标纸上作出此

滴定管的校准曲线。

五、玻璃仪器的洗涤

（一）洗涤方法

玻璃仪器的清洗需要根据玻璃仪器所使用的化学物质的特性来选择合适的清洗方法。通常有：水洗法、刷洗法、药剂洗涤法。

1. 水洗法

这是最基本、最简单的一种洗涤方法，即用水冲洗掉玻璃仪器内的可溶物及其表面的灰尘。洗涤时，注入玻璃器皿内的水量不要超过其容积的三分之一，用力振荡后将水倒出。反复清洗数次即可。此法适用于水溶性较好的物质。

2. 刷洗法

当玻璃仪器内壁附有难溶性物质时，可用毛刷进行刷洗，计量玻璃器皿不可使用毛刷刷洗。

用毛刷刷洗时，首先要根据仪器的种类、规格不同选择适宜的毛刷，然后应确定手持刷把的位置，以防刷洗时由于用力过猛而损坏仪器。刷洗时，可将刷子在仪器内上下移动，也可以左右旋转，目的是利用毛刷对器壁的摩擦使污物去掉。必要时，可以用毛刷蘸上洗衣粉或洗涤剂来刷洗。

3. 药剂洗涤法

对难以洗掉的不溶物，可以考虑用药剂来洗涤。该方法是利用药剂与污物间的作用，将难溶性污物转化为可溶性的物质，从而达到去污的目的。常用的药剂洗涤剂有：稀硝酸、稀盐酸、氢氧化钠溶液、氢氧化钾溶液、铬酸溶液。清洁时，需要根据玻璃器皿所盛装的化学物质的性质选择合适的洗涤剂。

清洗后的玻璃仪器表面应干净无残留、不挂水珠等。

> **课堂互动** 光学玻璃仪器的清洗是否可用强碱性清洗剂？

（二）仪器的干燥

除需要洗涤外，玻璃仪器还需要干燥，以符合实验要求。根据实验的要求和玻璃仪器本身的特点，可以用风干、吹干、烤干、烘干和有机溶剂干燥法来干燥。

1. 风干

也叫晾干，将洗净的玻璃仪器倒立于试管架或仰立于烧杯、烧瓶架上，自然干燥。此方法常用于不急于使用的玻璃仪器。

2. 吹干

用玻璃仪器气流烘干器或吹风机将玻璃仪器吹干。对于那些在加热时容易炸裂的玻璃仪器常用此方法进行干燥。例如滴定管、量筒等。

3. 烤干

用加热的方法使玻璃仪器上的水分迅速蒸发，从而使玻璃仪器干燥的方法。常用于可被加热或耐高温的玻璃仪器，如烧杯、试管。应该注意的是，烘烤前应将玻璃仪器外壁的水擦干，但计量型玻璃仪器不可使用烤干的方法，如量筒、量瓶、移液管等。

4. 烘干

需要干燥的玻璃仪器较多时，常用电热干燥箱来进行干燥。干燥箱的温度一般控制在105℃左右，20分钟即可将玻璃仪器烘干。对有活塞的玻璃仪器，应将活塞取下，分开干燥（但要注意干燥后的活塞仍要与原玻璃仪器配套）。计量型玻璃仪器不可使用烘干的方法，如量筒、量瓶、移液管等。

5. 有机溶剂干燥法

也叫快干法。一般只在实验中临时使用。通常将少量乙醇或丙酮或乙醚倒入已控去水分的玻璃仪器中，摇洗控净溶剂，然后用电吹风机吹干。

第四节　实验室安全

一、化学实验室规则

（1）遵守实验室的一切规章制度，服从教师指导，保持实验室的整洁、安静，不准随地吐痰、乱扔杂物。

（2）实验前应认真预习，明确探究实验的目的和要求，掌握所用仪器的性能及操作方法，按要求做好实验准备，经教师检查许可后方可进行实验。

（3）实验课不得迟到，衣冠不整不许进入实验室，不准将与实验课无关的物品带进实验室。

（4）开始做实验前认真检查仪器是否有损坏、缺少等问题，检查出缺损后报告实验指导老师，并进行破损仪器登记。

（5）做实验时保持室内安静，实验室内严禁打闹。

（6）酒精灯用完后应用灯帽熄灭，切忌用嘴吹灭。

（7）要注意安全用电，不要用湿手、湿物接触电源，实验结束后应及时切断电源。

（8）加热或倾倒液体时，切勿俯视容器，以防液滴飞溅造成伤害。给试管加热时，切勿将管口对着自己或他人，以免药品喷出伤人。

（9）不得用手直接摸拿化学药品，不得用口尝方法鉴别物质，不得直接正面嗅闻化学气味。

（10）凡做有毒和有恶臭气体的实验，应在通风橱内进行。

（11）取用药品要选用药匙等专用器具，不能用手直接拿取，防止药品接触皮肤造成伤害。

（12）未经许可，绝不允许将试剂或药品随意研磨或混合，以免发生爆炸、烧伤等意外事故。

（13）要勤俭节约，不浪费水、电、试剂。

（14）废弃的有害固体药品严禁倒入生活垃圾处，必须经处理后丢弃。

(15) 实验完毕,应将实验仪器清洗干净,按指定位置摆好,桌面整理干净,洗净双手,关闭水、电、气等,并且填写实验记录单。

(16) 实验室所有药品、仪器不得带出室外。

(17) 要爱护实验室内一切设施,不得乱写乱画,禁止动用与本实验无关的仪器设备、器材和设施。

(18) 对于不遵守纪律和实验不认真者,教师有权令其停止或重做。

二、实验室意外事故的急救处理

实验过程中,如发生意外事故,要保持冷静,可采取如下救护措施:

1. 创伤急救

用药棉或纱布把伤口清理干净,若有碎玻璃片要小心除去,用双氧水擦洗,也可涂碘酒,再用创可贴外敷。

2. 烫伤

遇烫伤,切勿用水清洗,可在烫伤处抹上苦味酸溶液或烫伤膏,烫伤达二度烧伤(皮肤起泡)或三度烧伤(皮肤呈蜡白色或焦炭状,坚硬且不会疼痛)时,应送医院治疗。

3. 浓酸和浓碱等强腐蚀性药品

使用时应特别小心,防止皮肤或衣物被腐蚀。如果酸(或碱)溅在实验桌上,立即用 $NaHCO_3$ 溶液(或稀醋酸)中和,然后用水冲洗,再用抹布擦干。如果只有少量酸或碱液滴到实验桌上,立即用湿抹布擦净,再用水冲洗抹布。

如果不慎将酸沾到皮肤或衣物上,应立即用较多的水冲洗,再用3%~5%的 $NaHCO_3$ 溶液冲洗。如果是碱溶液沾到皮肤上,要用较多的水冲洗,再涂上硼酸溶液。

4. 眼睛的化学蚀伤

应立即用大量流水冲洗,边洗边眨眼睛。及时就医。

5. 受溴腐蚀致伤

用苯或甘油洗涤伤口,再用水洗。

6. 受磷蚀伤

用1%硝酸银、5%浓硫酸铜或浓高锰酸钾洗涤伤口,然后包扎。

7. 受苯酚蚀伤

先用大量水洗,再用乙醇擦洗,最后用肥皂水、清水洗涤。

8. 吸入刺激性或有毒气体

应立即到室外呼吸新鲜空气。严重者应立即送医院急救。

9. 触电

应立即切断电源,用干燥木棒或竹竿使触电者与电源脱离接触,在必要时进行人工呼吸,急救。

10. 毒物入口

溅入口中而尚未下咽的毒物应立即吐出,用大量水冲洗口腔;如已吞下毒物,应根据毒物性质服解毒剂，并立即送医院诊治。

三、实验室环境保护

（一）废弃物的无害化处理

根据绿色化学的基本原则，对化学实验室中排出的废气、废渣和废液（这些废弃物又称"三废"）按照建立的规章制度进行无害化处理，减少对环境的污染。处理原则包括：

1. 减少废弃物的产生

应充分考虑废弃物对环境的影响，在保证实验效果的前提下，尽量减少实验试剂的用量，尽量避免有毒及剧毒性试剂的使用。

2. 回收再利用危险化学废弃物

实验中产生的化学废弃物，尽可能地回收再利用，减少对环境的污染和处理费用。

3. 进行无害化处理

没有回收价值的废弃物可以在实验室进行无害化处理，经过处理，达到国家相关排放标准后排放。

4. 进行回收处理

不能进行回收再利用以及不能在实验室内无害化处理的废弃物，必须严格按照国家相关规定进行回收处理。

5. 化学废弃物必须分类收集处理

回收处理化学废弃物，不仅要便于收集、储存和清运，还要方便后续处理。

（二）实验室的废气

实验室中凡可能产生有害废气的操作都应在有通风装置的条件下进行，其中汞的操作室必须有良好的全室通风装置，其抽风口通常设在墙的下部。实验室若排放毒性大且较多的气体，可参考工业上废气处理的办法，在排放废气前，采用吸附、吸收、氧化、分解等方法进行处理。

（三）实验室的废渣

实验室产生的有害固体废渣决不能与生活垃圾混倒。固体废弃物经回收、提取有用物质后，其残渣仍是多种污染物的存在状态，此时方可对其做最终的安全处理。

1. 先固化，再深地填埋

对少量化学稳定的高危险性物质（如放射性废弃物等），可将其通过物理或化学的方法进行（玻璃、水泥、岩石）固化，再进行深地填埋。

2. 土地填埋

土地填埋是许多国家作为固体废弃物最终处置的主要方法。要求被填埋的废弃物应是惰性物质或经微生物分解可成为无害物质。填埋场地应远离水源，场地底土不透水、不能穿入地下水层。

（四）实验室的废液

实验室中产生的废弃物以废液为主，种类多，组成变化大，应根据废液性质分别处理。

1. 废酸液

可先用耐酸塑料网纱或玻璃纤维过滤，滤液加碱中和，调 pH 至 6～8 后就可排出，少量滤渣可埋于地下。

2. 废洗液

可用高锰酸钾氧化法使其再生后使用。少量的废洗液可加废碱液或石灰使其生成 $Cr(OH)_3$ 沉淀，将沉淀埋于地下即可。

3. 氰化物

氰化物为剧毒物质。少量的含氰废液可先加 NaOH 调至 pH＞10，再加入几克高锰酸钾使 CN^- 氧化分解。大量的含氰废液可用碱性氯化法处理，即先用碱调至 pH＞10，再加入次氯酸钠，使 CN^- 氧化成氰酸盐，并进一步分解为 CO_2 和 N_2。

4. 含汞盐的废液

先调 pH 至 8～10，然后加入过量的 Na_2S，使其生成 HgS 沉淀，并加 $FeSO_4$ 与过量 S^{2-} 生成 FeS 沉淀，从而吸附 HgS 共沉淀下来。离心分离，清液含汞量降到 0.02mg/L 以下，可排放。少量残渣可埋于地下，大量残渣可用焙烧法回收汞，但注意一定要在通风橱中进行。

5. 含重金属离子的废物

最有效和最经济的方法是加碱或加 Na_2S 把重金属离子变成难溶性的氢氧化物或硫化物而沉积下来，过滤后，残渣可埋于地下。

 案例 2-11

山东省职业院校技能大赛化学实验技术赛项 2021 年赛题 A。

1. 用锌标准溶液标定乙二胺四醋酸二钠溶液

减量法准确称取 1.5g 基准试剂氧化锌于 100ml 小烧杯中，并用少量蒸馏水润湿，加入 20ml 20% 的 HCl 溶液，搅拌，直至氧化锌完全溶解，然后定量转移至 250ml 容量瓶中，用水稀释至刻度，摇匀。

移取 25.00ml 锌标准溶液于锥形瓶中，加 75ml 去离子水，用氨水溶液（10%）调至溶液 pH 至 7～8，加入 10ml 氨-氯化铵缓冲溶液（pH≈10）及适量铬黑 T 指示剂（5g/L），用待标定的乙二胺四醋酸二钠溶液滴定至溶液由紫色变为纯蓝色。

平行测定 3 次，同时做空白试验。

2. 样品分析

减量法准确称取一定质量的镍溶液样品（镍含量范围 22～24g/kg，要求消耗乙二胺四醋酸二钠标准滴定溶液体积在 28～32ml），加入适量去离子水、10ml 氨-氯化铵缓冲溶液（pH＝10）及 0.2g 紫脲酸铵指示剂，然后用乙二胺四醋酸二钠标准滴定溶液滴定至溶液呈蓝紫色。平行测定 3 次。

解析 2-11

> 讨论：1. 健康和安全，请描述本模块涉及的健康和安全问题及预防措施。
> 2. 环保，请描述本模块可能产生的环保隐患和所需采取的预防措施。

知识回顾

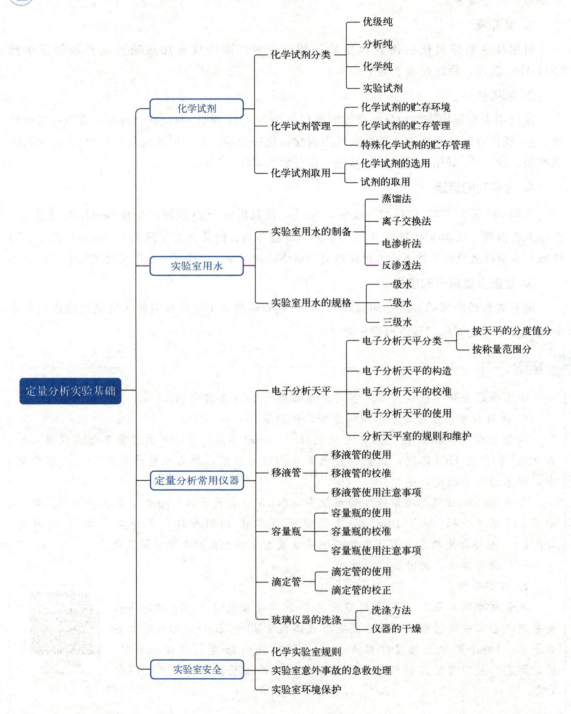

目标检测

一、选择题

（一）单选题

1. 对于化学纯试剂，标签的颜色通常为（　　）。
   A. 绿色　　　　B. 红色　　　　C. 蓝色　　　　D. 棕色
2. 天平及砝码应定期检定，一般规定检定时间间隔不超过（　　）。
   A. 半年　　　　B. 一年　　　　C. 二年　　　　D. 三年
3. 用25ml移液管移取溶液的准确体积应该是（　　）ml。
   A. 25.0　　　　B. 25.00　　　　C. 25.000　　　　D. 25
4. 下列取用液体试剂的叙述中，正确的是（　　）。
   A. 将试剂瓶的瓶盖倒置于实验台上
   B. 为了能够看清物质名称，取试剂时标签应朝向虎口外
   C. 使用时取用过量的试剂应及时倒回原瓶，严禁浪费
   D. 低沸点试液应保存于冷柜中
5. 在实验室常用的玻璃仪器中，可以直接加热的仪器是（　　）。
   A. 量筒和烧杯　　　　　　　　　　B. 容量瓶和烧杯
   C. 锥形瓶和烧杯　　　　　　　　　D. 容量瓶和锥形瓶
6. 三级实验用水的电导率应小于或等于（　　）。
   A. 1.0μS/m　　　　　　　　　　　B. 0.1μS/m
   C. 5.0μS/m　　　　　　　　　　　D. 10.0μS/m
7. 实验中，敞口的器皿发生燃烧，正确的灭火方法是（　　）。
   A. 把容器移走　　　　　　　　　　B. 用水扑灭
   C. 用湿布扑救　　　　　　　　　　D. 切断加热源，再扑救
8. 打开浓盐酸、浓硝酸、浓氨水等试剂瓶塞时，应在（　　）中进行。
   A. 冷水浴　　　　B. 走廊　　　　C. 通风橱　　　　D. 药品库
9. 化学蚀伤中，酸的蚀伤应先用大量的水冲洗，然后用（　　）冲洗，再用水冲洗。
   A. 0.3mol/L HAc 溶液　　　　　　B. 2% $NaHCO_3$ 溶液
   C. 0.3mol/L HCl 溶液　　　　　　D. 2% NaOH 溶液
10. 在实验室中发生化学蚀伤时下列哪种方法是正确的？（　　）。
    A. 被强碱蚀伤时用强酸洗涤
    B. 被强酸蚀伤时用强碱洗涤
    C. 先清除皮肤上的化学药品再用大量干净的水冲洗
    D. 清除药品立即贴上"创口贴"
11. 下列关于容量瓶的说法，错误的是（　　）。
    A. 不宜在容量瓶中长期存放溶液
    B. 把小烧杯中的洗液转移至容量瓶时，每次用水50ml
    C. 定容时的溶液温度应当与室温相同
    D. 不能在容量瓶中直接溶解基准物

12. 下面说法错误的是（   ）。
   A. 高温电炉有自动控温装置，无须有人照看
   B. 高温电炉在使用时，要经常照看
   C. 晚间无人值班，切勿启用高温电炉
   D. 高温电炉勿剧烈振动
13. 没有磨口部件的玻璃仪器是（   ）。
   A. 碱式滴定管   B. 碘瓶   C. 酸式滴定管   D. 称量瓶
14. 下列不宜加热的仪器是（   ）。
   A. 试管   B. 坩埚   C. 蒸发皿   D. 移液管
15. 下列数据记录存在错误的是（   ）。
   A. 分析天平 0.2800g   B. 移液管 25.00ml
   C. 滴定管 25.00ml   D. 量筒 25.00ml
16. 下列中毒急救方法错误的是（   ）。
   A. 呼吸系统急性中毒，应使中毒者离开现场，使其呼吸新鲜空气或做抗休克处理
   B. H_2S 中毒立即进行洗胃，使之呕吐
   C. 误食重金属盐溶液应立即洗胃，使之呕吐
   D. 皮肤、眼、鼻受毒物侵害时应立即用大量自来水冲洗
17. 在实验中，电器着火应采取的措施是（   ）。
   A. 用水灭火   B. 用沙土灭火
   C. 及时切断电源用 CCl_4 灭火器灭火   D. 用 CO_2 灭火器灭火
18. 为保证天平或天平室的干燥，下列物品不能放入的是（   ）。
   A. 蓝色硅胶   B. 石灰   C. 乙醇   D. 木炭
19. 下列哪种方法制得的水称为去离子水？（   ）
   A. 蒸馏法   B. 离子交换法   C. 电渗析法   D. 反渗透法
20. 化学实验用水分为（   ）。
   A. 一级   B. 二级   C. 三级   D. 四级
21. 化学定量分析中，主要使用（   ）。
   A. 一级水   B. 二级水   C. 三级水   D. 都可以
22. 仪器分析中，主要使用（   ）。
   A. 一级水   B. 二级水   C. 三级水   D. 都可以
23. 一般实验室所用的化学试剂分为（   ）。
   A. 一级   B. 二级   C. 三级   D. 四级
24. 分析化学实验须取用（   ）。
   A. 一级试剂   B. 二级试剂   C. 三级试剂   D. 四级试剂
25. 下列仪器使用时需要用待装溶液润洗的是（   ）。
   A. 烧杯   B. 试管   C. 移液管   D. 容量瓶
26. 用于连续称量数份一定质量范围的样品的称量方法是（   ）。
   A. 直接称量法   B. 减重称量法   C. 增重称量法   D. 都可以
27. 对于附着难洗污渍的实验仪器应首先使用（   ）进行洗涤。
   A. 自来水   B. 纯化水   C. 洗涤剂   D. 铬酸洗液

28. 实验室不慎烫伤时，应选用（　　）进行积极处理。
   A. 95％乙醇　　　　B. 10g/L 硫酸铜　　C. 2％乙酸溶液　　D. 自来水
29. 一般分析实验和科学研究中适用（　　）。
   A. 优级纯试剂　　　B. 分析纯试剂　　　C. 化学纯试剂　　　D. 实验试剂
30. 某一试剂其标签上英文缩写为 AR，其应为（　　）。
   A. 优级纯　　　　　B. 化学纯　　　　　C. 分析纯　　　　　D. 生化试剂

（二）多选题

1. 不可直接加热，需要用操作溶液润洗的仪器是（　　）。
   A. 锥形瓶　　　　　B. 滴定管　　　　　C. 移液管和吸量管　D. 容量瓶
2. 下列有关实验室安全知识说法正确的是（　　）。
   A. 稀释硫酸必须在烧杯等耐热性容器中进行，且只能将水在不断搅拌下缓缓注入硫酸
   B. 有毒、有腐蚀性液体的操作必须在通风橱内进行
   C. 氰化物、砷化物的废液应小心倒入废液缸，均匀倒入水槽中，以免腐蚀下水道
   D. 易燃溶剂加热应采用水浴加热或沙浴，并避免明火
3. 浓硝酸、浓硫酸、浓盐酸等溅到皮肤上，做法正确的是（　　）。
   A. 用大量水冲洗　　　　　　　　　　　B. 用稀苏打水冲洗
   C. 起水泡处可涂碘酒　　　　　　　　　D. 损伤面可涂氧化锌软膏
4. 实验室用水的制备方法有（　　）。
   A. 蒸馏法　　　　　B. 离子交换法　　　C. 电渗析法　　　　D. 电解法
5. 下列可以直接加热的常用玻璃仪器为（　　）。
   A. 烧杯　　　　　　B. 容量瓶　　　　　C. 锥形瓶　　　　　D. 量筒

二、判断题

（　　）1. 滴定管、容量瓶、移液管在使用前都需要用试剂溶液进行润洗。
（　　）2. 滴定管读数时必须读取弯液面的最低点。
（　　）3. 滴定管内壁不能用去污粉清洗，以免划伤内壁，影响体积的准确测量。
（　　）4. 滴定管体积校正采用的是绝对校正法。
（　　）5. 滴定管中装入溶液或放出溶液后即可读数，并应使滴定管保持垂直状态。
（　　）6. 滴定管属于量出式容量仪器。
（　　）7. 二次蒸馏水是指将蒸馏水重新蒸馏后得到的水。
（　　）8. 分析纯试剂标签的颜色是蓝色。
（　　）9. 分析纯试剂可以用来直接配制标准溶液。
（　　）10. 分析纯试剂一般用于精密分析及科研工作。
（　　）11. 分析结果要求不是很高的实验，可用优级纯或分析纯试剂代替基准试剂。
（　　）12. 化学纯化学试剂适用于一般化学实验用。
（　　）13. 化学纯试剂品质低于实验试剂。
（　　）14. 化学定量分析实验一般用二级水，25℃时其 pH 约为 5.0～7.5。
（　　）15. 化学试剂根据其等级分别用不同颜色的标签区别，分析纯试剂用绿色标签。
（　　）16. 化学试剂选用的原则是在满足实验要求的前提下，选择试剂的级别应就低而不就高。即，不可随意提升等级造成浪费，也不能随意降低试剂级别而影响分析结果。

（　　）17. 化学试剂中二级试剂常用于微量分析、标准溶液的配制、精密分析工作。
（　　）18. 化验室的安全包括：防火、防爆、防中毒、防腐蚀、防烫伤，保证压力容器和气瓶的安全、电器的安全以及防止环境污染等。
（　　）19. 化验室内可以用干净的器皿处理食物。
（　　）20. 倾倒液体试样时，右手持试剂瓶并将试剂瓶的标签握在手心中，逐渐倾斜试剂瓶，缓缓倒出所需量试剂并将瓶口的一滴碰到承接容器中。
（　　）21. 取出的液体试剂不可倒回原瓶，以免污染试剂。
（　　）22. 容量瓶、滴定管、吸管不可以加热烘干，也不能盛装热的溶液。
（　　）23. 容量瓶与移液管不配套会引起偶然误差。
（　　）24. 实验情况及数据记录要用钢笔或圆珠笔，如有错误，应划掉重写，不要涂改。
（　　）25. 天平和砝码应定时检定，按照规定最长检定周期不超过一年。
（　　）26. 天平室要经常敞开通风，以防室内过于潮湿。
（　　）27. 在实验室里，倾注和使用易燃、易爆物时，附近不得有明火。
（　　）28. 某同学用盐酸标准溶液滴定氢氧化钠溶液，滴定至终点，滴定管读数为 20ml。
（　　）29. 实验结束后，无机酸、碱类废液应先中和后，再进行排放。
（　　）30. 常用的滴定管、吸量管等不能用去污粉进行刷洗。

第三章　溶液及其制备

📩 学习引导

依据《中国药典》(2020年版) 做维生素 C 鉴别和检查试验时，需要配制以下溶液：0.10g/ml 维生素 C 溶液、0.1mol/L 硝酸溶液；做甲硝唑片溶出度检查和含量测定时，需要配制盐酸溶液 (9→1000)、50% 甲醇溶液、甲醇-水 (20∶80)、0.25mg/ml 甲硝唑对照品溶液。

讨论：上述各种溶液浓度分别是什么含义？这些溶液应如何配制？学习完本章内容后，同学们就会找到答案，也会对溶液及其制备方法建立新的认识。

📩 学习目标

1. 知识目标

掌握溶液浓度的表示方法及计算方法；熟悉溶液制备流程及管理办法；了解稀溶液的依数性、溶胶和高分子溶液的性质。

2. 能力目标

能计算所需试剂的量（质量或体积），会选用容量器具，熟练制备各类浓度的溶液，并正确管理溶液。

3. 素质目标

具备严谨认真、实事求是、精益求精的工作作风，良好的实验习惯；遵守实验室规章制度，在实操过程中确保自身和他人的健康、安全；具有环保意识，对可能产生的环保隐患做好预防措施。

溶液是一种常见的分散系，普遍存在于自然界中，如人类摄取食物里的养分必须经过消化变成溶液才能被吸收；注射剂只有配制成一定浓度的溶液才能在临床使用；人体内氧气和二氧化碳也是溶解在血液中进行循环的。溶液与人类的生命过程、日常生活和药物的研发、生产及使用密切相关，因此掌握溶液的相关知识对于后续课程的学习和研究有非常重要的意义。

第一节　分散系

一、分散系的概念

一种或几种物质分散在另一种物质中所形成的混合物叫作分散系。其中被分散的物质称为分散质（或分散相），容纳分散质的物质称为分散剂（或分散介质）。如氯化钠溶液中，氯化钠为分散质，水为分散剂；又如泥浆中，泥土为分散质，水为分散剂。

二、分散系的分类

根据分散质颗粒大小的不同，分散系可分为溶液、胶体、浊液三大类，其分类及特征见表3-1所示。

表3-1 分散系的分类及特征

分散系		分散相颗粒大小	分散相	外观及主要特性	举例
溶液		<1nm	单个分子或离子	均相、透明、稳定；分散相能透过滤纸和半透膜，无丁达尔现象	生理盐水、碘酒
胶体	溶胶	1~100nm	胶粒	非均相、相对稳定；分散相能透过滤纸，不能透过半透膜，有丁达尔现象	氢氧化铁溶胶
	高分子化合物溶液		单个高分子	均相、稳定；分散相能透过滤纸，不能透过半透膜	蛋白质溶液
浊液	乳浊液	>100nm	液体颗粒	非均相、不稳定、浑浊；分散相不能透过滤纸，不能透过半透膜	牛奶
	悬浊液		固体颗粒		泥浆

第二节 溶液的分类和制备

一、溶液浓度的表示方法

溶液是一种常见的分散系，由两种或两种以上的物质混合形成，外观均一、透明、稳定。化验工作中所说的溶液主要指液态溶液。溶液由溶质和溶剂组成，一般情况下把能溶解其他物质的化合物称为溶剂，被溶解的物质称为溶质。如气体或固体溶于液体时，则称液体为溶剂、气体或固体为溶质。若两种液体互相溶解时，一般把量多的称为溶剂，量少的称为溶质。如氯化钠溶液中，氯化钠为溶质，水为溶剂。

溶液的浓度是指一定量的溶液（或溶剂A）中所含溶质B的量。溶液浓度的表示方法有多种，常用的有以下几种。

1. 物质的量浓度 c_B

 案例3-1

某实验员需要配制盐酸滴定液（0.1mol/L）和0.1mol/L盐酸溶液各1000ml。
讨论：（1）0.1mol/L是什么含义？
（2）盐酸滴定液（0.1mol/L）和0.1mol/L盐酸溶液，这两种表述方法一样吗？
（3）如何配制两种溶液？

解析3-1

> **知识补充**
>
> 《中国药典》（2020年版）规定：滴定液和试液，其浓度要求精密标定的滴定液用"XXX 滴定液（YYYmol/L）"表示；作其他用途不需要精密标定其浓度时，用"YYYmol/L XXX 溶液"表示。

物质的量浓度是指单位体积溶液中所含溶质B的物质的量，常用 c_B 表示。

$$c_B = \frac{n_B}{V} \tag{3-1}$$

式中　c_B——溶质B的物质的量浓度，mol/L；
　　　n_B——溶质B的物质的量，mol；
　　　V——溶液的体积，L。

例题 3-1　500ml 草酸钠溶液中含有 0.08mol 溶质，求该溶液中草酸钠的物质的量浓度。

解析： 草酸钠为溶质，其物质的量 $n_{NaCl}=0.08$mol，溶液的体积 $V=500$ml$=0.5$L，根据式(3-1)可求出

$$c_{NaCl} = \frac{n_{NaCl}}{V} = \frac{0.08}{0.5} = 0.16 \text{mol/L}$$

练一练：
查阅重铬酸钾的摩尔质量，计算配制 1000ml 重铬酸钾滴定液（0.01mol/L）所需重铬酸钾的质量。

2. 质量浓度 ρ_B

案例 3-2

某实验员需要配制生理盐水 500ml，已知生理盐水的质量浓度为 9g/L。

讨论：（1）9g/L 是什么含义？

（2）如何配制生理盐水？

解析3-2

质量浓度是指单位体积溶液中所含溶质B的质量，常用 ρ_B 表示。

$$\rho_B = \frac{m_B}{V} \tag{3-2}$$

式中　ρ_B——溶质B的质量浓度，g/L；
　　　m_B——溶质B的质量，g；
　　　V——溶液的体积，L。

注意质量浓度与密度表示虽然符号相近，但是本质不同，密度是指单位体积溶液中含有溶液的质量。

例题 3-2 已知 100ml 氯化钙溶液中含有氯化钙 4.9g，求氯化钙的质量浓度。

解析：氯化钙为溶质，其质量 $m_{CaCl_2}=4.9g$，溶液的体积 $V=100ml=0.1L$，根据式(3-2) 可求出

$$\rho_{CaCl_2}=\frac{m_{CaCl_2}}{V}=\frac{4.9}{0.1}=49g/L$$

3. 质量分数 ω_B

质量分数是指溶质 B 的质量与溶液的质量之比，常用 ω_B 表示。

$$\omega_B=\frac{m_B}{m} \tag{3-3}$$

式中 ω_B——溶质 B 的质量分数；
m_B——溶质 B 的质量，g；
m——溶液的质量，g。

例题 3-3 称取双氧水溶液 2.5g，通过实验求得溶质的质量为 0.68g，求双氧水的质量分数。

解析：溶质的质量为 0.68g，溶液的质量为 2.5g，根据式(3-3) 可求出

$$\omega_{H_2O_2}=\frac{m_{H_2O_2}}{m}=\frac{0.68}{2.5}=0.27$$

4. 体积分数 φ_B

体积分数是指溶质 B 的体积与溶液的体积之比，常用 φ_B 表示。

$$\varphi_B=\frac{V_B}{V} \tag{3-4}$$

式中 φ_B——溶质 B 的体积分数；
V_B——溶质 B 的体积，ml；
V——溶液的体积，ml。

例题 3-4 1L 酒精消毒液中含乙醇 0.75L，乙醇的体积分数是多少？

解析：乙醇为溶质，其体积 $V_{乙醇}=0.75L$，酒精消毒液的体积 $V=1L$，根据式(3-4) 可求出

$$\varphi_{乙醇}=\frac{V_{乙醇}}{V}=\frac{0.75}{1}=0.75（或 75\%）$$

质量分数和体积分数一般没有量纲，二者可以用小数表示，也可以百分数表示。

5. 质量摩尔浓度 b_B

质量摩尔浓度是指溶质 B 的物质的量与溶剂 A 的质量之比，常用 b_B 表示。

$$b_B=\frac{n_B}{m_A} \tag{3-5}$$

式中 b_B——溶质 B 的质量摩尔浓度，mol/g；
n_B——溶质 B 的物质的量，mol；
m_A——溶剂 A 的质量，g。

二、溶液的分类

在分析工作中用到的溶液种类繁多,按其用途和准确度可将溶液分为一般溶液和标准溶液。

1. 一般溶液

在分析工作中,一般溶液浓度和用量不参与被测组分含量的计算,不需要获得其准确浓度,如溶解样品、控制酸度、指示终点、消除干扰、作显色剂等。根据用途,可分为显影液、掩蔽剂溶液、缓冲液、提取液、吸收液、碱溶液、指示剂溶液、沉淀剂溶液、空白溶液等。一般溶液浓度只需保留 1~2 位有效数字,固体试剂的质量由托盘天平称量,液体试剂的体积用量筒或量杯量取即可。

如《中国药典》(2020 年版)规定维生素 E 吸收系数的测定:取本品,精密称定,加无水乙醇溶解并定量稀释制成每 1ml 中约含 0.1mg 的溶液……。这里的无水乙醇作溶剂,为一般溶液。如维生素 C 的含量测定:取本品约 0.2g,精密称定,加新沸过的冷水 100ml 与稀醋酸 10ml 使溶解……。这里的稀醋酸起调节溶液酸度的作用,为一般溶液。

又如指示液是指示剂溶于溶剂后形成的溶液,属一般溶液。指示剂是在一定 pH 范围内能显示一定颜色的试剂,常用它检验溶液的酸碱性;在滴定分析中用来指示滴定终点。《中国药典》(2020 年版)四部通则 8005 列出了常见的指示剂与指示液。

2. 标准溶液

由基准物质配制或已知准确浓度的溶液称为标准溶液。按照用途的不同,标准溶液可分为滴定分析用标准溶液、杂质测定用标准溶液和 pH 标准缓冲溶液。

(1) 滴定分析用标准溶液 滴定分析用标准溶液又称滴定液,主要用于容量分析中测定样品的主体成分或常量成分。滴定液的浓度要求准确到 4 位有效数字,一般小于 0.5mol/L。如重铬酸钾滴定液浓度 $c(K_2Cr_2O_7)=0.01667mol/L$。《中国药典》(2020 年版)四部通则 8006 滴定液列出常用的滴定液。滴定液及其制备、管理等内容在滴定分析概论一章详细讲解。

(2) 杂质测定用标准溶液 杂质测定用标准溶液包括元素标准溶液、标准比色溶液、标准比浊溶液等,主要用于对样品中微量成分(元素、分子、离子等)进行定量、半定量或限量分析,适用于样品中杂质的测定,其浓度通常用质量浓度表示,一般保留 2 位有效数字,最多保留 3 位有效数字,常用的浓度单位为 mg/ml、μg/ml。《化学试剂 杂质测定用标准溶液的制备》(GB/T 602—2002)和《中国药典》(2020 年版)四部通则 0800 限量检查法、0900 特性检查法列出了常用的杂质测定用标准溶液。

(3) pH 标准缓冲液 pH 标准缓冲液具有准确的 pH 数值,由 pH 基准试剂进行配制,用于对 pH 计的校准。当用 pH 计测量溶液的酸度时,必须先用三种或两种合适的 pH 标准缓冲液对 pH 计进行校准,然后再进行测定。其浓度通常用物质的量浓度表示,一般保留 3 位有效数字。《中国药典》(2020 年版)四部通则 0631 pH 值测定法中列出五种标准缓冲液及不同温度时的 pH 值,如 20℃时邻苯二甲酸盐标准缓冲液 pH=4.00。

三、溶液的制备

（一）一般溶液的制备

在分析检测工作中，常常需要各种浓度的溶液来满足不同实验的要求，因此要学会制备溶液，这也是每位检验工作者必备的基本操作。不论是固体物质配成溶液还是浓溶液稀释为稀溶液，其依据均为稀释或配制前后溶质的总量不变。

1. 溶解法

溶解法是指采用适当的溶剂，将一定量的试样溶解，配制成所需浓度的溶液。这种方法比较简单、快速。

制备溶液前一定要计算所需试剂的用量，包括固体试剂的质量或液体试剂的体积，然后再进行制备，所以溶液的制备一般包括计算、称量（量取）、溶解、定容、转移等操作步骤。

例题3-5 以案例3-2为例，进行详细说明。

解析：根据前面的学习知道9g/L为质量浓度，即 $\rho_{NaCl}=9g/L$。

（1）计算　先计算出配制500ml生理盐水需要氯化钠的质量。

依据式(3-2)
$$\rho_B=\frac{m_B}{V}$$

公式变形，并代入数据，得 $m_{NaCl}=\rho_{NaCl}V=9\times0.5=4.5g$

（2）称量　用台秤称取4.5g氯化钠，倒入800ml烧杯中。

（3）溶解、定容　向上述烧杯中加入500ml蒸馏水，用玻璃棒搅拌至充分溶解。

（4）转移　将配好的溶液转移至干燥、洁净的试剂瓶中，贴好标签，备用。

溶液的制备方式可分为粗略配制和精确配制两种。如果实验对溶液浓度的准确性要求不高，利用台秤、量筒等低准确度的仪器进行配制就能满足需要，这种配制方法就是粗略配制。如果实验对溶液浓度的准确性要求较高，如容量分析实验中需要使用分析天平、移液管、容量瓶等高准确度的仪器配制溶液，这种配制方法就是精确配制。

2. 稀释法

溶液的稀释是指在浓溶液中加入一定量的溶剂使溶液的浓度变小。浓溶液的稀释计算广泛应用于医药领域，如采用稀释法制备溶液剂、注射液浓配液的稀释等过程，均离不开稀释计算。

稀释前溶液中溶质的量＝稀释后溶液中溶质的量

假设稀释前溶液的浓度为 c_1，体积为 V_1；稀释后溶液的浓度为 c_2，体积为 V_2。则：

$$c_1V_1=c_2V_2 \tag{3-6}$$

使用该公式时，要注意两边单位保持一致。若采取其他浓度，该公式同样适用。如浓度为体积分数时：

$$\varphi_1V_1=\varphi_2V_2 \tag{3-7}$$

例题3-6 某诊所要配制5L 75%的消毒乙醇，请计算需要95%乙醇多少升？

解析：95%为稀释前乙醇的体积分数，75%为稀释后消毒乙醇的体积分数。

依据式(3-7)
$$\varphi_1V_1=\varphi_2V_2$$

公式变形，代入数据，得 $V_1=\dfrac{\varphi_2V_2}{\varphi_1}=\dfrac{75\%\times5}{95\%}=3.9L$

任务 3-1　配制甲硝唑片溶出度检查所用介质（见本章开头"学习引导"）

1. 任务描述

配制甲硝唑片溶出度检查所用的盐酸溶液（9→1000）。

> **知识补充**
>
> ①《中国药典》（2020年版）规定：溶液后表示的"（1→10）"等符号，系指固体溶质1.0g或液体溶质1.0ml加溶剂使成10ml的溶液；未指明用何种溶剂时，均系指水溶液。
>
> ② 溶出度检查时需要取6片甲硝唑片分别放进6个溶出杯同时进行测定，每个溶出杯需900ml盐酸溶液（9→1000）。

2. 配制过程

解析：根据规定，（9→1000）是指取盐酸9ml加水配成1000ml，本次任务要求配6个900ml盐酸溶液（9→1000）。

(1) 计算　先计算出配制6个900ml盐酸溶液（9→1000）需要盐酸的体积。

依据公式

$$\frac{9}{1000}=\frac{V_{盐酸}}{6\times 900}$$

计算，得

$$V=48.6\text{ml}\approx 49\text{ml}$$

$$V_{水}=V_{总}-V_{盐酸}=6\times 900-49=5351\text{ml}\approx 5350\text{ml}$$

(2) 取水　在10L聚乙烯塑料桶中用大量筒加水5350ml。

(3) 量取　用量筒量取49ml盐酸，缓慢倒入上述装水的塑料桶中。

(4) 溶解、定容　用玻璃棒搅拌至溶液充分混匀。

(5) 贴标签　在塑料桶外贴好标签，备用。

> **知识补充**
>
> ① 配制盐酸前，要戴好手套、防护面具及防护口罩，防止盐酸溅到面部或配制过程中盐酸蒸发刺激眼睛。
>
> ② 浓酸稀释时会放出大量的热，放出的热量可能会使液面水滴沸腾造成液体飞溅。因此稀释浓盐酸时，应将盐酸缓慢倒入水中，并用玻璃棒不断搅拌。

> **练一练：**
>
> 查阅《中国药典》（2020年版）维生素C含量测定项，配制100ml稀醋酸。

任务 3-2　配制 100ml 1.0mol/L 硫酸溶液

1. 任务描述

配制100ml 1.0mol/L硫酸溶液，已知市售硫酸的质量分数为98%、密度1.84g/ml，$M(H_2SO_4)=98$g/mol。

2. 配制过程

解析：依据溶液在稀释前和稀释后溶质的质量保持不变进行计算。

(1) 计算　稀释前溶质的质量为　$m_前 = m_液 \omega = \rho V_前 \omega$

稀释后溶质的质量为　$m_后 = n_后 M = c_后 V_后 M$

因为溶液在稀释前和稀释后溶质的质量保持不变，故

$$\rho V_前 \omega = c_后 V_后 M$$

代入数值　　　$1.84 \times V_前 \times 98\% = 1.0 \times 100 \times 10^{-3} \times 98$

计算，得　　　$V_前 = 5.4 \text{ml}$

$$V_水 = V_总 - V_{硫酸} = 100 - 5.4 = 94.6 \text{ml} \approx 95 \text{ml}$$

(2) 取水　在200ml玻璃试剂瓶中用量筒加水95ml。

(3) 量取　用量筒（或刻度吸管）量取5.4ml硫酸，缓慢倒入上述试剂瓶中。

(4) 溶解、定容　用玻璃棒搅拌至溶液充分混匀。

(5) 贴标签　在试剂瓶外贴好标签，备用。

（二）标准溶液的制备

1. 杂质测定用标准溶液的制备

杂质测定用标准溶液按《化学试剂 杂质测定用标准溶液的制备》（GB/T 602—2002）、《中国药典》（2020年版）四部的规定进行制备。

如《中国药典》（2020年版）四部通则0801氯化物检查法中标准氯化钠溶液的制备：称取氯化钠0.165g，置1000ml量瓶中，加水适量使溶解并稀释至刻度，摇匀，作为贮备液。临用前，精密量取贮备液10ml，置100ml量瓶中，加水稀释至刻度，摇匀，即得（每1ml相当于10μg的Cl）。

> **知识补充**
>
> 实际工作中，同种标准溶液又分为贮备溶液（也称为母液）和工作溶液。贮备溶液是比较浓的溶液，一般用于制备工作溶液。工作溶液是根据检测工作的需要用贮备溶液经过适当稀释而成的。贮备溶液保存期一般较长、工作溶液保存期常常较短，有的工作溶液需要临用前制备。

> **练一练：**
>
> 查阅《中国药典》（2020年版）四部铁盐检查法中标准铁溶液的制备。

2. pH标准缓冲液的制备

pH标准缓冲液按《中国药典》（2020年版）四部及《中国药品检验标准操作规范》（2019年版）的规定进行制备。配制标准缓冲溶液必须用pH值基准试剂和新沸放冷除去二氧化碳的纯化水（pH5.5～7.0），并尽快使用，以免二氧化碳重新溶入造成测量误差。

《中国药典》（2020年版）四部通则0631 pH值测定法中列出了仪器校正用的五种标准缓冲液的制备方法。如邻苯二甲酸盐标准缓冲液的制备方法：精密称取在115℃±5℃干燥

2~3 小时的邻苯二甲酸氢钾 10.21g，加水使溶解并稀释至 1000ml。20℃时邻苯二甲酸盐标准缓冲液 pH＝4.00。

第三节 溶液的管理

溶液、试剂的稳定性和准确度是保证理化分析质量的前提，实验人员应高度重视，并做好溶液的日常管理工作。

一、溶液的有效期管理

实验室用到的所有溶液，都应该有合理的有效期。对于采购的试剂，应该遵守生产厂家规定的有效期。

（1）除另有规定外，试液、缓冲液、指示剂的有效期一般为半年；高效液相色谱法用的流动相、纯化水一般为 15 天。

（2）标准比色液使用期限为半年；标准缓冲液一般可保存 2~3 个月；浊度标准贮备液在冷处避光保存，可在两个月内使用，用前摇匀；浊度标准原液应在 48 小时内使用；浊度标准液临用时配制。

（3）标准贮备液：一般标准贮备液的使用期限为三个月，但标准铅贮备液和标准砷贮备液的使用期限为两个月，稀释后的标准溶液使用期限为一周。

（4）有效期内的液体试剂如发现分层、浑浊、变色、发霉或沉淀等现象，不能继续使用。

二、溶液的标识管理

试剂瓶标签是用来标注溶液名称、特性的标识。试剂瓶标签可以标识瓶内物质，有助于实验更好地完成，同时也能保障使用者的人身安全。因此试剂瓶标签书写内容应完整、字迹清晰、符号准确。

一般溶液试剂瓶标签内容相对简单，一般包括溶液名称、浓度、介质、配制日期、有效期和配制者等内容。标准溶液标签的书写内容一般包括标准溶液名称、浓度、介质、配制日期、配制温度、配制者、发放日期及有效期等。

三、溶液的发放及使用管理

（1）溶液的配制、标定、发放设专人负责，并建立配制记录、标定记录及领取记录台账。溶液的制备必须严格按《中国药典》（2020 年版）四部及《中国药品检验标准操作规范》（2019 年版）的规定进行。溶液的配制应填写溶液配制记录卡；标准溶液由专人配制和标定，标定时应记录标定过程。制备好的标准溶液应在标签上注明名称、浓度等相关信息，并合理放置，由专人妥善保管。

（2）标准溶液由标准溶液管理人员负责发放；领发双方应核对品名、浓度、配制日期、使用日期和标签后，在领取登记记录册上填写相关信息并签字。

（3）所有领用标准溶液的容器均应具塞，并严格按照玻璃仪器洗涤等操作规程洗净、干燥后才可用于盛装。

（4）标准溶液使用前必须摇匀，保证整瓶溶液浓度一致。

（5）若测定样品不符合规定或在限度边缘时，应重新配制标准溶液再进行复查。

（6）临用新制溶液一定要现配现用，尽量在30分钟或1小时内使用。

（7）检验人员使用标准溶液发现异常时，应立即停止使用，并及时向上一级领导反映，做好相应处理。

第四节　稀溶液的依数性（选学内容）

溶液的某些性质如颜色、体积、密度、酸碱性等，取决于溶质的本性。而溶液的另一些性质却与溶质的本性无关，只与溶液中所含溶质粒子数目的多少有关，这些性质只有在稀溶液时才有规律，并且溶液的浓度越稀，依数性的规律性越强，因此被称为稀溶液的依数性。稀溶液的依数性包括稀溶液的蒸气压下降、沸点升高、凝固点降低和渗透压。

一、稀溶液的蒸气压下降

在一定的温度下，密闭容器内溶剂的蒸发速率和凝聚速率相等时，溶剂与其蒸气处于两相平衡状态，此时的蒸气所产生的压强称为该温度下的饱和蒸气压，简称蒸气压。

向液体溶剂中溶入少量难挥发性非电解质（如葡萄糖等），溶液表面会被部分难挥发的溶质所占据，因此单位时间内逸出液面的溶剂分子数相应减少，当气液平衡时，蒸气分子对容器产生的压强就低于纯溶剂所产生的压强，这种现象称为溶液的蒸气压下降。溶液蒸气压下降的数值只取决于溶质的浓度而与溶质性质无关，稀溶液的浓度越稀，其蒸气压降低值就越小；稀溶液的浓度越浓，其蒸气压降低值就越大。

1887年法国物理学家拉乌尔根据实验结果提出下列结论，即在一定温度下，难挥发性非电解质稀溶液蒸气压下降与溶质的组成成正比，而与溶质的本性无关，这一规律称为拉乌尔定律。

$$\Delta p = K b_B \tag{3-8}$$

式中　Δp——蒸气压降低值，Pa；

　　　b_B——质量摩尔浓度，mol/g；

　　　K——蒸气压降低常数，取决于溶剂的性质，Pa/(mol/g)。

拉乌尔定律是溶液最基本定律之一，是稀溶液其他依数性的基础。只有在稀溶液（$b_B \leqslant 0.2$ mol/kg）时才比较准确地符合拉乌尔定律，因为溶液的浓度变大时，溶质对溶剂分子之间的作用有明显的影响，溶液的蒸气压下降的规律就会出现较大的误差。

> **练一练：**
> 试解释氯化钙、五氧化二磷等物质用作干燥剂的原因。

> **知识补充**
>
> 像氯化钙、五氧化二磷等物质，在空气中容易吸收水分发生潮解，其表面形成了溶液，蒸气压比空气中水蒸气气压低。因此将陆续吸收水蒸气，直到表面溶液的蒸气压上升到与空气中水蒸气气压相等，从而建立液-气平衡为止。正是因为这一性质，这些易潮解的固体物质在多个行业中常用作干燥剂。

二、稀溶液的沸点升高

液体的沸点是指液体的蒸气压等于外界压力时的温度，用 T_b 表示。难挥发性非电解质溶解在溶剂中，由于蒸气压下降，其气液平衡时的压力就小于外界大气压，要想使气液平衡的压力等于外界大气压，就必须升高温度。这一现象称为稀溶液的沸点升高，如图 3-1 所示。

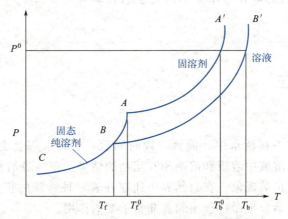

图 3-1 溶液沸点升高和凝固点下降

若纯溶剂的沸点为 T_b^0，溶液的沸点为 T_b，则沸点的升高值为

$$\Delta T_b = T_b - T_b^0 \tag{3-9}$$

实验表明，溶液的沸点上升值 ΔT_b 与溶液的质量摩尔浓度 b_B 成正比。

$$\Delta T_b = K_b b_B \tag{3-10}$$

式中，K_b 为溶剂的沸点升高常数，只与温度和溶剂的性质有关，与溶质的性质无关，单位为 ℃/(mol/g)。沸点升高公式只适用于含非挥发性物质的非电解质稀溶液。

三、稀溶液的凝固点降低

凝固点是指在一定外压下，固体纯溶剂的蒸气压与其液相蒸气压相等时，纯溶剂的液相和固相共存，液体的凝固和固体的熔化处于平衡状态，此时的温度就称为该物质的凝固点。如在标准大气压（101.32kPa）下，0℃是水的凝固点，即冰水共存达平衡时的温度，此时冰和水有共同的蒸气压。

当难挥发性非电解质溶质溶于溶剂（如水）中形成溶液时，由于溶液蒸气压下降，而冰的蒸气压不变，使得冰的蒸气压大于溶液蒸气压，冰、液不能共存，冰会融化成水，故溶液在 0℃时不能结冰。如果要使溶液中的冰水共存，就必须降低温度，这样才能使溶液中的蒸气压和冰的蒸气压相等。如图 3-1 所示，当温度在 T_f^0（纯水的凝固点）时水溶液并没有凝固成冰，只有温度由 T_f^0 下降到 T_f（水溶液的凝固点）时，水溶液的蒸气压才等于冰的蒸气压，水溶液才凝固成冰，这一现象就称为稀溶液的凝固点下降。稀溶液凝固点下降也与溶质的组成成正比，而与溶质的本性无关。

> **知识补充**
>
> 溶液的蒸气压下降、沸点升高和凝固点下降具有广泛的用途。如植物体内细胞中含有氨基酸、糖等多种可溶物，这些可溶物的存在，使细胞液的蒸气压下降，凝固点降低，从而使植物表现出一定的抗旱性和耐寒性。如食盐与冰的混合物最低温度可达到 $-22.4℃$，而氯化钙与冰的混合物最低温度可达到 $-55℃$，它们可作冷冻剂被广泛用在食品储藏和运输上。再如汽车散热器的冷却水中常加入适量的乙二醇或甘油等物质，可防止冬天水结冰、夏天水沸腾。

四、稀溶液的渗透压

1. 渗透现象

将一滴蓝墨水滴在一杯清水中，静置一段时间后，整杯水都会变蓝，这一现象就是扩散。扩散是双向的，是溶液中溶质和溶剂相互运动的结果。在纯溶剂和溶剂之间，或不同浓度的溶液之间，都存在扩散现象。在自然界中还存在着一种特殊的扩散现象，即渗透现象。渗透现象在动植物的生活、生命过程中起着非常重要的作用。

如果用一种半透膜将蔗糖溶液和纯水隔开，且二者液面处于同一水平线上，如图 3-2(a) 所示。放置一段时间，观察到蔗糖溶液一侧液面逐渐上升，纯水一侧液面逐渐下降。当液面上升到一定高度后，玻璃管内的液面高度维持恒定，如图 3-2(b) 所示。这种溶剂分子通过半透膜从纯溶剂（或稀溶液）进入溶液（或浓溶液）的现象，称为渗透现象。

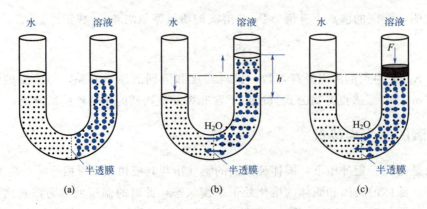

图 3-2 渗透现象和渗透压示意图

> **知识补充**
>
> 半透膜是一种只允许较小的溶剂分子自由通过,而较大的溶质分子很难通过的多孔性薄膜。例如动物的细胞膜、蛋膜以及人工制造的玻璃纸、羊皮纸等都是半透膜。

渗透现象的产生必须具备以下两个条件：一是要有半透膜存在；二是半透膜两侧溶液的浓度不同。因为水分子可以从两个相反方向自由通过半透膜,但是由于膜两侧溶液的浓度不同,单位体积内水分子个数不同,因而膜两侧水分子通过的速度不同,从纯水向蔗糖溶液通过水分子的速度大于反向的速度,故蔗糖溶液一侧液面升高。

如图3-2(b)所示,随着渗透现象的进行,溶液一侧液面缓缓上升,开始产生静水压力,这种压力逐渐增大,其阻止溶剂向溶液中渗透,也使溶液中水分子的渗透能力增加。当液面上升到一定高度时,就会出现溶剂分子出入半透膜的速度相等的动态平衡,于是液面停止上升,渗透达到平衡。

> **练一练：**
>
> 试解释反渗透法制备注射用水的原理。

2. 渗透压

为了阻止纯水通过半透膜进入溶液,即不发生渗透现象,须在溶液液面上方施加一定的压力,如图3-2(c)所示。这种施加于溶液液面上恰好能阻止渗透现象继续发生而达到动态平衡的压力称为渗透压,用符号Π表示。若用半透膜隔开的是两种不同浓度的溶液,为阻止渗透现象发生,应在浓溶液液面上施加一个额外压力,这一压力是两溶液渗透压之差。

1886年荷兰物理学家范霍夫根据上述实验结果总结出非电解质溶液的渗透压与浓度、温度的关系式为：

$$\Pi = c_B RT \tag{3-11}$$

式中 Π——溶液的渗透压,Pa；

c_B——物质的量浓度,mol/L；

R——摩尔气体常数,8.314×10^3 J/(mol·K)；

T——热力学温度,K。

范霍夫渗透压定律表明,在一定温度下,难挥发性非电解质稀溶液的渗透压只取决于单位体积溶液中所含溶质的物质的量（或粒子数）,而与溶质的本性无关,故医学上常用渗透浓度来衡量渗透压的大小。

> **知识补充**
>
> 渗透浓度是指稀溶液中能产生渗透作用的各种溶质分子和离子的总浓度,用符号c_{OS}表示。如0.1mol/L氯化钠溶液中,氯化钠为强电解质,在水中完全解离：
>
> $$NaCl = Na^+ + Cl^-$$
>
> 故 $c_{OS(NaCl)} = c_{Na^+} + c_{Cl^-} = 0.1 + 0.1 = 0.2 \text{mol/L}$

例题 3-7 《中国药典》(2020 年版)规定生理氯化钠溶液的质量浓度应为 8.5～9.5g/L,求算生理氯化钠溶液的渗透浓度的范围。

解析:氯化钠为强电解质,在水中完全解离:

$$NaCl = Na^+ + Cl^-$$

故

$$c_{OS(NaCl)} = c_{Na^+} + c_{Cl^-} = 2c_{NaCl}$$

生理氯化钠溶液的渗透浓度与质量浓度之间的关系为:

$$c_{OS(NaCl)} = 2c_{NaCl} = \frac{2\rho_{NaCl}}{M_{NaCl}}$$

当生理氯化钠溶液的质量浓度 $\rho_{NaCl}=8.5$g/L 时,渗透浓度为:

$$c_{OS(NaCl)} = \frac{2 \times 8.5}{58.5} = 0.291 \text{mol/L} = 291 \text{mmol/L}$$

当 $\rho_{NaCl}=9.5$g/L 时,渗透浓度为:

$$c_{OS(NaCl)} = \frac{2 \times 9.5}{58.5} = 0.325 \text{mol/L} = 325 \text{mmol/L}$$

故生理氯化钠溶液的渗透浓度的范围为 291～325mmol/L。

渗透压在个人护理和医药领域有广泛的应用。接触或渗透皮肤的产品(如护肤品、滴眼液)必须具有生理范围内的渗透压,以避免损坏细胞和组织。在某些情况下,会采用轻微的低渗或高渗溶液以促进润湿或干燥效果。在临床治疗中,为患者大量输液时应用等渗溶液,不能因输液而影响血浆的渗透压,否则会使体液水分的调节发生紊乱及引起细胞变形和破裂。如给外伤病人换药时,通常用生理盐水清洗伤口,而用纯水或高渗盐水则会引起疼痛。若为了某种治疗需要,也允许使用少量的高渗溶液,如临床上常用高渗的山梨醇或高渗的右旋糖酐作脱水剂治疗颅内水肿,降低颅内压,但是必须严格控制用量和注射速度。

> **知识补充**
>
> **等渗、低渗和高渗溶液**
>
> 在一定条件下,渗透压相等的两种溶液称为等渗溶液。对于渗透压不相等的溶液,渗透压高的称为高渗溶液,渗透压低的称为低渗溶液。
>
> 医学上常用血浆的总渗透浓度(或渗透压)来判断渗透浓度的高低。正常人血浆的渗透浓度为 280～320mmol/L,因此规定在临床上渗透浓度在 280～320mmol/L 范围内的溶液都为等渗溶液;凡低于 280mmol/L 的溶液都是低渗溶液,凡高于 320mmol/L 的溶液都是高渗溶液。眼药水、静脉注射液一般都是等渗溶液,如 50.0g/L 的葡萄糖溶液、9.0g/L 的氯化钠溶液、19g/L 的乳酸钠溶液等都是等渗溶液。假如静脉注射高渗溶液,即将红细胞置于高渗溶液,红细胞内的水分就会通过细胞膜向红细胞外渗透,红细胞逐渐皱缩出现胞浆分离现象;若静脉注射低渗溶液,即将红细胞置于低渗溶液中,红细胞外的水分就会通过细胞膜向红细胞内渗透,这样红细胞逐渐膨胀最后破裂出现溶血现象。

第五节 胶体溶液（选学内容）

1861年英国科学家格雷厄姆提出胶体概念。他在比较水中不同物质的扩散速度时发现，一些物质如糖、无机盐、尿素等易扩散，另一些物质如氢氧化铁、氢氧化铝、明胶等扩散很慢，而当蒸去水分后，前一类物质析出晶体，后一类物质则形成黏稠的胶态，因此他把后一类物质称为胶体。40多年后俄国科学家韦曼指出晶体和胶体并不是不同的两类物质，而是物质的两种不同的存在状态。

胶体溶液属于分散系，其颗粒直径在1~100nm范围内，介于溶液和粗分散系之间。胶体溶液按分散相和分散介质聚集态的不同可分为溶胶和高分子化合物溶液等多种类型，溶胶的分散相粒子是由分子、离子或原子聚集而成的胶粒，如碘化银溶胶等；高分子溶液的分散相粒子是单个分子，如蛋白质溶液等。胶体溶液是构成机体组织和细胞的基础物质，也是药物的一种剂型；生物体内很多营养成分的交换、某些难溶于水的药物必须制成胶体才能被吸收，因此胶体溶液在生物化学、药学和医学等领域应用甚广。

一、溶胶

（一）溶胶结构

溶胶的结构决定溶胶粒子所带的电荷，科学家根据大量的试验提出胶体具有双电层结构。现以AgI溶胶为例说明胶体的结构。

AgI溶胶是$AgNO_3$溶液和KI溶液混合制成的。

$$AgNO_3 + KI == AgI + KNO_3$$

m个AgI分子（约10^3个）聚集形成溶胶粒子，位于溶胶分散相粒子的核心，称为$(AgI)_m$。胶核的比表面积较大，具有很强的吸附性，优先吸附与其相同的离子。若$AgNO_3$溶液过量，完成反应后，胶核$(AgI)_m$选择性吸附n个与其组成相同的Ag^+，因此胶核带正电，如图3-3(a)所示。相反，如果KI溶液过量，它的表面就吸附I^-，得到带负电的AgI胶体粒子，如图3-3(b)所示。

硝酸银过量时，胶核$(AgI)_m$表面优先吸附n（n要远远小于m）个Ag^+而带电荷，带相反电荷的$(n-x)$个NO_3^-（称为反离子）则分布在周围的介质中，所形成的带电层称为吸附层。胶核和吸附层组成胶粒，胶粒带x个正电荷，如图3-3(a)所示，在吸附层外围还存在x个NO_3^-形成扩散层，胶粒和扩散层共同组成胶团。带有相反电荷的吸附层和扩散层构成了胶团的双电层结构，胶核和吸附层之间结合比较紧密，胶粒和扩散层之间的结合非常疏散，但是二者所带电荷符号相反，电量相等，所以胶团是电中性的。硝酸银过量时AgI溶胶的胶团结构式可写作：

$$[\underbrace{\underbrace{\underbrace{(AgI)_m}_{\text{胶核}} \cdot nAg^+ \cdot (n-x)NO_3^-]^{x+}}_{\text{胶粒}} \cdot xNO_3^-}_{\text{胶团}}$$

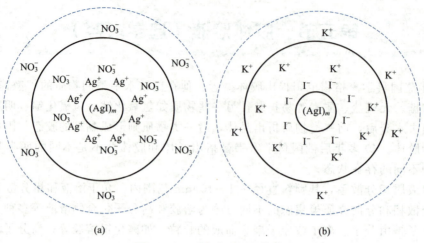

图 3-3 AgI 溶胶胶团的结构

> **练一练：**
> 在制备碘化银溶胶时，若碘化钾溶液过量，请写出碘化银溶胶的胶团结果示意图。

（二）溶胶的性质

溶胶的双电层结构决定溶胶在光学、动力学和电学方面具有特殊的性质。

1. 溶胶的光学性质——丁达尔效应

将一束光线通过 $Fe(OH)_3$ 胶体溶液，从光线的垂直方向可看到一条明亮的光柱，这种现象是 1869 年由英国物理学家丁达尔经过大量实验发现的，所以称为丁达尔效应，如图 3-4 所示。

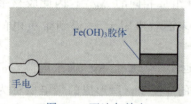

图 3-4 丁达尔效应

丁达尔效应是光的散射现象，它的产生与分散相粒子的大小及投射光线的波长有关。根据光学理论，当分散相粒子的直径大于入射光的波长时，光投射在粒子上起反射作用，光束无法透过，只观察到反射现象，从光线垂直方向观察分散系是浑浊、不透明的。当分散粒子直径略小于入射光的波长时，则发生散射现象，每个分散相粒子就像一个个小光源，绕过粒子而向各方向散射出光线，发生明显的散射作用而产生丁达尔现象。如果分散系为真溶液，由于溶质的直径太小，对光的散射极弱，大部分光直接透射，从光线垂直方向观察分散系是透明的。

2. 溶胶的动力学性质——布朗运动、扩散和沉降

（1）布朗运动 1827 年，英国植物学家布朗在显微镜下观察悬浮在水中的植物花粉时发现，悬浮在水面上的花粉颗粒总是在做不规则的运动。在超显微镜下观察溶胶溶液，也可以看到溶胶粒子时刻处于无规则的运动状态，这一现象称为布朗运动。

布朗运动的实质是热运动的分散介质分子不断对溶胶粒子撞击的结果。悬浮在液面上的粒子受到周围介质分子无规则地从各个方向撞击而引起所受合力方向不断改变，从而产生的

无序的运动状态,如图 3-5 所示。正是因为布朗运动的存在,使胶粒具有一定的能量,可以克服重力的影响而不易发生沉降。布朗运动与粒子的化学性质无关,与粒子的大小、温度和分散介质的黏度有关。通过实验证明,温度越高、溶胶粒子越小、介质的黏度越低,布朗运动越剧烈。

布朗运动是溶胶动力稳定性的重要原因,由于布朗运动的存在,胶粒从周围分子不断获得能量,从而抗衡引力和重力作用而不发生聚沉,致使溶胶具有相对的稳定性。

(2) 扩散　溶胶粒子通过布朗运动(或热运动),自动从浓度高的区域移动到浓度低的区域,最终达到浓度一致的过程称为扩散。浓度差越大,扩散速度越快。扩散作用在生物体的运输或物质的分子跨细胞膜运动中起着重要作用。利用溶胶粒子扩散而又不能通过半透膜的

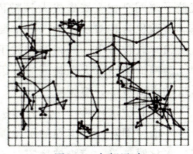

图 3-5　布朗运动

性质,可以除去溶胶中小分子杂质净化溶胶,该方法在医学上称为透析或渗析。

(3) 沉降　在重力作用下,溶胶粒子逐渐下沉而与介质分离的过程称为沉降。当沉降速度与扩散速度相等时,系统处于沉降平衡状态。此时,溶胶中粒子的浓度,越往下浓度越高,越往上浓度越低。由于溶胶粒子的直径很小,在重力场中的沉降速度很慢,所以需要很长时间才能达到沉降平衡。瑞典科学家斯威德伯格用超速离心机使溶胶粒子迅速沉降。应用超速离心技术,可以研究、测定溶胶或生物大分子的分子量,也可以分离、纯化蛋白质等生物大分子。

3. 溶胶的电学性质——电泳和电渗

(1) 电泳　在溶胶中插入两个电极,通入直流电后,可观察到胶粒向某一电极定向移动。这种在外电场影响下,带电粒子在分散介质中定向移动的现象称为电泳。如图 3-6 所示,在 U 形管内装入红棕色的 $Fe(OH)_3$ 溶胶,在 U 形管两臂溶胶上面小心注入纯水,使溶胶与水之间界面清晰。接通直流电,片刻可见正极一段红棕色的 $Fe(OH)_3$ 溶胶的界面下降,而负极一段界面上升。证明 $Fe(OH)_3$ 溶胶粒子带正电荷,是正溶胶。

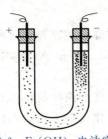

图 3-6　$Fe(OH)_3$ 电泳实验

电泳实验说明溶胶粒子是带电的,根据电泳的方向可以判断胶粒所带电荷的性质。大多数氢氧化物溶胶带正电,称为正溶胶;大多数金属硫化物、硅胶和金、银形成的化合物的溶胶带负电,称为负溶胶。医学上常利用电泳法分离各种蛋白质、氨基酸、病毒等。

(2) 电渗　由于整个溶胶系统呈电中性,而胶粒带某种电荷,介质必然显现与胶粒带相反的电荷。在外加电场作用下,分散介质定向移动的现象称为电渗,电渗与电泳现象相反。如果在具有多孔性的物质(比如多孔型凝胶)中充满溶胶,多孔性物质通过吸附使胶体粒子固定下来,用电渗仪在多孔性物质两侧施加电压之后,可以观察到电渗现象。如果胶粒带正电而液体介质带负电,则液体向正极所在一侧移动。通过侧面刻度观察毛细管中液面的升或降,就可清楚地分辨出液体移动的方向。工程上利用电渗使泥土脱水。

溶胶的电泳和电渗统称为电动现象,电泳和电渗现象是胶粒带电的最好证明。溶胶粒子带电是溶胶能保持长期稳定的重要因素之一。

(三) 溶胶的稳定性和聚沉作用

1. 溶胶的稳定性

溶胶是高度分散的多相体系，具有很大的比表面积和表面能，是热力学不稳定体系。溶胶粒子之间有相互聚集成大颗粒而发生沉淀的趋势，但是溶胶却能相当长时间保持稳定状态。溶胶保持相对稳定的因素主要有以下三点。

（1）**胶粒带电**　同种溶胶粒子都带有相同电荷，由于同种电荷的排斥作用，可阻止胶粒相互碰撞而聚结成大颗粒沉淀，因此胶团的双电层结构是决定溶胶稳定性的主要因素。胶粒所带的电荷愈多，溶胶愈稳定。

（2）**胶粒水化膜**　由于胶核吸附的离子溶剂化能力很强，对水分子有较强的吸引力，使胶粒外面包围着一层牢固的水化薄膜，阻止胶粒相互接触，从而防止了溶胶的聚集而保持稳定。水化膜越厚，溶胶越稳定。

（3）**布朗运动**　溶胶粒子的布朗运动，能阻止胶粒在重力作用下的沉降。溶胶的分散度越大，布朗运动越剧烈，胶粒就越不容易聚沉。

2. 溶胶的聚沉

溶胶的稳定性是相对的，一旦稳定因素被破坏，溶胶粒子会相互聚集成较大的颗粒从分散介质中沉淀下来，这一现象称为溶胶的聚沉。能使溶胶聚沉的因素主要有以下三种。

（1）**加入电解质**　在溶胶中加入强电解质，强电解质电离出来的离子会中和溶胶粒子所带的电荷，使溶胶粒子失去相互排斥的静电保护作用；同时由于强电解质的加入，溶剂化程度增加，也会破坏溶胶粒子表面的水化膜，使溶胶粒子失去水化膜的保护作用，当溶胶粒子相互碰撞时就会聚集成较大的颗粒而聚沉。如在 $Fe(OH)_3$ 溶胶中加入少量的硫酸钾溶液，溶胶发生聚沉，生成红棕色 $Fe(OH)_3$ 沉淀。

> **课堂互动**　江河入海口处的三角洲是怎样形成的？

（2）**加热**　加热能够增加溶胶粒子的运动速率和碰撞机会，同时降低溶胶粒子对离子的吸附能力，减弱水化膜，使溶胶粒子在碰撞时聚集成大颗粒发生聚沉。如将 As_2S_3 溶胶加热至沸，就会析出黄色 As_2S_3 沉淀。

（3）**加入带相反电荷的溶胶**　两种带相反电荷的溶胶混合后，异性的两种胶粒相互吸引而发生电荷中和，使得溶胶失去电荷，从而发生聚沉。如黄河水的净化就是采用加入相反电荷的溶胶，将 $KAl(SO_4)_2$（明矾）加入黄河水中，由于明矾水解产生的 $Al(OH)_3$ 溶胶带正电，水中的悬浮物（如泥土等）胶粒带负电，相互中和电荷发生聚沉而使水净化。

二、高分子化合物溶液

高分子化合物是指摩尔质量大于 $10^4 g/mol$ 的化合物。高分子化合物通常分为天然高分子化合物（如蛋白质、淀粉、核酸、纤维素等）和合成高分子化合物（合成纤维、合成橡胶）两类。高分子化合物分散到合适的分散介质中形成均匀的分子、离子分散系称为高分子化合物溶液（简称高分子溶液），其分子的直径达胶粒大小。高分子溶液的本质是真溶液，属于均相分散系。高分子溶液的黏度和渗透压较大，分散相与分散系亲和力强，但丁达尔现象不明显，加入少量电解质无影响，加入多时引起盐析。

高分子溶液属于胶体溶液,但是同溶胶相比,又具有其自身的特点,如表 3-2 所示。

表 3-2　高分子溶液和溶胶性质的比较

分类	共同性	特性
溶胶	1. 分散相粒子大小都在 1~100nm。 2. 分散相不能透过半透膜。 3. 分散相扩散慢	1. 溶胶粒子由许多分子、原子或离子聚集而成。 2. 分散相和分散介质之间无亲和力(不溶解)。 3. 分散相和分散介质间有界面,是非均相体系,丁达尔现象强。 4. 黏度小。 5. 稳定体系,加少量电解质聚沉
高分子溶液		1. 高分子溶液是单个高分子化合物。 2. 分散相和分散介质有亲和力(能溶解)。 3. 分散相和分散介质间无界面,是均相体系,丁达尔现象弱。 4. 黏度大。 5. 稳定体系,加大量电解质聚沉

1. 高分子溶液的盐析

许多高分子化合物具有较多的亲水基团,如生物体内大量存在的多糖、蛋白质、核酸等高分子化合物,与水分子有较强的亲和力,在高分子化合物周围形成一层水化膜,这是高分子溶液具有稳定性的主要因素。

在蛋白质溶液中加入一定量的易溶强电解质化合物如氯化钠,离子强烈的水合作用使蛋白质的水合程度大为降低,蛋白质因水化膜受破坏而析出沉淀。因加入易溶强电解质化合物而使高分子化合物从溶液中沉淀析出的现象称为盐析,盐析过程实质上是蛋白质的脱水过程。

硫酸铵对大多数蛋白质的组成基团具有较高的化学惰性,即使浓度很高也不会引起蛋白质失活。在 25℃时,硫酸铵饱和溶液浓度可达 4.1mol/L,且饱和溶液浓度随温度变化不大,因此在生物活性蛋白分离制备时常用硫酸铵溶液作为盐析试剂。

2. 高分子溶液对溶胶的保护作用

在溶胶中加入适量高分子化合物溶液,可显著增加溶胶的稳定性,这种作用叫作高分子溶液对溶胶的保护作用。高分子易吸附在胶粒的表面上,这样卷曲后的高分子将整个溶胶粒子包裹起来;同时高分子的高度溶剂化作用,使其在溶胶粒子的外面形成了很厚的保护层,阻碍了胶粒间因相互碰撞而发生凝聚,从而提高了溶胶的稳定性。

高分子溶液对溶胶的保护作用在生命体中尤为重要。血液中的难溶电解质如碳酸钙等是以溶胶的形式存在于血液中,血液中的蛋白质对这些溶胶起到保护作用。如果血液中的蛋白质浓度减小,这些溶胶就会因为失去高分子溶液的保护作用而聚沉,在膀胱、肾等部位形成内脏结石。

三、凝胶

凝胶在机体组成中占有重要地位,人体的肌肉、皮肤、细胞膜、血管壁以及毛发、软骨、指甲都可看作是凝胶。人体中约占三分之二的水基本上都保存在凝胶中,凝胶具有一定的弹性和强度,同时又是进行物质交换的场所,所以对生命活动具有十分重要的意义。

（一）凝胶的形成

一定浓度的高分子溶液或溶胶，在适当条件下，黏度逐渐增大，最后失去流动性，整个体系呈现一种外观均匀、具有弹性、不能流动的半固体状态，这种弹性半固体称为凝胶。琼脂、明胶、动物胶等物质溶于热水中，冷却后形成凝胶；人体的肌肉、毛发、指甲等组织都可以看成是凝胶。液体含量较高的凝胶叫作冻胶，如血块、肉冻等；液体含量较少的凝胶叫作干胶，如明胶、半透胶等。

由溶液或溶胶形成凝胶的过程称为胶凝过程。凝胶的形成，首先取决于胶体粒子的本性，其次是浓度和温度。高分子溶液中多半是线形或分支形大分子，能形成凝胶是绝大多数高分子溶液的普遍性质。非线形分子若能转换成线形分子，或球形粒子能够连接成线形结构，也可以形成凝胶。如硅胶、氧化铝等就有这种作用，浓度越大、温度越低，越容易形成凝胶。如5%的动物胶溶液在18℃即能形成凝胶，而15%的动物胶溶液则在23℃时才能形成凝胶。如果浓度过小，温度过高，则不能形成凝胶。

（二）凝胶的性质

1. 弹性

凝胶在冻态时弹性大致相同，但干燥后就会显示出较大的差别。根据干燥后的状态，凝胶分为弹性凝胶和脆性凝胶。弹性凝胶在烘干后体积缩小很多，但仍保持弹性，如肌肉、皮肤、血管壁以及组成植物细胞壁的纤维素都属于弹性凝胶。脆性凝胶烘干后体积缩小不多，但失去弹性而具有脆性，易磨碎，如硅胶、氧化铝等无机凝胶都属于脆性凝胶。

2. 溶胀

干燥的弹性凝胶放入适当的溶剂中，会自动吸收液体而膨胀，这个过程称为溶胀或膨润。有些弹性凝胶溶胀到一定程度，体积就不再增大，称为有限溶胀，如木材在水中的溶胀。有些弹性凝胶能无限地吸收溶剂，最后形成溶液，称为无限溶胀，如牛皮胶在水中的溶胀。

植物种子只有在溶胀后才能发芽生长；药用植物经过溶胀后才能将其有效成分提取出来。机体愈年轻，溶胀能力愈强，随着机体的逐渐衰老，溶胀能力也逐渐减退。皱纹是老年人的特殊标志，它与机体的溶胀能力减退有关。老年人血管硬化，其中一个重要原因是由于构成血管壁的凝胶溶胀能力减低所致。

3. 离浆

新制备的凝胶放置一段时间后，一部分液体可以自动地从凝胶中分离出来，凝胶本身体积缩小，成为两相，这种现象称为离浆或胶液收缩。如新鲜血液放置后分离出血清、淀粉糊放置后分离出液体等都是凝胶的离浆现象。

离浆的实质是胶凝过程的继续。离浆制品在医药上应用广泛，如干硅胶是实验室常用的干燥剂；电泳和色谱法常用凝胶作支撑介质，如琼脂糖凝胶电泳用于血清蛋白和DNA的分离鉴别。

4. 触变

在浓$Fe(OH)_3$溶胶中加入少量电解质时，溶胶的黏度增加并转变为凝胶；将此凝胶稍加振动,可转变为溶胶;静置后又成凝胶。此操作可重复多次,并且溶胶或凝胶的性质均没有明显的变化,这种现象就是触变作用。触变现象在药剂中普遍存在,这类药物使用时只需振摇数次,就会成为均匀的溶液。触变药剂的特点是:稳定、便于储藏。

知识回顾

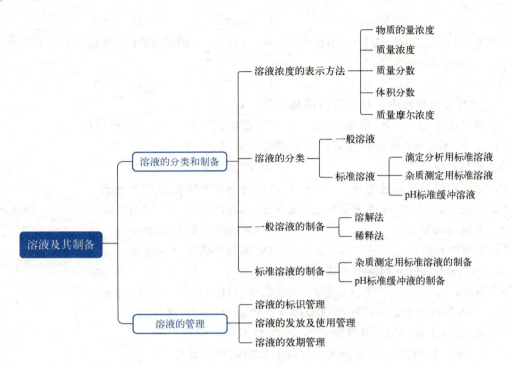

目标检测

一、选择题

(一)单选题

1. 下列为胶体分散系的是( )。
   A. 泥浆　　　　　B. 牛奶　　　　　C. 鸡蛋清　　　　　D. 消毒酒精
2. 配制 1000ml 0.1mol/L 氯化钠溶液需要氯化钠( )g(知 $M_{NaCl}=58.5g/mol$)。
   A. 20.00　　　　B. 17.11　　　　C. 10.25　　　　D. 5.85
3. 下列有关溶液的叙述,正确的是( )。
   A. 溶液一定是混合物　　　　　　B. 溶液都是无色透明的
   C. 溶液中一定含有水　　　　　　D. 凡是均一、稳定的液体一定是溶液
4. 500ml 质量浓度为 50g/L 的葡萄糖注射液中含有葡萄糖( )g。
   A. 25　　　　　B. 50　　　　　C. 250　　　　　D. 500
5. 精确配制溶液不需要的仪器为( )。
   A. 台秤　　　　　B. 分析天平　　　　C. 试剂瓶　　　　D. 容量瓶
6. 下列溶液中,Cl^- 数量最多的是( )。
   A. 0.1mol/L NaCl 20ml　　　　　B. 0.1mol/L $CaCl_2$ 20ml

C. 0.1mol/L AlCl₃ 20ml　　　　　　　D. 0.2mol/L NaCl 20ml

7. 浓溶液稀释时，（　　）量不变。
   A. 溶液　　　　B. 溶质　　　　C. 溶剂　　　　D. 不确定

8. 0.2mol/L 的 $CaCl_2$ 50ml 和 0.1mol/L 的 $FeCl_3$ 50ml 混合后，Cl^- 的浓度是（　　）mol/L。
   A. 0.25　　　　B. 0.35　　　　C. 0.45　　　　D. 0.55

9. 200ml 0.2mol/L 的 HCl 溶液与 100ml 0.1mol/L 的 NaOH 溶液混合后，H^+ 的浓度是（　　）mol/L。
   A. 0.025　　　　B. 0.1　　　　C. 0.15　　　　D. 0.05

10. 稀溶液依数性中，起决定性的是（　　）。
    A. 蒸气压下降　　B. 沸点升高　　C. 凝固点降低　　D. 渗透压

11. 下列与高分子化合物溶液特征不相符的是（　　）。
    A. 相对稳定体系　　　　　　　　B. 均相体系
    C. 分散相粒子能透过滤纸　　　　D. 分散相粒子能透过半透膜

12. 一定温度下，100g 水中溶解 0.25g 蔗糖，该溶液蒸气压下降与溶液中（　　）成正比。
    A. 溶质的质量　　　　　　　　B. 溶质的质量摩尔浓度
    C. 溶剂的质量　　　　　　　　D. 溶剂的质量摩尔浓度

13. 0.2mol/L 的下列溶液中渗透压最大的是（　　）。
    A. NaCl　　　　B. $C_6H_{12}O_6$　　　　C. $C_{12}H_{24}O_{12}$　　　　D. $CaCl_2$

14. 下列各组溶液的中间用半透膜隔开，渗透由左向右进行的是（　　）。
    A. 0.1mol/L 的 NaCl 溶液和 0.1mol/L 的 $CaCl_2$ 溶液
    B. 0.1mol/L 的 $MgCl_2$ 溶液和 0.1mol/L 的葡萄糖溶液
    C. 0.1mol/L 的 NaCl 溶液和 0.1mol/L 的蔗糖溶液
    D. 50g/L 的葡萄糖溶液和 50g/L 的蔗糖溶液

15. 稀溶液的依数性与溶质的本性无关，与溶液中所含（　　）的多少有关。
    A. 溶剂粒子数目　　B. 水的体积　　C. 溶质体积　　D. 溶质粒子数目

（二）多选题

1. 溶液的配制过程一般包括（　　）。
   A. 计算　　　　　　　　B. 称量（量取）　　　　C. 溶解
   D. 定容　　　　　　　　E. 转移至试剂瓶

2. 难挥发性非电解质稀溶液的依数性包括（　　）。
   A. 蒸气压下降　　　　　B. 沸点升高　　　　　　C. 凝固点降低
   D. 渗透压　　　　　　　E. 聚沉

3. 以下哪种溶液为一般溶液，不需要知道其准确浓度？（　　）。
   A. 酚酞指示液　　　　　　　　B. 稀盐酸
   C. 盐酸滴定液（0.1mol/L）　　D. 20%氢氧化钠溶液
   E. 3mol/L 硫酸溶液

4. 配制 100ml 稀盐酸所用到的仪器有（　　）。
   A. 量筒　　　　　　　　B. 电子天平　　　　　　C. 试剂瓶
   D. 移液管　　　　　　　E. 容量瓶

5. 根据用途的不同，标准溶液可分为（   ）。
A. 滴定分析用标准溶液   B. 杂质测定用标准溶液
C. pH 标准缓冲溶液   D. 缓冲溶液
E. 指示剂溶液

二、判断题

（   ）1. 生理氯化钠溶液是溶液。
（   ）2. 牛奶是乳浊液。
（   ）3. 物质的量浓度单位为 mol/L。
（   ）4. 生理氯化钠溶液的浓度为 9％，9％是质量浓度。
（   ）5. 溶液的配制方式包括粗略配制和精确配制两种。
（   ）6. 粗配用到的仪器有量筒、台秤、烧杯和试剂瓶等。
（   ）7. 精配使用到的仪器有电子天平、容量瓶、试剂瓶等。
（   ）8. 为了减少配制过程中药品的损失，不放热的药品可以直接配制在容量瓶中。
（   ）9. 电子天平使用前应先检查是否水平。
（   ）10. 稀溶液的依数性与溶质的本性无关。
（   ）11. 稀溶液的依数性主要表现在蒸气压下降、沸点升高、凝固点降低和渗透压。
（   ）12. 溶胶为双电层结构，故具有一定的稳定性。
（   ）13. 胶体溶液按分散相和分散介质聚集态的不同分为溶胶和高分子化合物溶液等多种类型。
（   ）14. 溶胶可发生布朗运动、丁达尔效应、电泳和电渗等现象。
（   ）15. 产生丁达尔现象的原因是胶粒对光的散射。
（   ）16. 实验室用到的所有溶液，都应该有合理的有效期。
（   ）17. 有效期内的液体试剂如发现分层、浑浊、变色、发霉或沉淀等现象，可以继续使用。
（   ）18. 试剂瓶标签书写内容应完整、字迹清晰、符号准确。
（   ）19. 溶液的配制、标定、发放设专人负责，并建立配制记录、标定记录及领取记录台账。
（   ）20. 若测定样品不符合规定或在限度边缘时，应重新配制标准溶液再进行复查。

三、计算题

1. 常温下，100ml 密度为 1.84g/ml、质量分数为 98％的 H_2SO_4 溶液，求 H_2SO_4 的物质的量浓度和质量浓度。已知 $M(H_2SO_4)=98.09g/mol$。

2. 临床上用针剂 NH_4Cl 来治疗碱中毒，其规格为 20ml 一支，每支含 0.16g NH_4Cl，计算该针剂的物质的量浓度及每支针剂中含 NH_4Cl 的物质的量。已知 $M(NH_4Cl)=53.5g/mol$。

3. 11.7g 氯化钠溶于水配成 1000ml 溶液，计算溶液钠离子和氯离子的物质的量浓度和溶液的渗透浓度。已知 $M(NaCl)=58.44g/mol$。

第四章 定量分析中的有效数字及误差

📨 学习引导

异戊巴比妥的干燥失重,《中国药典》(2020 年版)规定不得超过 1.0%。某化验员称取供试品 1.0042g,经干燥后减失重量 0.0108g,请判定该异戊巴比妥样品的干燥失重是否符合规定?如果限度规定为 1%,该异戊巴比妥样品的干燥失重是否符合规定?限度规定为 1.0% 和 1% 有差别吗?

学习完本章内容后,同学们就会找到答案,也会对定量分析中的"数字"建立新的认识。

📨 学习目标

1. 知识目标

掌握有效数字、误差、偏差、精密度、准确度等相关概念以及有效数字与误差的处理方法;熟悉误差的来源、分类、特点及消除办法。

2. 能力目标

能正确记录和处理定量分析中的有效数字,会计算定量分析中的各种偏差。

3. 素质目标

具备严谨的工作作风和精益求精的基本素质。

第一节 定量分析中的有效数字及其处理

一、定量分析概述

定量分析系指分析一个被研究对象所包含成分的数量关系或所具备性质间的数量关系;也可以对几个对象的某些性质、特征、相互关系从数量上进行分析比较,研究的结果主要是用"数量"加以描述,是以测定物质中目标成分的含量为主要目标。比如牛奶中蛋白质和脂肪的含量测定,是同时对牛奶这个物质中的蛋白质和脂肪两个检测对象进行分析检测,获得相关数据,与规定标准数据对照比较以判断牛奶的质量是否符合规定;阿司匹林肠溶缓释片是临床广泛应用的降血脂药物,对其主成分阿司匹林进行含量测定,是确保药物安全有效的重要保障。所以定量分析在人们的日常生活中占据重要地位。

定量分析根据所用方法的不同,分为重量分析、容量分析和仪器分析三类。因分析试样用量和被测成分的不同，又可分为常量分析、半微量分析、微量分析、超微量分析等。

一般定量分析包括以下几个步骤：

（1）明确定量分析任务　即明确检品是什么，分析检测的成分是什么。检品在分析检测工作中也被称为"供试品"或"样品"，被定量分析检测的成分也被称为"待测组分"。

（2）采集样品　按照取样规则和要求采集足够数量、有代表性的待测物质作为样品，比如药品的检测，有专门的《药品取样操作规程》，由经过授权的专人负责按照规程要求进行取样，用于检验和留样。

（3）制备溶液　定量分析的对象不管是固体还是液体（气体除外），一般均需要制备成一定浓度的溶液后才能进行定量检测。不同的样品、不同的待测组分有不同的检测标准，标准中规定了详细的检测方法和应达到的质量指标，需要依照规定的方法制备相应的样品溶液和（或）对照品溶液。

（4）分析检测　依照规定的方法进行检测，获得定量分析原始数据，及时并正确记录原始数据。

（5）数据处理及结果表达　依照定量分析方法计算定量分析结果，结果的可靠性需要用偏差来衡量，因此需要计算结果的相对平均偏差或相对标准偏差，偏差在规定范围内才可以，以测定结果的平均值作为本次定量分析的结果。

定量分析结果的准确性与数据的记录、结果的处理、有效数字位数的保留等密切相关。

二、有效数字及其运算

（一）有效数字的意义

具体地说，有效数字是指在分析工作中实际能够测量到的数字，包括所有可靠数字和最后一位估计的、不确定的数字。把通过直读获得的准确数字称作可靠数字；把通过估读得到的那部分数字称作存疑数字。把测量结果中能够反映被测量物质大小的带有一位存疑数字的全部数字称作有效数字。比如，用 10cm 的尺子测量书本的宽度，尺子的最小刻度为 0.1cm，那能够直读获得的准确数字只能到小数点后一位，介于两个最小刻度之间的数值只能通过估读来获得，即小数点后第二位数字是估计数字，是不准确的。比如某次称量值为 0.5428g，0.542 是准确值，"8"为可疑值，有±0.0001g 的误差。所以有效数字的组成一定是由所用计量器具的精度（最小刻度）加上一位估计数字所得。

案例 4-1

甲、乙、丙三位同学分别用 10cm 的尺子（最小刻度为 0.1cm）测量同一本书的宽度，得到的数据分别是 7.18cm、7.185cm、7.2cm。

讨论：1. 哪位同学测量的结果是可靠的？为什么？

2. 如果尺子的最小刻度为 0.01cm、1cm，结果是怎样的？

3. 同学们从中能得到哪些启示？

解析 4-1

这三个测量数据单从数字大小上来看是接近的，但数字的位数是不同的。从上述案例分析可以看出，有效数字的位数是由测量器具的精度（准确度）决定的，测量器具的精度越高，有效数字的位数就应该越多。比如，电子天平是定量分析中必须要使用的计量器具，常用的电子天平根据精度不同分为万分之一、十万分之一和百万分之一等不同规格，万分之一电子天平的电子面板上小数点后可以记录 4 位数，也就是说最后一位是可疑值；十万分之一的天平可以记录小数点后 5 位数；百万分之一的天平可以记录小数点后 6 位数。

我们在实验过程中记录数据时一定要根据所用分析器具的精度来准确记录数据，记录多了没有实际意义，记录少了影响结果准确度。所以正确理解有效数字的含义对于指导我们在定量分析过程中正确记录和处理数据是非常重要的。

反过来说，通过观察实验者记录的数据，也可以推测出实验者所用计量器具的精度和设备水平。

> **案例 4-2**
>
> 某制药公司在接受一次美国 FDA（food and drug administration）审计时，审计专家发现在一次样品的分析检测中，某实验员称取 15mg 对照品时的记录为 0.0149g（即 14.9mg），对此审计专家给予了"一般缺陷"的处理。
>
> 讨论：1. 0.0149g 这个数据反映出了什么？为什么审计专家会给出"一般缺陷"的处理结果？
>
> 2. 假如实验员更换为十万分之一的电子天平重新称取上述样品，是否必须称到 0.01500g 才是最准确的？推测一下，现实称量过程中能否达到这样的称量要求？

解析4-2

> **知识补充**
>
> ① 在药品定量分析中，无特殊规定的情况下，称样量在 100mg 以下的称量应使用十万分之一的电子天平（±0.00001g）。
>
> ② 按照《中国药典》规定，称样量的范围可以在规定量的 ±10% 范围内，而不必正好是 15mg。

由此可见，有效数字在定量分析中不仅表示一个数值的大小，其位数的多少直接反映所用计量器具的精密程度，进而能够获知分析检验的条件和水平是否符合需求。因此正确理解有效数字的位数及组成，对于我们选择适宜的分析计量器具、正确记录和处理实验数据是非常重要的。

（二）有效数字的位数

记录有效数字的几点注意事项：

① 记录测量的数据时，只允许保留一位可疑数字。

② 有效数字中的所有数字都是有意义的，记录测量数据时，不能随意删减，特别是最后一位数字是零的时候。

案例 4-3

在用 25ml 的滴定管滴定某溶液时，滴定管中溶液的刻线凹液面刚好落在第 19 个大格的位置，请读出此刻消耗的滴定液的体积。甲乙丙三位同学分别记作 19.0ml、19.00ml、19ml，请判断哪位同学记录的数据正确？

解析4-3

③ 有效数字与小数点的位置及量的单位无关。比如，2.35ml 和 23.5L 都是三位有效数字。

④ 数字"0"在数据中具有双重意义。在数字 1~9 中间或之后的"0"与测量精度有关，是有效数字；在数字 1~9 之前的"0"只起定位作用，与测量精度无关，不是有效数字。比如 2.050g 是四位有效数字，其中两个"0"均为有效数字；再如 0.002050g，仍然为四位有效数字，前面两个"0"都不是有效数字，只起定位作用。

⑤ 对数有效数字的位数只取决于小数点后面数字的位数，整数部分只相当于原数值的方次，不是有效数字。例如，$\lg 1.6\times 10^3=0.20412+3=3.20412$，3 相当于 $\lg 10^3$，不是有效数字，1.6 是两位有效数字，$\lg 1.6$ 的结果也应取两位有效数字 0.20，所以 $\lg 1.6\times 10^3$ 结果应为 3.20。

⑥ pH 和 pK_a 有效数字位数仅决定于小数部分的数字位数。例如 pH=5.02、pK_a=10.75，有效数字均为两位，原理与对数的解析相同。

⑦ $a\times 10^n$ 或 $b\%$（a、b 为任意正数，n 为任意整数）这样的数值，其 a、b 的有效数字即为 $a\times 10^n$ 或 $b\%$ 数值的有效数字。比如，2.5×10^5，其有效数字的位数为 2 位，与 10^5 无关；2.5% 的有效数字位数为两位。

⑧ 数学上的常数 e、π 以及倍数或分数（如 3、1/2 等）不是实际测量的数字，应视为无误差数字或无限多位有效数字。

⑨ 有效数字第一位数字等于或大于 8 时，其有效数字可多算一位。如 8.67、9.53 可视为四位有效数字。

> **练一练：**
> 请写出以下有效数字的位数。
> 0.0230、99.0%、101.0%、0.20580、3.109×10^5、pH=2.18

（三）有效数字的修约

 案例 4-4

维生素 C 原料药的含量测定

某化验员用万分之一的电子天平称取维生素 C 0.2008g 于锥形瓶中，加新煮沸过的冷水 100ml 使之溶解，再用量筒加入乙酸 10ml，混匀，用滴管加入淀粉指示液 1ml，立即用 0.1005mol/L 的碘滴定液滴定至溶液恰呈蓝色，记下消耗的碘滴定液的体积 V 为 21.96ml，

请按照式(4-1)计算维生素C的含量。(维生素C的摩尔质量为 176.14g/mol)

$$\omega_{C_6H_8O_6} = \frac{c_{I_2} \times V_{I_2} \times M_{C_6H_8O_6} \times 10^{-3}}{m_s} \tag{4-1}$$

通过计算可知，维生素C的含量为 $0.977971755968\cdots$，无限多位数，结果应如何取舍？是否保留数字位数越多结果越准确？这是众多分析检测工作面临的共同问题。

解析4-4

在分析检测工作中，不可避免地会涉及数据的取舍，通常把弃去多余数字的处理过程称为有效数字的修约。为了适应科技和生产工作的需要，我国颁布了 GB/T 8170—2008《数值修约规则与极限数值的表示和判定》，通常称为"四舍六入五留双"法则，即：当被修约的数字≤4时，被修约的数字及其后面所有数字均被舍去；当被修约的数字≥6时，则进一；当被修约的数字等于5时，若5后面的数字不全为0时则进一；若5后面无数字或全部为0，则看5前面一位数字是奇数还是偶数，若为奇数，则进一，若为偶数则舍弃。

难点解析：数字修约的难点是被修约数字的确定和当被修约数字为"5"时的取舍。当保留 n 位有效数字时，从左边第一位不是0的数字数起，第 $n+1$ 位数字便是被修约数字，则对"四舍六入五留双"的理解应为：

① 当保留 n 位有效数字，若第 $n+1$ 位数字≤4则舍掉。

② 当保留 n 位有效数字，若第 $n+1$ 位数字≥6时，则第 n 位数字加上1。

③ 当保留 n 位有效数字，若第 $n+1$ 位数字等于5且后面数字为0时，则第 n 位数字若为偶数时就舍掉后面的数字，第 n 位数字为奇数时则加上1；若第 $n+1$ 位数字等于5且后面还有不为0的任何数字时，无论第 n 位数字是奇数还是偶数都加上1。

④ 修约时，只能对原始数据一次修约到所需要的位数，不得连续进行多次修约。

例题 4-1 请将 0.07641、0.700641、7.135、7.145、7.1459 五个数字修约为三位有效数字。

① 0.07641→0.0764。

解析：修约成三位有效数字，从左边第一位不是0的数字"7"数起，第四位为"1"，按照法则≤4应该舍弃，故修约后应记作0.0764。

② 0.700641→0.701。

解析：0.700641为六位有效数字，左边第一位不是0的数字为"7"，第四位为"6"，按照法则≥6应该进上，故修约后应记作0.701。

③ 7.135→7.14。

解析：7.135为四位有效数字，第四位为"5"，后面无数字，前面一位数字是"3"为奇数，按照法则5应进上，故修约后应记作7.14。

④ 7.145→7.14。

解析：同③，第四位数字为"5"，后面无数字，前面一位数字是"4"为偶数，按照法则5应舍弃，故修约后应记作7.14。

⑤ 7.1349→7.13。

解析：7.1349为五位有效数字，第四位数字为"4"，按照法则≤4应该舍弃，故修约后应记作 7.13。虽然第五位是"9"很大,但也不能先修约成 7.135,再修约成 7.14。

> **练一练:**
> 请判断 0.072150、0.7215、0.72250、0.7225、0.72251、0.7214999 六个数字有效数字的位数并将其修约成三位有效数字。

(四)有效数字的运算规则

化学分析中,样品组分含量测定的结果通常是由测得的各个数据经过一定的公式计算得到,如案例 4-3,每个测量值的有效数字位数可能不同,但每个测量值的误差都会传递到分析结果中。因此当一些准确度不同的数据进行运算时,要遵守有效数字的运算规则,保证运算结果能真正反映实际测量的准确度。运算规则的步骤一般是先修约、后计算,结果再修约,为了提高计算结果的可靠性,修约时可以暂时多保留一位有效数字,得到结果后再按照"四舍六入五留双"的原则最终修约。

1. 加减法运算

多个数字相加减,一般先按各数据中小数点后位数最少的那个数对各个数据进行修约,使之小数点后具有相同的位数,然后再进行加减计算,计算结果也使小数点后保留相同的位数。

在日常分析工作中,为严格控制误差,许多数值相加减时,所得和或差的绝对误差必须比任何一个数值的绝对误差大。因此相加减时应以诸数值中绝对误差最大(即欠准数字的数位最大)的数值为准,以确定其他数值在运算中保留的数位和决定计算结果的有效数位。小数点后位数最少的那个数是诸数值中绝对误差最大的一个(即欠准数字的数位最大)。比如用 25ml 的滴定管(精度为 ±0.01ml),记录读数为 20.12ml,小数点后第二位是欠准数字,约有 ±0.01ml 的估计误差;比如用 10ml 的滴定管(精度为 ±0.005ml),记录读数为 9.050ml,小数点后第三位是欠准数字,约有 ±0.005ml 的估计误差。

例题 4-2 计算 150.6+10.45+0.5812=?

解析: 上述三个数据均为四位有效数字,但小数点后位数分别为一位、两位和四位,按照"加减法"运算规则,第一步先以"150.6"为基准,将 10.45 和 0.5812 分别修约至小数点后一位,然后再进行计算,结果仍然保留小数点后一位。

正确的计算为:150.6+10.45+0.5812=150.6+10.4+0.6=161.6。

例题 4-3 计算 12.43+5.765+132.812=?

方法同例题 4-2。

正确的计算为:12.43+5.765+132.812=12.43+5.76+132.81=151.00。

注意:完成修约后三个数据小数点后均为 2 位有效数字。用计数器计算,屏幕上显示的是 151,但结果不能直接记录"151",应记作"151.00",使小数点后有两位有效数字。

所以,在加减运算中,计算结果有效数字位数的保留,也应以各数据中小数点后位数最少(即绝对误差最大)的数据为标准。

2. 乘除法运算

在乘除法运算中,一般以有效数字位数最少的数据为基准,其他有效数字先修约至与之相同，再进行乘除运算，计算结果仍保留最少的有效数字（即相对误差最大）。

为严格控制误差，许多数值相乘除时，所得的积或商的相对误差必须比任何一个数值的相对误差大。因此相乘除时应以诸数值中相对误差最大（即有效位数最少）的数值为准，确定其他数值在运算中保留的数位和决定计算结果的有效数位。

例题 4-4 计算 $0.0121 \times 25.64 \times 1.05728 = ?$

解析： 上述三个数据分别为三位、四位、六位有效数字，所以第一步以"0.0121"为基准，先将 25.64 和 1.05728 分别修约至三位有效数字，然后进行计算，结果仍然保留三位有效数字。

正确的计算为：$0.0121 \times 25.64 \times 1.05728 = 0.0121 \times 25.6 \times 1.06 = 0.3283456 \rightarrow 0.328$。

3. 其他运算

① 乘方和开方。对数据进行乘方或开方时，所得结果的有效数字位数保留应与原数据相同。例如：$6.72^2 = 45.1584 \approx 45.2$（保留 3 位有效数字）；$\sqrt{9.65} = 3.10644 \approx 3.11$（保留 3 位有效数字）。

② 对数计算。所取对数的小数点后的位数（不包括整数部分）应与原数据的有效数字的位数相等。例如：$\lg 102 = 2.00860017 \approx 2.009$（保留 3 位有效数字）。

③ 在计算中常遇到分数、倍数等，可视为多位有效数字。

④ 在乘除运算过程中，首位数为"8"或"9"的数据，有效数字位数可多取 1 位。

⑤ 在混合计算中，有效数字的保留以最后一步计算的规则执行。

三、有效数字的应用举例

任务 4-1　异戊巴比妥的干燥失重测定（见本章开头"学习引导"）

1. 任务描述

取本品，在 105℃ 干燥至恒重，减失重量不得过 1.0%。

> **知识补充**
>
> ① 恒重：是指连续两次干燥后称重的质量之差不超过 0.3mg 的状态。
>
> ② 干燥失重：系指待测物品在规定的条件下，经干燥至恒重后所减少的重量，通常以百分率表示。

2. 测定过程

用万分之一的电子天平（灵敏度±0.1mg）称取异戊巴比妥供试品 1.0042g 置干燥至恒重的扁形称量瓶中，在 105℃ 烘箱中干燥至恒重，经用同一台电子天平称重，减失的重量为 0.0108g。

3. 干燥失重计算

干燥失重的计算公式如下：

$$供试品干燥失重(\%) = \frac{供试品减失重量}{供试品干燥前重量} \times 100\% \tag{4-2}$$

将实验数据代入式(4-2) 得：

$$异戊巴比妥干燥失重(\%) = \frac{0.0108}{1.0042} \times 100\% = 1.08\%$$

4. 结果修约

根据"任务描述"中规定的干燥失重限度来确定计算结果的修约位数。本任务中规定减失重量不得过 1.0%，"1.0%"为两位有效数字，故上述计算结果 1.08% 应最终修约为两位有效数字，即 1.08% → 1.1%。

5. 结果判定

由于测定结果 1.1% > 1.0%（规定限度），所以判该异戊巴比妥供试品干燥失重"不符合规定"。

如果"任务描述"中规定的干燥失重限度 1.0% 改为 1%，结果是怎样的？

"1%"为一位有效数字，故上述计算结果 1.08% 应最终修约为一位数，即 1.08% → 1%，结论为该异戊巴比妥供试品干燥失重"符合规定"。

对于同一个样品的同一个测定过程和同一组测定数据，由于有效数字保留位数的不同，检验结果截然不同，因此有效数字在分析检测工作中具有非常重要的作用和意义。

任务 4-2　计算氧氟沙星（$C_{18}H_{20}FN_3O_4$）的分子量

在诸元素的乘积中，原子数（常数）的有效位数可视作无限多位，因此可根据各原子量的有效位数对乘积进行定位；而在各乘积的相加中，由于《中国药典》规定分子量的数值保留到小数点后两位，即百分位，因此应将各元素的乘积修约到千分位（小数点后三位）后进行相加；再将计算结果修约到百分位，即得。

$12.0107 \times 18 + 1.00794 \times 20 + 18.9984032 + 14.0067 \times 3 + 15.9994 \times 4$

$= 216.1926 + 20.1588 + 18.9984032 + 42.0201 + 63.9976$

$= 216.193 + 20.159 + 18.998 + 42.020 + 63.998$

$= 361.368$

$= 361.37$

在进行计算时，如用计算器进行计算，应将计算结果经修约后再记录下来。如由工作站出具数据，可按有效数字修约原则修约后判定。

第二节　定量分析误差及其处理

误差是指一个量在测量、计算或观察过程中由于某些错误或通常由于某些不可控制的因素的影响而造成的变化偏离标准值或规定值的数量。数学上将测定的数值与真实值之差称为误差。定量分析不可避免会产生误差，如何尽可能地减小误差，使检验结果准确可靠，就需要了解定量分析过程中误差的来源、误差的分类及特点，从而制定相应对策避免或减小误差。

一、误差的分类及来源

根据误差的性质和产生因素不同,可将误差分为系统误差和偶然误差。

(一)系统误差

系统误差又叫作规律误差,是由分析过程中某些固定的、经常性的因素所导致的误差。它的特点是有固定的大小和方向(正、负),重复测定时会重复出现,使测量结果总是系统性的偏高或偏低。因此系统误差的大小是可测的,故又称为可测误差。系统误差主要来源于以下几个方面。

1. 方法误差

方法误差是由于测量所依据的理论公式本身的近似性或实验条件不能达到理论公式所规定的要求,或者是实验方法本身不完善所带来的误差。这种误差是由分析方法本身造成的,与分析者的操作技术无关。如重量分析中由于沉淀的少量溶解、共沉现象、灼烧时沉淀的分解和挥发等,容量分析中反应进行不完全、反应受干扰离子的影响、指示剂的变色不完全吻合以及其他副反应等使测定值偏高或偏低。

2. 试剂误差

这种误差是由于试剂、纯净水不纯等造成的,如试剂中含有被测物质、干扰元素,基准物质的纯度不高等。

3. 仪器误差

是由于仪器本身精度不够或未经校准而引起的误差。例如天平灵敏度不符合要求,砝码质量未经校正,所用滴定管、容量瓶、移液管的刻度值与真实值不相符等,都会在使用过程中使测定结果产生误差。

4. 主观误差

分析工作者在正常操作情况下,由于观测者个人感官和运动器官的反应或习惯不同而产生的误差,它因人而异。例如不同实验人员对滴定管的读数总是偏高或偏低、滴定终点颜色辨别偏深或偏浅等习惯性行为,不包括操作失误,也就是说操作失误不能算主观误差。

(二)偶然误差

偶然误差又称为不可测误差或随机误差,是指排除了系统误差后尚存的误差,是由分析过程中某些不确定因素造成的。例如,在分析过程中,环境条件(温度、湿度、气压等)和测量仪器微小波动,电压瞬间波动等;分析人员对试样处理有微小的差异等。这类误差受多种因素影响,使测量值不按方向性和系统性而随机地变化,有时大有时小,有时正有时负,因而对测定结果的影响程度是不确定的。但是如果在消除系统误差后,对同一试样在同一条件下进行多次重复测定,并将测定的数据用数理统计的方法进行处理,便会发现它符合正态分布规律,如图4-1所示,即大误差出现的概率大,小误差出现的概率小,绝对值相近、方向相反的误差出现的概率基本相等。因此增加重复测定次数,取平均值作为分析结果,可以减小偶然误差。

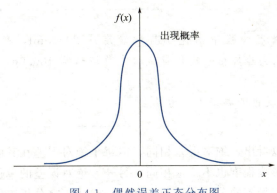

图 4-1　偶然误差正态分布图

在分析化学中，还有一种由于工作人员的差错引起的"过失"。例如，加错试剂、看错砝码、记录或计算错误等，这些由于分析人员粗心大意、错误操作引起的失误，不属于误差之列，由此得到的实验数据必须剔除。

二、准确度与精密度

（一）准确度与误差

准确度是指测定值与真实值相近的程度，它的大小用误差来衡量，反映的是测得值受偶然误差和系统误差的综合影响程度。误差越大，说明测定结果的准确度越低；反之说明准确度越高。误差一般可分为绝对误差和相对误差。

1. 绝对误差

绝对误差（E）系指测量值（x）与真实值（μ）之差，如下式所示。

$$E = x - \mu \tag{4-3}$$

绝对误差越小，说明测量值与真实值越接近，测量结果越准确。它的特点是有正负、有单位。比如，用万分之一的电子天平称量时，会产生 ± 0.1 mg 的系统误差（仪器误差），单位为 mg；当误差为 0.1 mg 时，表示称量结果比实际值高 0.1 mg；当误差为 -0.1 mg 时，表示称量结果比实际值低 0.1 mg。

> 🌱 **案例 4-5**
>
> 甲乙两个实验员用同一台电子分析天平分别称得两份试样，质量分别为 0.1238g 和 1.2380g，已知这两份试样的真实质量分别为 0.1237g 和 1.2379g。
>
> 试计算：(1) 这两个实验员称量的绝对误差分别是多少？
> (2) 这两个绝对误差在各自称量结果中所占的百分比是多少？
> 请思考：(1) 根据上述两组计算数据你能得到什么启示？
> (2) 这两个试样的称量所用的天平的灵敏度（规格）是否相同？说出你的理由。

解析4-5

> **案例 4-6**
>
> 甲实验员在一次滴定试验中消耗了盐酸滴定液 20.00ml，产生了 0.02ml 的绝对误差；乙实验员在一次称量试验中称取试样 100.0g，产生了 0.1g 的绝对误差。
>
> 请问：这两个实验员谁的误差大？为什么？

解析4-6

从上述两个案例可以看出，绝对误差相同，但每个绝对误差在其测定结果中占的百分率不一定相同，对结果的影响程度也不一定相同。另外，绝对误差的单位不同，无法通过直接比较绝对误差的大小来衡量不同分析结果的准确度。因此，在分析工作中，通常通过比较绝对误差在分析结果中所占百分率（即相对误差）来反映结果的准确度。

2. 相对误差（RE）

相对误差是指绝对误差（E）在真实值（μ）中所占的百分率，如下式所示：

$$RE = \frac{E}{\mu} \times 100\% \tag{4-4}$$

相对误差有正值和负值之分，当测定结果大于真实值时，相对误差均为正值，表示测定结果偏高；反之误差为负值，表示测定结果偏低。相对误差没有单位，因此便于比较各种情况下测定结果的准确度。

在实际分析工作中，真实值客观存在，但无法获知，所以绝对误差和相对误差通常是计算不出来的，因此通常用精密度来控制结果的准确程度。

（二）精密度与偏差

精密度是指在相同条件下，一组平行测定结果之间的接近程度，它的高低用偏差来衡量，反映的主要是偶然误差对测量结果的影响，与系统误差无关。

定量分析中一般用绝对偏差、相对偏差、平均偏差、相对平均偏差、标准偏差和相对标准偏差表示分析结果的精密度。

1. 绝对偏差

绝对偏差（d_i）是指某个测定值（x_i）与平均值（$\bar{x}$）的差值：

$$d_i = x_i - \bar{x} \tag{4-5}$$

假设某组分测定值为 $x_1, x_2, \cdots, x_n$（n 为平行测定次数），其分析结果用算术平均值（$\bar{x}$）表示：

$$\bar{x} = \frac{1}{n} \sum_{i=1}^{n} x_i \tag{4-6}$$

绝对偏差有单位、有正负，平行测定中有几个测定值就有几个绝对偏差，所以某个绝对偏差只能用来衡量单次测定结果对平均值的偏离程度，不能反映检测结果的整体偏离情况，因此在分析检测工作中一般用相对平均偏差和相对标准偏差来衡量测定结果的精密度。

2. 平均偏差和相对平均偏差

平均偏差（$\bar{d}$）是指各次测定绝对偏差绝对值的平均值：

$$\bar{d} = \frac{1}{n}\sum_{i=1}^{n}|d_i| = \frac{1}{n}\sum_{i=1}^{n}|x_i - \bar{x}| \tag{4-7}$$

相对平均偏差（$R\bar{d}$）是平均偏差占平均值的百分比：

$$R\bar{d} = \frac{\bar{d}}{\bar{x}} \times 100\% \tag{4-8}$$

例题 4-5 盐酸滴定液标定过程中得到如下一组数据：
初标者小张测得的三个浓度分别为 0.1005mol/L、0.1003mol/L、0.1001mol/L。
复标者小刘测得的三个浓度分别为 0.1010mol/L、0.1004mol/L、0.1001mol/L。
请计算：（1）小张和小刘的三个标定浓度的相对平均偏差；
（2）小张和小刘两个标定者之间的相对平均偏差。

> **知识补充**
>
> ① 标定：系指滴定液配制完成后采用一定的实验方法获得其准确浓度（小数点后四位有效数字）的过程。
>
> ② 初标：系指在规定的实验条件下对滴定液的初次标定，药典规定初标要平行标定三次，三次浓度的相对平均偏差不得超过 0.1%。
>
> ③ 复标：系指在与初标相同的实验条件下，由另外一名操作者对同一个滴定液重复标定的过程，药典规定复标要平行标定三次，三次浓度的相对平均偏差不得超过 0.1%。
>
> 初标与复标的结果均在规定的偏差范围之内，再计算初、复标二者的相对平均偏差，不得超过 0.1%，再以初标、复标二者浓度的平均值作为被标定滴定液的准确浓度。

思路：按照平均值、绝对偏差、平均偏差和相对平均偏差的顺序依次来计算。

（1）初标者小张的数据计算依次为：$\bar{x} = (0.1005 + 0.1003 + 0.1001) \div 3 = 0.1003$mol/L

3 个绝对偏差分别为：$d_1 = 0.1005 - 0.1003 = 0.0002$mol/L

$$d_2 = 0.1003 - 0.1003 = 0.0000\text{mol/L}$$

$$d_3 = 0.1001 - 0.1003 = -0.0002\text{mol/L}$$

平均偏差 $\bar{d} = (0.0002 + 0.0000 + 0.0002) \div 3 = 0.0001$mol/L

$$R\bar{d} = \frac{\bar{d}}{\bar{x}} \times 100\% = \frac{0.0001}{0.1003} \times 100\% = 0.1\%$$

同法计算复标者小刘的数据依次为：$\bar{x} = 0.1005$mol/L，$\bar{d} = 0.0003$mol/L，$R\bar{d} = 0.3\%$。

（2）先计算初标者小张的平均值与复标者小刘的平均值的平均值，即 $(0.1003 + 0.1005) \div 2 = 0.1004$mol/L。

$d_1 = 0.1003 - 0.1004 = -0.0001$mol/L；$d_2 = 0.1005 - 0.1004 = 0.0001$mol/L（二者绝

对值相等)。

所以二者的平均偏差为任意一个的绝对值,即 0.0001mol/L。

初标者小张与复标者小刘二者标定盐酸的相对平均偏差为:

$$\overline{Rd} = \frac{0.0001}{0.1004} \times 100\% = 0.1\%$$

相对平均偏差在计算过程中应注意:
① 绝对偏差有正负、有单位,不能丢掉。平均偏差和相对平均偏差均为正值。
② 当绝对偏差刚好为"0"时,也不能简单地记作 0,而是应该与测定数据保留相同的小数点后位数。
③ 当测量数据是两个的时候,两个值的绝对偏差大小相等、符号相反,相对平均偏差的计算如下式所示:

$$\overline{Rd} = \frac{|x_1 - x_2|}{x_1 + x_2} \times 100\% \tag{4-9}$$

④ 相对平均偏差是百分数,一般保留小数点后一位有效数字。

当测量次数较多,在 5 次及以上时,用 $\overline{Rd}$ 来计算精密度,数据处理过程很繁琐,通常用统计的方法处理数据,即用标准偏差和相对标准偏差来表示分析结果的精密度,它更能反映个别偏差较大的数据对测定结果重现性的影响。

3. 标准偏差和相对标准偏差

(1) 标准偏差(S) 标准偏差能反映一个数据集的离散程度,标准偏差越小,说明这些测量值偏离平均值就越少,各测量值之间越接近,反之则越大。标准偏差(统计学上称为样本标准偏差)的数学表达式为:

$$S = \sqrt{\frac{\sum_{i=1}^{n}(x_i - \overline{x})^2}{n-1}} \tag{4-10}$$

案例 4-7

1. 下面有两组测试数据,请计算其平均值和标准偏差。

第一组:10.1、10.5、10.2、10.4、10.3。

第二组:0.5、0.1、0.4、0.2、0.3。

代入公式,经计算两组的平均值分别为 10.3 和 0.3;两组的标准偏差均为 0.158。

2. 试分析,两组数据的精密度是否相同?

分析:虽然这两组数据的标准偏差都为 0.158,但第一组数据是在平均值 10.3 的基础上"波动"0.158,第二组数据是在平均值"0.3"的基础上"波动"0.158,两组数据的"波动基础"明显不同,即 0.158 对两组结果的影响程度并不相同。

由案例 4-7 可以看出标准偏差并不能准确反映出测量数据的离散程度,因此需要引入"相对标准偏差"这个概念来体现这种波动对结果影响的相对大小。

（2）**相对标准偏差**（relative standard deviation，RSD） 又叫标准偏差系数、变异系数、变动系数等，是由标准偏差除以相应的平均值乘100%所得值，可在检验检测工作中分析结果的精密度，其数学表达式为：

$$RSD = \frac{S}{\bar{x}} \times 100\% \tag{4-11}$$

例题 4-6 用高效液相色谱法测定药物含量是当前药品质量检测的主流技术与手段。测定前需要先做系统适用性试验，以验证仪器设备等检测条件具备好的重复性，即较好的精密度。某次试验的系统适用性试验连续进样6针，测得的色谱峰峰面积数据分别为705.94、708.70、706.74、706.04、705.24、709.43。

请计算其相对标准偏差并判断是否符合系统适用性试验要求。

> **知识补充**
>
> 高效液相色谱法系统适用性试验中要求RSD不超过2.0%。
> 思路：先计算平均峰面积，再计算标准偏差和相对标准偏差。
> 将6个峰面积分别代入RSD的计算公式，用带有统计功能的计算器可以直接算出RSD结果。
> 经计算，RSD=0.24%＜2.0%，故符合规定。

（三）准确度与精密度的关系

准确度和精密度是判断分析结果是否准确的依据，但两者在概念上又是有区别的。准确度是表示测定结果的正确性，取决于测定过程中所有测量误差；而精密度则表示测定结果的重现性，与真实值无关，取决于测量的偶然误差。精密度高，仅说明偶然误差小，系统误差不一定小，故准确度未必高；但要想准确度高，偶然误差和系统误差都必须小，所以精密度必须高。因此准确度与精密度之间的关系确切地说应该是：精密度高是准确度高的前提和保证，仅精密度高准确度不一定高，还需要减少系统误差才能使准确度高。所以要想提高结果的准确度，必须同时减少系统误差和偶然误差。

三、提高分析结果准确度的方法

（一）选择适当的分析方法

各种分析方法的准确度是不相同的。例如，重量分析方法和滴定分析方法的精确度不高，对于低含量组分的测定很难达到准确结果，而对于高含量组分的测定仍能获得比较准确的结果。因此在分析工作中，需根据分析对象、试样情况及对分析结果的要求，选择适当的分析方法。一般来说，常量组分分析宜选择化学分析法；微量组分或痕量组分分析宜选仪器分析法。另外，选择分析方法还应考虑共存物质的干扰。

（二）消除系统误差

由于系统误差是由某种固定的原因造成的，因而找出这一原因，就可以消除系统误差的来源。系统误差的消除可通过对照试验、空白试验和校准仪器等方法来实现。

1. 做对照试验

对照试验系指在相同的条件下，用已知准确含量的标准试样与被测试样按同样方法进行分析测定，从而检验方法的准确度。除采用标准试样进行对照试验外，也可采用标准方法与所选用的方法同时测定某试样，由测定结果作统计检验；或者通过加标回收试验进行对照，判断方法的可靠性，以消除方法误差。

对照试验是检验有无系统误差存在的有效方法之一。例如，在进行新的分析方法研究时，可用标准试样检验方法的准确度。如果用所拟定的方法分析若干个标准试样均能得到满意的结果，则说明这种方法是可靠的；或者用国家规定的标准方法或公认可靠的"经典"分析方法分析同一试样，将分析结果同所拟定的方法得到的结果进行对照，如果一致，则说明新方法可靠。在化工分析中，对照试验还用来检查操作是否正确和仪器是否正常，例如在分析试样的同时，用同样的方法对标准试样进行分析，如果分析标样的结果符合偏差要求，则说明操作与仪器均无问题，试样的分析结果是可靠的。另外，为了检查分析人员之间是否存在系统误差和其他方面的问题，可将一部分试样重复安排在不同分析人员之间互相进行对照试验，这种方法称为"内检"。将部分试样送交其他单位进行对照分析，称为"外检"。

2. 做空白试验

在不加试样的情况下，按照与试样分析完全相同的操作步骤和条件进行的操作叫作空白试验。空白试验所得到的结果称为"空白值"。从试样的分析结果中扣除空白值，即可得到比较可靠的分析结果。由环境、实验器皿、试剂及蒸馏水等带入的杂质所引起的系统误差，可以通过空白试验来校正。

3. 校准仪器

在日常分析工作中，对仪器（如天平、容量瓶、滴定管等）进行校正，可降低仪器精度不高造成的系统误差。尤其是在精密的分析检测中，必须对仪器设备进行定期校准。例如，在药品的分析检测中规定，新购置的设备在完成安装后必须进行校验以确认其性能指标符合药品检测需求；设备仪器在使用过程中还必须进行定期计量，以保证检验结果准确可靠。为了减小仪器误差，同一分析项目尽可能使用同一台（套）仪器设备，以抵消由仪器带来的误差。

（三）减小偶然误差

根据误差理论，在消除系统误差的前提下，如果测定次数越多，则分析结果的算术平均值越接近真实值。因此，为减少偶然误差，实际操作过程中应多次测定取平均值。但是分析次数越多，必然消耗较多的药品、时间和劳力，使分析成本费用提高。因此，实际分析工作中一般的定量分析通常平行测定 2~3 次，取算术平均值即可。比如，药品的含量测定，对于同一个供试品一般平行测定 2 份，在偏差允许的范围内取平均值；滴定液的标定要求平行操作 3 份。

此外，分析工作人员应增强责任感，避免工作中的过失。实验中严格遵守操作规程，精操细作，如提高对刻度、滴定终点的判断能力，及时、认真、如实、准确书写记录，避免计算错误和加错试剂等，尽量减少测量失误，保证结果准确可靠。

知识回顾

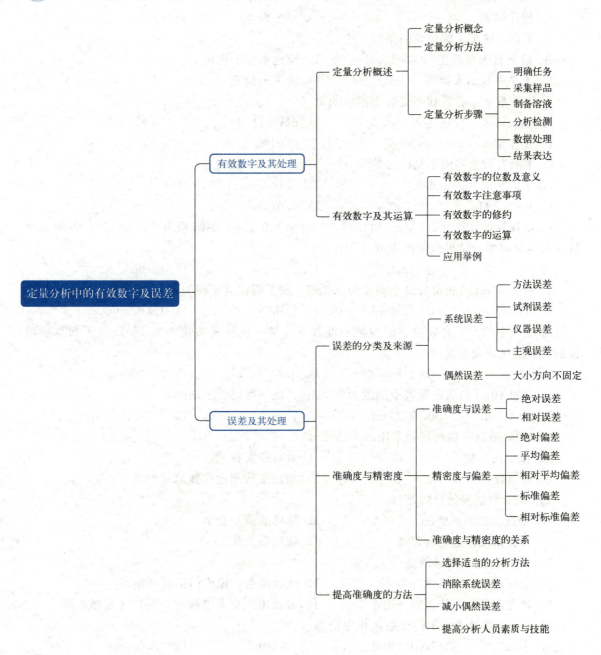

目标检测

一、选择题

（一）单选题

1. 分析工作中能测量到的数字称为（　　）。
   A. 精密数字　　　B. 准确数字　　　C. 可靠数字　　　D. 有效数字

2. 某化验员进行样品称量时,一辆重型汽车恰好经过,引起天平震动属于(　　)。
   A. 系统误差　　　　　　　　　　B. 偶然误差
   C. 操作误差　　　　　　　　　　D. 过失误差
3. 下列不属于系统误差的是(　　)。
   A. 滴定管未经校正　　　　　　　B. 纯化水含干扰离子
   C. 天平称量前未调零　　　　　　D. 天平未校正
4. 下列数字中有效数字位数为四位的是(　　)。
   A. $c_{HCl}=0.0010$ mol/L　　　　B. pH=11.28
   C. 维生素C(%)=99.68%　　　　D. 0.0100
5. 下列有效数字中不是四位的是(　　)。
   A. $c_{HCl}=0.1000$ mol/L　　　　B. 3510
   C. π=3.141　　　　　　　　　　D. 0.01010
6. 由计算器算得(2.236×1.1124)÷(1.036×0.200)的结果为12.004471,按照有效数字的运算规则,结果应修约为(　　)。
   A. 12　　　B. 12.0　　　C. 12.00　　　D. 12.004
7. 普通25ml的滴定管最小刻度为0.1ml,则下列记录正确的是(　　)。
   A. 17.02ml　　B. 17.0ml　　C. 17ml　　D. 17.025ml
8. 变换单位时,有效数字的位数不能改变。某一次称量质量为0.280kg,下列变换单位后有效数字正确的是(　　)。
   A. 280g　　B. $2.8×10^3$ g　　C. $2.8×10^6$ mg　　D. 280000mg
9. 普通10ml的滴定管最小刻度为0.05ml,则下列记录正确的是(　　)。
   A. 7.317ml　　B. 7.31ml　　C. 7.3ml　　D. 7.315ml
10. 消除或减小偶然误差常用的方法是(　　)。
    A. 做空白实验　　　　　　　　B. 做对照实验
    C. 校准仪器　　　　　　　　　D. 增加平行测定次数取平均值
11. 做对照试验的目的是(　　)。
    A. 提高实验的精密度　　　　　B. 使标准偏差变小
    C. 检查系统误差是否存在　　　D. 清除偶然误差
12. 下面论述中正确的是(　　)。
    A. 精密度高,准确度一定高　　B. 准确度高,说明精密度一定高
    C. 精密度高,系统误差一定小　D. 分析中先要求准确度,其次才是精密度
13. 10ml移液管移出的溶液体积应记为(　　)。
    A. 10ml　　B. 10.0ml　　C. 10.00ml　　D. 10.000ml
14. 10ml刻度管移出的溶液体积应记为(　　)。
    A. 10ml　　B. 10.0ml　　C. 10.00ml　　D. 10.000ml
15. 已知醋酸的$K_a=1.76×10^{-5}$,则$pK_a=4.75$的有效数字为(　　)。
    A. 1位　　B. 2位　　C. 3位　　D. 4位
16. 在定量分析工作中实际控制的是偏差,要求偏差(　　)。
    A. 等于零　　　　　　　　　　B. 越大越好
    C. 在允许范围内即可　　　　　D. 不得出现

17. 偶然误差的性质是（　　）。
   A. 有固定大小　　B. 没有单位　　C. 没有负值　　D. 随机出现
18. 系统误差的性质是（　　）。
   A. 重复测定重复出现　　　　　B. 影响分析结果的精密度
   C. 大小正负不固定　　　　　　D. 随机出现
19. 定量分析中，系统误差直接影响结果的（　　）。
   A. 精密度　　　　　　　　　　B. 准确度
   C. 精密度和准确度　　　　　　D. 对二者都不影响
20. 下列说法错误的是（　　）。
   A. 误差是以真值为标准　　　　B. 偏差是以平均值为标准
   C. 滴定管的读数读错属于偶然误差　　D. 滴定时有液滴溅出属于操作失误

（二）多选题
1. 下列关于有效数字的说法，正确的是（　　）。
   A. 首位为8或9的数字，其有效数字可多保留一位
   B. pH和pK_a有效数字位数仅决定于小数部分的数字位数
   C. 2.5×10^2 为三位有效数字
   D. 0.25%为两位有效数字
   E. 1.0003是五位有效数字。
2. 下列说法正确的是（　　）。
   A. 标准偏差0.125修约至一位有效数字为0.2
   B. 小明的体重为62.30kg，可记作6.23×10^4g
   C. 位于数字中间或后面的"0"是有效数字，具体数字之前的"0"仅起定位作用，不是有效数字
   D. 180.500修约至三位有效数字为180
   E. 12.000是五位有效数字
3. 用电子天平称取0.2g阿司匹林用于含量测定，下列说法正确的是（　　）。
   A. 称量前天平需要校正
   B. 数据记录应准确到0.2000g
   C. 称样量控制在0.2±10%范围内即可
   D. 药典规定应至少选用万分之一的天平称量
   E. 托盘天平可以满足称量要求
4. 关于准确度与精密度的关系，下列说法正确的是（　　）。
   A. 测定精密度好，准确度不一定好
   B. 测定精密度不好，准确度偶尔也可能好
   C. 测定精密度好是保证良好准确度的先决条件
   D. 当不存在系统误差时，精密度和准确度是一致的
   E. 测定精密度好，准确度一定好
5. 下列关于偏差的说法，正确的是（　　）。
   A. 绝对偏差有单位、有正负

B. 可以通过直接比较绝对偏差的大小来衡量两个不同试验结果的精密度
C. 绝对偏差越小，说明试验结果的精密度越高
D. 除绝对偏差外，其他偏差都是正值
E. 测定精密度通常用相对平均偏差或相对标准偏差来衡量

二、判断题

（　　）1. pH＝11.89 的有效数字是四位。

（　　）2. 系统误差是由固定因素引起的，大小和方向固定，重复测定会重复出现，因而可以采取一定的措施消除其影响。

（　　）3. 在某次试验中仪器的电压突然发生波动，波动所引起的误差属于系统误差。

（　　）4. 对照试验是减小系统误差的方法之一。

（　　）5. 偶然误差可通过进行多次平行测定取平均值而减小。

（　　）6. 精密度好准确度一定高。

（　　）7. 在乘除法运算中，计算结果应以有效数字位数最少的数据为准进行保留。

（　　）8. 有效数字位数越多，数据越准确，结果误差越小。

（　　）9. 为使检验结果更加准确可靠，可以对其进行多次连续修约。

（　　）10. 1/2 的有效数字是一位。

（　　）11. 标准偏差可以使大偏差更显著地反应出来。

（　　）12. 由于器皿未洗干净引入的误差属于偶然误差。

（　　）13. 偶然误差不可避免。

（　　）14. 误差的大小是可以精确测量出来的。

（　　）15. 对某试样平行测定两次，两次测量值的绝对偏差大小相等，正负相反。

三、计算题

某工作人员测定维生素 C 含量，所得分析结果 ［维生素 C(％)］ 分别为 99.14％ 和 99.11％。计算分析结果的相对平均偏差。

（1）甲实验员对碘滴定液进行标定，测定浓度分别为 0.0501mol/L、0.0505mol/L 和 0.0495mol/L，试计算其相对平均偏差，并判断是否符合滴定液标定的精密度要求。

（2）乙实验员对同一份碘滴定液进行标定，测定浓度为 0.0502mol/L、0.0503mol/L 和 0.0505mol/L，试计算其相对平均偏差，并判断是否符合滴定液标定的精密度要求。

（3）计算甲乙两人之间的相对平均偏差，并判断是否符合滴定液标定的精密度要求。

第五章 滴定分析概论

学习引导

维生素 C 又称 L-抗坏血酸，分子式为 $C_6H_8O_6$，《中国药典》（2020 年版）规定含 $C_6H_8O_6$ 不得少于 99.0％，含量测定方法如下：取本品约 0.2g，精密称定，加新沸过的冷水 100ml 与稀醋酸 10ml 使溶解，加淀粉指示液 1ml，立即用碘滴定液（0.05mol/L）滴定至溶液显蓝色并在 30 秒钟内不褪。每 1ml 碘滴定液（0.05mol/L）相当于 8.806mg 的 $C_6H_8O_6$。

讨论：维生素 C 的含量测定用的是什么方法？基本原理是什么？学习完本章内容后，同学们就会对滴定分析的基本原理、基本步骤、基本操作、含量计算及偏差处理等建立起体系化的定量分析思维。

学习目标

1. 知识目标

掌握滴定、滴定液、指示剂、化学计量点、滴定终点、滴定误差等基本概念，滴定分析法的原理，滴定液浓度的表示方法，滴定液的制备及管理；熟悉常见的基准物质及基准物质应具备的条件。

2. 能力目标

规范基本操作技能，能熟练完成某一样品浓度或含量测定的完整操作（配制、标定、管理滴定液，求算样品浓度或含量）。

3. 素质目标

具备科学严谨、一丝不苟、精操细作、精益求精的工作态度，具备台面整洁有序、玻璃仪器光亮如新的基本素养，具有标识意识、安全意识和环保意识。

第一节 滴定分析法概述

一、基本概念与原理

滴定分析法（也称容量分析法）是将已知准确浓度的溶液即滴定液滴加到被测组分的溶液中，直至所滴加的滴定液与被测组分按照确定的化学计量关系完全反应为止，根据滴定液的浓度和体积及化学计量关系，求得被测组分含量的一种定量分析方法。滴定分析法不仅所用的仪器简单，还具有方便、迅速、准确的优点，特别适用于常量组分测定和大批样品的例行分析。

将滴定液通过滴定管滴加到被测组分溶液的操作过程称为滴定。当加入的滴定液与被测定组分按照化学计量关系恰好完全反应时，就到达了化学计量点（即理论终点），此数据最准确。在滴定过程中，绝大多数化学反应没有显著的外部特征变化。为了指示反应到达化学计量点，通常要加入一种在化学计量点附近有明显颜色变化的辅助试剂，这种辅助试剂称为指示剂。指示剂颜色发生突变时应立即停止滴定，反应到达滴定终点。在实际的滴定过程中，指示剂往往不能恰好在化学计量点发生颜色变化，即化学计量点与滴定终点不能恰好一致，由此产生的误差称为滴定误差。

例题 5-1 在酸碱滴定练习实验中，用氢氧化钠滴定液滴定 20.00ml 盐酸滴定液（0.1002mol/L），当酚酞指示液变色时停止滴定，此时消耗氢氧化钠滴定液 20.10ml，试求算氢氧化钠滴定液的准确浓度，并通过本实验解释滴定液、滴定、化学计量点、指示剂、滴定终点、滴定误差等的基本概念和滴定分析法原理。

解析：本实验中，盐酸为已知准确浓度的溶液，故称为滴定液。通过本次实验，可以求算出氢氧化钠溶液的准确浓度，所以也称氢氧化钠溶液为滴定液。

氢氧化钠滴定液装在碱式滴定管中，盐酸滴定液和酚酞指示液置于锥形瓶中，将氢氧化钠滴定液通过滴定管滴加到盐酸滴定液的操作过程称为滴定。

氢氧化钠滴定液和盐酸滴定液的反应方程式如下：

$$NaOH + HCl == NaCl + H_2O$$

两者根据物质的量比（即化学反应方程式中计量系数之比）发生化学反应，当恰好完全反应时，反应到达化学计量点。产物氯化钠为强酸强碱盐，故溶液显中性，pH=7.0。

本实验中，反应物和产物均为无色溶液，为了指示反应到达化学计量点，通常要加入一种在化学计量点附近有明显颜色变化的辅助试剂即指示剂，如酚酞指示液。

滴定开始前，在锥形瓶中加入酚酞指示液后，溶液显无色。随着氢氧化钠滴定液的加入，氢氧化钠滴定液和盐酸滴定液发生反应，锥形瓶中的盐酸滴定液逐渐减少。当溶液颜色由无色变为粉红色时，反应到达滴定终点，应立即停止滴定。

氢氧化钠滴定液和盐酸滴定液发生反应到达化学计量点时，溶液的 pH=7.0；在实际的滴定过程中加入了酚酞指示液，酚酞指示液的变色范围为 8.0~9.6，当反应到达滴定终点时，溶液的 pH 为 8.0~9.6 范围内的某个数值，化学计量点与滴定终点不能恰好一致，由此产生滴定误差。

实验结束后，根据盐酸滴定液的浓度（0.1002mol/L）和体积（20.00ml）、消耗氢氧化钠滴定液的体积（20.10ml）、氢氧化钠滴定液和盐酸滴定液的计量关系（1:1），可以求得氢氧化钠滴定液的准确浓度，这种定量分析方法称为滴定分析法。

本实验中，根据氢氧化钠滴定液和盐酸滴定液的化学计量关系得：

$$n(NaOH) : n(HCl) = 1 : 1$$

公式变形 $n(NaOH) = n(HCl)$

二者均为溶液，故 $n = cV$

即 $c(NaOH)V(NaOH) = c(HCl)V(HCl)$

代入数值 $c(NaOH) \times 20.10 \times 10^{-3} = 0.1002 \times 20.00 \times 10^{-3}$

计算，得 $c(NaOH) = 0.09970 \text{mol/L}$

> **练一练：**
> 请查阅《中国药典》（2020年版）四部 8006 滴定液中盐酸滴定液，结合该滴定液的标定操作解释滴定液、指示剂、滴定、化学计量点、滴定终点、滴定误差、滴定分析法等术语。

二、滴定反应基本条件

滴定分析法是以化学反应为基础的定量分析方法，但不是所有的化学反应都可用于滴定分析。能用于滴定分析的化学反应必须具备以下条件：

1. 定量

滴定反应必须按照化学反应方程式所示的计量关系定量地进行，无副反应发生。

2. 完全

滴定反应进行的程度要完全，反应完全程度达到 99.9% 以上。

3. 速率快

滴定反应最好能在瞬间定量完成。对于反应速率较慢的反应，可通过加热或加入催化剂等措施来加快反应速率。

4. 终点

要有适宜的指示剂或其他简便可靠的方法确定终点。

三、滴定方法及滴定方式

1. 滴定方法

根据滴定分析时化学反应类型的不同，滴定分析方法可分为酸碱滴定法、配位滴定法、氧化还原滴定法和沉淀滴定法。

（1）**酸碱滴定法** 以酸、碱之间质子传递反应为基础的滴定分析法。可用于测定酸、碱及其他能够与酸碱直接或间接发生反应的物质。滴定反应式为：

$$H^+ + OH^- = H_2O$$

（2）**配位滴定法** 以配位反应为基础的一种滴定分析法。可以测定多种金属离子。滴定反应式为：

$$M(金属离子) + Y(EDTA) = MY(配合物)$$

（3）**氧化还原滴定法** 以氧化还原反应为基础的滴定分析法。可用于测定氧化性物质、还原性物质及其他能间接发生反应的非氧化性或非还原性物质。例如用高锰酸钾滴定液滴定草酸钠，其滴定反应式为：

$$2MnO_4^- + 5C_2O_4^{2-} + 16H^+ = 2Mn^{2+} + 10CO_2 + 8H_2O$$

（4）**沉淀滴定法** 以沉淀反应为基础的滴定分析方法。可以测定银盐、卤化物、硫氰酸盐等。滴定反应式为：

$$Ag^+ + X^- = AgX\downarrow$$

2. 滴定方式

滴定分析法根据操作形式不同可分为直接滴定法、返滴定法、置换滴定法和间接滴定法。

（1）**直接滴定法** 用滴定液直接滴定溶液中的待测组分，称为直接滴定法。直接滴定法是滴定分析中常用、最基本的滴定方式，操作简便、快速、误差较小，测定结果比较准确。凡能满足上述滴定分析对化学反应要求的反应，都可以应用于直接滴定法中。

如"学习引导"中碘滴定液在弱酸性条件下，直接滴定维生素C溶液，测定维生素C的含量。

（2）**返滴定法** 在待测试液中准确加入适当过量的滴定液，待反应完全后，再用另一种滴定液返滴剩余的第一种滴定液。返滴定法适用于反应速度慢或反应物是固体，加入滴定剂后不能立即定量反应或没有适当指示剂的滴定反应。

案例 5-1

《中国药典》（2020年版）规定甘露醇含量测定方法如下：取本品约0.2g，精密称定，置250ml量瓶中，加水使溶解并稀释至刻度，摇匀；精密量取10ml，置碘瓶中，精密加高碘酸钠溶液[取硫酸溶液（1→20）90ml与高碘酸钠溶液（2.3→1000）110ml混合制成]50ml，置水浴上加热15分钟，放冷，加碘化钾试液10ml，密塞，放置5分钟，用硫代硫酸钠滴定液（0.05mol/L）滴定，至近终点时，加淀粉指示液1ml，继续滴定至蓝色消失，并将滴定的结果用空白试验校正。每1ml硫代硫酸钠滴定液（0.05mol/L）相当于0.9109mg的$C_6H_{14}O_6$。

讨论：1. 本实验用到两种滴定液，哪种是过量的滴定液？
2. 写出本实验的测定原理。
3. 空白试验如何操作？

解析5-1

（3）**置换滴定法** 若被测物质与滴定液不能完全按照化学反应方程式所示的计算关系定量反应，或伴有副反应时，可向试液中加入一种适当的化学试剂，使其与待测组分反应，并定量地置换出另一种可被滴定的物质，再用滴定液滴定该生成物，然后根据滴定液的消耗量以及反应生成的物质与待测组分的化学计量关系计算出待测组分的含量。

如$Na_2S_2O_3$浓度的标定实验，以$K_2Cr_2O_7$作为基准物质，与过量KI发生氧化还原反应，先置换出单质I_2，然后用$Na_2S_2O_3$滴定液滴定置换出的I_2，从而求得$Na_2S_2O_3$溶液的浓度。

（4）**间接滴定法** 被测定组分不能与滴定液直接反应时，将样品通过一定的反应后，再用适当的滴定液滴定反应物。

如测定溶液中Ca^{2+}，先让Ca^{2+}与$C_2O_4^{2-}$作用形成草酸钙沉淀，经过滤洗净后，加入硫酸使其溶解，以$KMnO_4$为自身指示剂，$KMnO_4$作为滴定液，滴定与Ca^{2+}结合的$C_2O_4^{2-}$，从而间接测定Ca^{2+}的含量。

练一练：

请查阅《中国药典》（2020年版）氯贝丁酯原料药的含量测定项，说明是用哪种滴定方式测其含量。

第二节 滴定液及其制备

一、滴定液及其浓度的表示方法

1. 滴定液

滴定液是指在滴定分析中用于滴定被测物质含量的标准溶液,具有准确的浓度(取4位有效数字),其浓度一般以"mol/L"表示。

2. 滴定液浓度的表示方法

(1) 物质的量浓度 单位体积溶液中所含溶质的物质的量,用 c_B 表示。这是最常用的表示方法。

$$c_B = \frac{n_B}{V} \tag{5-1}$$

式中 c_B——溶质B的物质的量浓度,mol/L;

n_B——溶质B的物质的量,mol;

V——溶液的体积,L。

例题 5-2 取基准重铬酸钾,在120℃干燥至恒重后,称取4.9030g,置1000ml量瓶中,加水适量使溶解并稀释至刻度,摇匀,求重铬酸钾滴定液的物质的量浓度。已知重铬酸钾的摩尔质量为294.18g/mol。

解析: 重铬酸钾的质量 $m = 4.9030$g,溶液体积为1000ml=1L

依据式(5-1),得:

$$c_{K_2Cr_2O_7} = \frac{n_{K_2Cr_2O_7}}{V} = \frac{m_{K_2Cr_2O_7}}{M_{K_2Cr_2O_7} V} = \frac{4.9030}{294.18 \times 1} = 0.01667 \text{mol/L}$$

> **练一练:**
> 精密称定草酸固体试剂0.7365g,配成100ml,求草酸溶液的物质的量浓度。已知草酸的摩尔质量为126.07g/mol。

案例 5-2

学习引导中提到:每1ml碘滴定液(0.05mol/L)相当于8.806mg的 $C_6H_8O_6$。

讨论:上述表述是什么含义?

解析5-2

(2) 滴定度 在《中国药典》中,为简化计算常用滴定度表示滴定液的浓度。滴定度是指每毫升滴定液B相当于被测组分A的质量,用 $T_{A/B}$ 表示。

$$T_{A/B} = \frac{m_A}{V_B} \tag{5-2}$$

式中　$T_{A/B}$——滴定度，下角标中的 A 表示被测组分、B 表示滴定液，g/L；

　　　m_A——被测组分 A 的质量，g；

　　　V_B——滴定液 B 的体积，L。

滴定度是根据滴定液中溶质与被测物质之间的化学计量关系得到的。在含量测定项下以"每 1ml 某滴定液（X mol/L）相当于 Y mg 的某被测物质"表示。如"学习引导"中滴定度可表示为：

$$T_{维生素C/I_2} = 8.806 \times 10^{-3} \text{g/ml}$$

3. 校正因子 F

药典中给出的滴定度都是滴定液的规定浓度，而在实际工作中，配制的滴定液浓度不可能与规定的滴定液浓度完全一致。因此需要将药典给出的滴定度乘以滴定液浓度的校正因子，换成实际的滴定液浓度 T'。

校正因子是指滴定液的实际配制浓度与规定浓度的比值，用 F 表示，常用于滴定分析中的计算。

$$F = \frac{滴定液实际浓度}{滴定液规定浓度} = \frac{c_{实}}{c_{理}} \tag{5-3}$$

$$T'_{A/B} = F T_{A/B} \tag{5-4}$$

$$T'_{A/B} = F T_{A/B} = \frac{m_A}{V_B} \tag{5-5}$$

例题 5-3　某化验员将一定量维生素 C 按规定溶解，加淀粉指示液 1ml，立即用碘滴定液（0.05008mol/L）滴定至溶液显蓝色，消耗碘滴定液 20.05ml，每 1ml 碘滴定液（0.05mol/L）相当于 8.806mg 的 $C_6H_8O_6$，求该维生素 C 的质量。

解析：由题意可知 0.05008mol/L 为碘滴定液的实际浓度，0.05mol/L 为碘滴定液的理论浓度。

依据式(5-5) 推导出：

$$m_A = V_B T_{A/B} F = V_B T_{A/B} \frac{c_{实}}{c_{理}} \tag{5-6}$$

代入数据，计算结果：

$$m_{维生素C} = 20.05 \times 8.806 \times 10^{-3} \times \frac{0.05008}{0.05} = 0.1768 \text{g}$$

二、滴定液的制备

滴定液的制备方法一般有直接配制法和间接配制法两种，应按《中国药典》（2020 年版）四部通则 8006 规定进行制备。

1. 直接配制法

精密称定一定量在规定条件下干燥至恒重的基准物质，并置 1000ml 量瓶中，加溶剂溶解并稀释至刻度，摇匀。直接法配制的滴定液，其浓度应按配制时基准物质的取用量与量瓶的容量（加校正值）以及计算公式进行计算，最终取 4 位有效数字。

能用于直接法配制滴定液或标定滴定液的试剂称为基准物质。基准物质应符合以下条件：
① 纯度高，纯度要求一般在99.9%以上。
② 试剂组成与化学式要完全相符。若含有结晶水，其含量也应与化学式相符。
③ 性质稳定，加热干燥时不分解，称量时不易吸收空气中的水分、二氧化碳，不与空气中的氧气反应等。
④ 具有较大的摩尔质量，以减少称量误差。

常用的基准物质见表5-1。

表 5-1 常用的基准物质

基准物质	化学式	干燥条件	标定对象
无水碳酸钠	Na_2CO_3	270~300℃干燥至恒重	盐酸、硫酸
邻苯二甲酸氢钾	$KHC_6H_4(COO)_2$	105℃干燥至恒重	氢氧化钠、高氯酸
氯化钠	$NaCl$	110℃干燥至恒重	硝酸银、硝酸汞
草酸钠	$Na_2C_2O_4$	105℃干燥至恒重	高锰酸钾
氧化锌	ZnO	约800℃灼烧干燥至恒重	乙二胺四醋酸二钠
重铬酸钾	$K_2Cr_2O_7$	120℃干燥至恒重	硫代硫酸钠
苯甲酸	C_6H_5COOH	在P_2O_5干燥器中减压干燥至恒重	甲醇钠、氢氧化四丁基铵
对氨基苯磺酸	$C_6H_4(NH_2)(SO_3H)$	120℃干燥至恒重	亚硝酸钠

> **练一练：**
> 配制100ml氯化钠溶液（0.1mol/L）。已知氯化钠的摩尔质量为58.50g/mol。

2. 间接配制法

对于不符合基准物质条件的试剂，可采用间接法制备，即先将试剂配制成所需近似浓度的溶液，再用规定的基准物质或另一种已知浓度的滴定液与其相互滴定，从而计算出该溶液的准确浓度，该操作过程称为标定。

采用间接配制法时，溶质与溶剂的取用量均应根据规定量进行称取或量取，且制成后滴定液的浓度值应为其名义值的0.95~1.05；如在标定中发现其浓度值超出其名义值的0.95~1.05范围时，应加入适量的溶质或溶剂予以调整。当配制量大于1000ml时，其溶质与溶剂的取用量均应按比例增加。

标定工作应由初标者（一般为配制者）和复标者在相同条件下各作平行试验3份，各项原始数据经校正后，根据计算公式分别进行计算；3份平行试验结果的相对平均偏差，除另有规定外，不得大于0.1%；初标平均值和复标平均值的相对偏差也不得大于0.1%，标定结果按初、复标的平均值计算，取4位有效数字。

滴定液的标定方法有基准物质标定法和比较标定法两种。

（1）基准物质标定法

① 称量法 精密称定几份基准物质，分别置于锥形瓶中，加适量溶剂溶解，然后用待标定的滴定液滴定，根据基准物质的质量和待标定滴定液所消耗的体积，即可计算出待标定滴定液的准确浓度。例如标定氢氧化钠滴定液（0.1mol/L）：取在105℃干燥至恒重的基准物质邻苯二甲酸氢钾约0.6g，精密称定，加新沸过的冷水50ml，振摇、溶解，加酚酞指示

液，用待标定的氢氧化钠滴定液滴定至终点。平行测定三次。

② 移液管法　精密称定一份基准物质于烧杯中，加适量溶剂溶解后，定量转移至容量瓶中，加溶剂稀释至刻度，摇匀。用移液管移取几份该溶液于锥形瓶中，用待标定的滴定液滴定，从而计算出待标定滴定液的准确浓度。

称量法的优点是称量的份数较多，随机误差易发现，在实际工作中应用最多。移液管法的优点在于一次称取较多的基准物质，可作几次平行测定，既可节省称量时间，又可降低称量相对误差，但随机误差不易发现。称量法和移液管法既适用于滴定液标定，又适用于样品中待测组分的测定。

（2）比较标定法　准确移取一定量的待标定溶液，用另外一种已知准确浓度的滴定液滴定；或准确移取一定量的滴定液，用待标定溶液滴定。根据达到滴定终点时，两种溶液所消耗的体积和滴定液的浓度，即可计算出待标定溶液的浓度。这种用滴定液来确定待标定溶液准确浓度的操作过程称为"比较"，因此这种标定准确浓度滴定溶液的方法又叫比较标定法。例如标定草酸滴定液（0.05mol/L）：取草酸6.4g，加水适量使溶解成1000ml，摇匀。精密量取本液25ml，加水200ml与硫酸10ml，用高锰酸钾滴定液（0.02mol/L）滴定至终点。这里的高锰酸钾滴定液（0.02mol/L）是用基准草酸钠标定过已知准确浓度的溶液。

比较标定法操作简便，但不如基准物质标定法精确，因为在比较法中引入了两次滴定误差。一般对于准确度要求较高的分析，滴定液应采用基准物质标定，且最好采用称量法。

> **练一练：**
> 请查阅《中国药典》（2020年版）碘滴定液的配制与标定。

知识补充

① 标定工作中所用分析天平、滴定管、量瓶和移液管等，均应经过检定合格；其校正值与原标示值之比的绝对值大于0.05%时，应在计算中采用校正值予以补偿。

② 标定工作宜在室温（10~30℃）下进行，并应在记录中注明标定时的室内温度及湿度。

③ 所用基准物质应采用"基准试剂"，取用时应先用玛瑙乳钵研细，并按规定条件干燥，置干燥器中放冷至室温后，精密称取（精确至4~5位有效数字），有引湿性的基准物质宜采用"减量法"进行称重。如系以另一已标定的滴定液作为标准溶液，通过"比较"进行标定，则该另一已标定的滴定液的取用应为精密量取（精确至0.01ml），用量除另有规定外应≥20ml，其浓度亦应按药典规定准确标定。

④ 根据滴定液的消耗量选用适宜容量的滴定管；滴定管应洁净，玻璃活塞应密合、旋转自如，盛装滴定液前，应先用少量滴定液淋洗3次，盛装滴定液后，宜用小烧杯覆盖管口。

⑤ 标定中，滴定液宜从滴定管的起始刻度开始；滴定液的消耗量，除另有特殊规定外，应大于20ml，读数应估计到0.01ml。

⑥ 标定中的空白试验，系指在不加供试品或以等量溶剂替代供试液的情况下，按同法操作和滴定所得的结果。

⑦ 临用前按稀释法配制浓度≤0.02mol/L的滴定液，除另有规定外，其浓度可按原滴定液（浓度≥0.1mol/L）的标定浓度与取用量（加校正值），以及最终稀释成的容量（加校正值），计算而得。

三、滴定液的使用与管理

滴定液属于标准溶液的一种,需要遵守标准溶液的配制、标定及使用等管理原则,当然滴定液又有特殊之处。

(1) 滴定液由专人配制和标定,且不得少于两人;配制和标定时应详细记录标定过程。制备好的滴定液应在标签上注明名称、浓度等相关信息。

(2) 滴定液在配制后应按各滴定液规定的贮藏条件贮存,一般宜采用质量较好的具玻璃塞的玻璃瓶,碱性滴定液应贮存于聚乙烯塑料瓶中。

(3) 滴定液贮存瓶外醒目处应贴有标签,写明滴定液名称及其标示浓度;并在标签下方加贴表格,根据记录填写。

(4) 滴定液经标定所得的浓度或其校正因子 F 值,当标定温度与使用时的温度差值≤10℃时,除另有规定外,其浓度值可不加温度补正值;但当二者差值>10℃时,应加温度补正值,或按要求重新标定。

(5) 当滴定液用于测定原料药的含量时,为避免操作者个体对判断滴定终点的差异而引入的误差,必要时可由使用者按要求重新进行标定;其平均值与原标定值的相对偏差≤0.1%,并以使用者复标的结果为准。

(6) 取用滴定液前,应先轻摇贮存大量滴定液的容器,使与黏附于瓶壁的液滴混合均匀,然后取略多于所需用量的滴定液于干燥洁净的具塞玻璃瓶中。取出后的滴定液不得倒回原贮存容器,以免污染。若滴定液出现浑浊或其他异常情况,该滴定液应立即弃去,不得再用。

(7) 当需要使用通则规定浓度以外的滴定液时,应于临用前将浓度高的滴定液进行稀释后使用,必要时可参考通则中相应滴定液的制备方法进行配制和标定。

(8) 在标定和使用滴定液时,滴定速度一般应保持在6~8ml/min。

(9) 除另有规定外,滴定液在10~30℃下,密封保存时间一般不超过6个月;碘滴定液、亚硝酸钠滴定液(0.1mol/L)密封保存时间为4个月;高氯酸滴定液、氢氧化钾-乙醇滴定液、硫酸铁(Ⅲ)铵滴定液密封保存时间为2个月。超过保存时间的滴定液进行复标定后可以继续使用。

滴定液在10~30℃下,开封使用过的滴定液保存时间一般不超过2个月(倾出溶液后立即盖紧);碘滴定液、氢氧化钾-乙醇滴定液一般不超过1个月;亚硝酸钠滴定液(0.1mol/L)一般不超过15天;高氯酸滴定液开封后当天使用。

第三节 滴定分析计算应用

在滴定分析中,无论发生哪种反应,反应物之间都存在确定的化学计量关系,即滴定分析定量计算的依据是物质的量比规则。

对于滴定反应 $$a\text{A} + b\text{B} = c\text{C} + d\text{D}$$

当反应到达化学计量点时,各物质的量之比等于化学反应方程式中计量系数之比,即:
$$n\text{A} : n\text{B} = a : b$$

对于溶液之间的反应，因为 $n=cV$，故上式可以转化为：

$$c_A V_A : c_B V_B = a : b \tag{5-7}$$

若被测物质为固体，称取试样的质量为 m_s，则被测组分 A 的质量分数为：

$$\omega_A = \frac{m_A}{m_s} \times 100\% = \frac{\frac{a}{b} c_B V_B M_A}{m_s} \times 100\% \tag{5-8}$$

在药物分析中，也可利用滴定度求算药品的含量：

$$\omega_A = \frac{m_A}{m_s} \times 100\% = \frac{V_B T_{A/B} F}{m_s} \times 100\% = \frac{V_B T_{A/B} \frac{c_{B实际}}{c_{B理论}}}{m_s} \times 100\% \tag{5-9}$$

一、溶液浓度的计算

任务 5-1　盐酸（0.1mol/L）滴定液的标定

1. 任务描述

精密称取基准无水碳酸钠，溶解后，用待标定的盐酸滴定液滴定，根据二者的化学计量关系、消耗盐酸滴定液的体积和碳酸钠的摩尔质量，可求得盐酸滴定液的物质的量浓度。

2. 测定过程

精密称定无水碳酸钠 0.4600g，溶解后稀释至 100ml，准确移取 25.00ml 于锥形瓶中，用待标盐酸滴定液滴定至终点，平行测定三次，消耗盐酸滴定液的体积分别为 20.42ml、20.41ml、20.40ml，求算盐酸滴定液的浓度。已知 $M(Na_2CO_3)=105.99$ g/mol。

3. 浓度计算

反应式为　　　　　　　　$2HCl + Na_2CO_3 =\!=\!= 2NaCl + H_2O + CO_2$

化学计量关系　　　　　　$n_{HCl} : n_{Na_2CO_3} = 2 : 1$

展开　　　　　　　　　　$c_{HCl} V_{HCl} : \dfrac{m_{Na_2CO_3}}{M_{Na_2CO_3}} = 2 : 1$

公式变形　　　　　　　　$c_{HCl} = \dfrac{2 m_{Na_2CO_3}}{M_{Na_2CO_3} V_{HCl}}$

代入数据，计算结果　　　$c_1 = \dfrac{2 \times \dfrac{25.00}{100.00} \times 0.4600}{105.99 \times 20.42 \times 10^{-3}} = 0.10627 \text{mol/L}$

同理得　　　　　　　　　$c_2 = 0.10632 \text{mol/L}$，$c_3 = 0.10637 \text{mol/L}$

三个浓度求平均值，得　　$c_{平} = 0.10632 \text{mol/L}$

4. 结果修约

滴定液浓度一般保留四位有效数字，故上述计算结果 0.10632mol/L 应最终修约为四位有效数字，即 0.10632mol/L→0.1063mol/L。

5. 结果判定

根据规定滴定液的浓度值应为其名义值的 0.95～1.05，即：

$$F=\frac{c_{实}}{c_{理}}=0.95～1.05 \tag{5-10}$$

代入数据 $\quad \dfrac{c_{实}}{0.1}=0.95～1.05$

求得 $\quad c=0.095～0.105\text{mol/L}$

显然 0.1063mol/L 不在上述浓度范围内，应加适量溶剂予以调整。

任务 5-2 食醋总酸度（≥35.0g/L）的测定

1. 任务描述

用已知准确浓度的氢氧化钠滴定液滴定食醋，测定食醋的总酸度。

2. 测定过程

精密量取食醋 10ml 于 100ml 量瓶中，加新煮沸并冷却的水稀释至刻度，摇匀。精密量取配好的溶液 25ml 于锥形瓶中，加入 25ml 新煮沸并冷却的水，滴加 2 滴酚酞，用氢氧化钠滴定液（0.1004mol/L）滴定至终点，平行测定两次，消耗氢氧化钠滴定液分别为 21.24ml、21.22ml。已知 $M(\text{HAc})=60.05\text{g/mol}$。

3. 浓度计算

反应式为 $\quad \text{HAc}+\text{NaOH}=\text{NaAc}+\text{H}_2\text{O}$

化学计量关系 $\quad n_{\text{HAc}}:n_{\text{NaOH}}=1:1$

展开 $\quad \dfrac{\rho_{\text{HAc}}V_{\text{HAc}}}{M_{\text{HAc}}}:c_{\text{NaOH}}V_{\text{NaOH}}=1:1$

公式变形 $\quad \rho_{\text{HAc}}=\dfrac{c_{\text{NaOH}}V_{\text{NaOH}}M_{\text{HAc}}}{V_{\text{HAc}}}$

代入数据，计算结果 $\rho_1=\dfrac{0.1004\times21.24\times60.05}{10.00\times\dfrac{25.00}{100.00}}=51.22\text{g/L}$

同理得 $\quad \rho_2=51.17\text{g/L}$

故 $\quad \rho_{平}=\dfrac{\rho_1+\rho_2}{2}=\dfrac{51.22+51.17}{2}=51.20\text{g/L}$

$$\overline{Rd}=\dfrac{|\rho_1-\rho_2|}{\rho_{平}}\times100\%=\dfrac{|51.22-51.17|}{51.20}\times100\%=0.10\%$$

4. 结果修约

根据"任务描述"中规定的食醋总酸度限度来确定计算结果的修约位数。本任务中规定总酸度≥35.0g/L，"35.0g/L"为三位有效数字，故上述计算结果 51.20g/L 应最终修约为三位有效数字，即 51.20g/L→51.2g/L。

5. 结果判定

由于相对偏差 0.10%＜0.30%（规定限度），测定结果 51.2g/L＞35.0g/L（规定限度），所以判该食醋总酸度"符合规定"。

二、物质含量的计算

（一）利用滴定液浓度与体积进行计算

任务 5-3 维生素 C 的含量测定（见本章开头"学习引导"）

1. 任务描述

取本品约 0.2g，精密称定，加新沸过的冷水 100ml 与稀醋酸 10ml 使溶解，加淀粉指示液 1ml，立即用碘滴定液（0.05mol/L）滴定至溶液显蓝色并在 30 秒钟内不褪。要求含 $C_6H_8O_6$ 不得少于 99.0%。

2. 测定过程

精密称定本品两份 $m_1=0.2080g$，$m_2=0.2065g$，按要求溶解，加入指示液后，立即用碘滴定液（0.05005mol/L）滴定至终点，消耗碘滴定液的体积分别为 $V_1=23.38ml$、$V_2=23.27ml$。已知 $M(Vc)=176.13g/mol$。

3. 含量计算

反应式为

$$C_6H_8O_6 + I_2 = C_6H_6O_6 + 2HI$$

化学计量关系

$$n_{Vc} : n_{I_2} = 1:1$$

展开

$$\frac{m_{Vc}}{M_{Vc}} = c_{I_2} V_{I_2}$$

公式变形

$$m_{Vc} = c_{I_2} V_{I_2} M_{Vc}$$

$$\omega = \frac{m_{Vc}}{m_s} \times 100\% = \frac{c_{I_2} V_{I_2} M_{Vc}}{m_s} \times 100\%$$

代入数据，计算结果

$$w_1 = \frac{0.05005 \times 0.02338 \times 176.13}{0.2080} \times 100\% = 99.09\%$$

$$w_2 = \frac{0.05005 \times 0.02327 \times 176.13}{0.2065} \times 100\% = 99.34\%$$

$$\omega_{平} = \frac{\omega_1 + \omega_2}{2} \times 100\% = \frac{99.09\% + 99.34\%}{2} \times 100\% = 99.22\%$$

$$\overline{Rd} = \frac{|\omega_1 - \omega_2|}{\omega_{平}} \times 100\% = \frac{|99.09\% - 99.34\%|}{99.22\%} \times 100\% = 0.25\%$$

4. 结果修约

根据"任务描述"中规定的含量限度来确定计算结果的修约位数。本任务中规定不得少于 99.0%，"99.0%"为三位有效数字，故上述计算结果 99.22% 应最终修约为三位有效数字，即 99.22%→99.2%。

5. 结果判定

由于相对偏差 0.25%＜0.30%（规定限度），测定结果 99.2%在规定限度 99.0%～101.0%内，所以判该维生素C含量"符合规定"。

（二）利用滴定度进行计算

任务 5-4　枸橼酸钙的含量测定

1. 任务描述

取本品约 0.2g，精密称定，加稀盐酸 2ml 与水 10ml 溶解后，用水稀释至 100ml，加氢氧化钠试液 15ml 与钙紫红素指示剂 0.1g，用乙二胺四醋酸二钠滴定液（0.05mol/L）滴定至蓝色。每 1ml 乙二胺四醋酸二钠滴定液（0.05mol/L）相当于 8.307mg 的 $C_{12}H_{10}Ca_3O_{14}$。按干燥品计算，含 $C_{12}H_{10}Ca_3O_{14}$ 不得少于 98.0%。

2. 测定过程

精密称定本品两份 $m_1=0.1991g$、$m_2=0.1985g$，按要求处理后，用乙二胺四醋酸二钠滴定液（0.05100mol/L）滴定至蓝色，消耗乙二胺四醋酸二钠滴定液分别为 23.25ml、23.18ml。

3. 含量计算

利用式(5-9)

$$\omega = \frac{V_B T_{A/B} F}{m_s} \times 100\% = \frac{V_B T_{A/B} \frac{c_{B实际}}{c_{B理论}}}{m_s} \times 100\%$$

代入数据，计算结果

$$\omega_1 = \frac{23.25 \times 8.307 \times 10^{-3} \times \frac{0.05100}{0.05}}{0.1991} \times 100\% = 98.94\%$$

同理得

$$\omega_2 = 98.95\%$$

$$\omega_平 = \frac{\omega_1 + \omega_2}{2} \times 100\% = \frac{98.94\% + 98.95\%}{2} \times 100\% = 98.94\%$$

$$\overline{Rd} = \frac{|\omega_1 - \omega_2|}{\omega_平} \times 100\% = \frac{|98.94\% - 98.95\%|}{98.94\%} \times 100\% = 0.01\%$$

4. 结果修约

根据"任务描述"中规定的含量限度来确定计算结果的修约位数。本任务中规定不得少于 98.0%，"98.0%"为三位有效数字，故上述计算结果 98.94%应最终修约为三位有效数字，即 98.94%→98.9%。

5. 结果判定

由于相对偏差 0.01%＜0.30%（规定限度），测定结果 98.9%在规定限度 98.0%～101.0%内，所以判该枸橼酸钙含量"符合规定"。

知识回顾

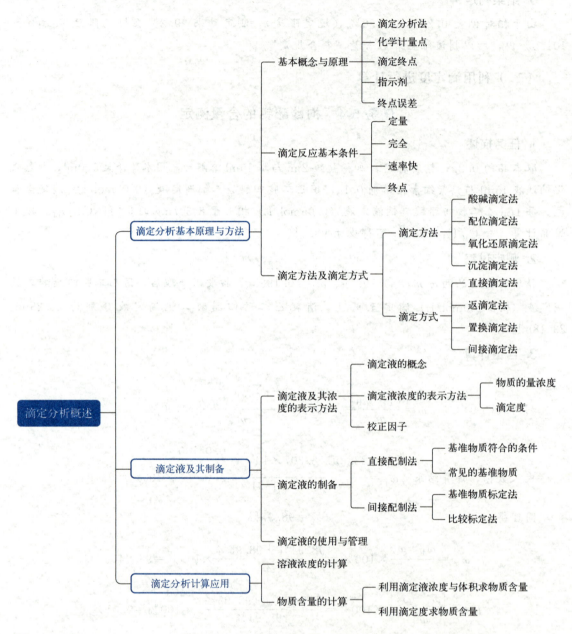

目标检测

一、选择题

（一）单选题

1. 滴定分析中一般利用指示剂颜色的突变来判断化学计量点，在指示剂颜色突变时停止滴定的点称为（　　）。

  A. 化学计量点　　　　B. 理论变色点　　　　C. 滴定终点　　　　D. 以上说法都可以

2. 下列物质能用直接法配制滴定液的是（　　）。
A. $K_2Cr_2O_7$　　　　B. $KMnO_4$　　　　C. NaOH　　　　D. HCl
3. 终点误差产生的原因是（　　）。
A. 滴定终点与化学计量点不符　　　　B. 终点颜色不好判断
C. 样品不够纯净　　　　D. 滴定管读数不准确
4. 配制 0.01667mol/L $K_2Cr_2O_7$ 溶液，最合适的量器是（　　）。
A. 容量瓶
B. 量筒
C. 刻度烧杯
D. 酸式滴定管
5. 基准物质 NaCl 在使用前应（　　）。
A. 在 105℃ 干燥至恒重　　　　B. 在 270～300℃ 干燥至恒重
C. 在 110℃ 干燥至恒重　　　　D. 在 120℃ 干燥至恒重
6. 用氢氧化钠滴定液滴定食醋求其含量时，此滴定方式属于（　　）。
A. 直接滴定方式　　　　B. 返滴定方式
C. 置换滴定方式　　　　D. 间接滴定方式
7. 滴定度表示的意义是（　　）。
A. 1ml 滴定液相当于被测物质的质量　　　　B. 1ml 滴定液相当于被测物质的体积
C. 1L 滴定液相当于被测物质的质量　　　　D. 1L 滴定液所含溶质的质量
8. 用间接法配制溶液，确定其准确浓度的操作过程称为（　　）。
A. 测定　　　　B. 定容　　　　C. 标定　　　　D. 滴定
9. 用直接法配制滴定液，一定选用的量器是（　　）。
A. 烧杯　　　　B. 量筒　　　　C. 锥形瓶　　　　D. 容量瓶
10. 精密量取 25ml 溶液，选用（　　）。
A. 量筒　　　　B. 量杯　　　　C. 小烧杯　　　　D. 移液管
11. 滴定分析用于含量测定的结果计算依据是（　　）。
A. 化学计量点　　　　B. 化学计量系数
C. 指示剂变色点　　　　D. 终点误差
12. 用何种方法配制盐酸滴定液？（　　）
A. 多次称量配制法　　　　B. 容量瓶配制法
C. 直接配制法　　　　D. 间接配制法
13. 在滴定分析中已知准确浓度的溶液称为（　　）。
A. 分析纯试剂　　　　B. 标定溶液　　　　C. 滴定液　　　　D. 基准物质
14. 物质的量浓度单位为（　　）。
A. mol/L　　　　B. M/L　　　　C. g/L　　　　D. g/ml
15. 用于准确移取一定体积溶液的量器是（　　）。
A. 移液管　　　　B. 滴定管　　　　C. 容量瓶　　　　D. 锥形瓶

（二）多选题
1. 能用于滴定分析的化学反应，必须满足（　　）。
A. 滴定反应要瞬间完成　　　　B. 滴定反应要完全反应
C. 按照化学计量关系定量进行　　　　D. 有适宜的方法确定滴定终点
E. 可以通过加热或加入催化剂提高反应速率

2. 滴定分析法根据化学反应类型的不同，可分为（　　）。
  A. 酸碱滴定法　　　　　　B. 沉淀滴定法　　　　　　C. 配位滴定法
  D. 氧化还原滴定法　　　　E. 直接滴定法

3. 配制 0.01667mol/L $K_2Cr_2O_7$ 滴定液，一定能用到的仪器是（　　）。
  A. 容量瓶　　　　　　　　B. 电子天平　　　　　　　C. 试剂瓶
  D. 酸式滴定管　　　　　　E. 台秤

4. 滴定液的标定方法有（　　）。
  A. 直接配制法　　　　　　B. 间接配制法　　　　　　C. 基准物质标定法
  D. 比较标定法　　　　　　E. 中和法

5. 基准物质应符合的条件有（　　）。
  A. 纯度高，纯度要求一般在 99.9% 以上
  B. 性质稳定，加热干燥时不分解
  C. 组成与化学式要完全相符，若含有结晶水，其含量也应与化学式相符
  D. 具有较大的摩尔质量，以减少称量误差
  E. 称量时不易吸收空气中的水分、二氧化碳，不与空气中的氧气反应等

二、判断题

（　　）1. 氢氧化钠滴定液可以用基准物质直接配制。
（　　）2. 标定盐酸滴定液的基准物质有无水碳酸钠和邻苯二甲酸氢钾。
（　　）3. 根据滴定分析时化学反应类型的不同，滴定分析方法可分为酸碱滴定法、配位滴定法、氧化还原滴定法和沉淀滴定法。
（　　）4. 当滴定液出现浑浊或沉淀时，该滴定液应弃去，不可再用。
（　　）5. 实验结束后，多余的滴定液可以倒回原试剂瓶，以免浪费。
（　　）6. 滴定液试剂瓶外必须贴有标签，标签上要写明滴定液名称和浓度等信息。
（　　）7. 间接法配制的滴定液必须用基准物质标定，不可用已知准确浓度的滴定液标定。
（　　）8. 滴定液是指滴定分析中用于滴定被测物质含量的标准溶液。
（　　）9. 滴定液具有准确的浓度，要保留 4 位有效数字。
（　　）10. 滴定液的标定工作应由配制者和复标者在相同条件下各做平行实验 3 次。
（　　）11. 在滴定分析中指示剂颜色发生突变的点称为化学计量点。
（　　）12. 终点误差属于系统误差。
（　　）13. 终点误差是化学计量点与滴定终点不一致造成的。
（　　）14. 基准物质不用处理，可以直接配制成滴定液。
（　　）15. 所有的化学反应都可用于滴定分析。
（　　）16. 滴定液的实际配制浓度与规定浓度的比值称为校正因子。
（　　）17. 基准物质邻苯二甲酸氢钾可用直接配制法配成溶液。
（　　）18. 标定中，滴定液宜从滴定管的起始刻度开始。
（　　）19. 配制成的滴定液必须澄清，必要时可过滤。
（　　）20. 校正因子 F 的取值范围为 0.95～1.05。

三、计算题

1. 滴定 25.00ml 氢氧化钠溶液，消耗 0.1000mol/L 硫酸滴定液 24.20ml，求该氢氧化钠溶液的物质的量浓度。

2. 称取 $CaCO_3$ 试样 0.2500g，溶解于 25.00ml 0.2006mol/L HCl 滴定液中，过量的 HCl 用 15.50ml 0.2050mol/L NaOH 滴定液进行返滴定，求此试样中 $CaCO_3$ 的质量分数。已知 $CaCO_3$ 的摩尔质量为 100.09g/mol。

3. 精密称定甲硝唑 0.1312g，加冰醋酸 10ml 溶解后，加萘酚苯甲醇指示液 2 滴，用高氯酸滴定液（0.1020mol/L）滴定至溶液显绿色，消耗高氯酸滴定液 7.50ml，求甲硝唑的百分含量。每 1ml 高氯酸滴定液（0.1mol/L）相当于 17.12mg 的 $C_6H_9N_3O_3$。

第六章 酸碱滴定分析

学习引导

布洛芬片为解热镇痛药，其主要有效成分为布洛芬，化学名称为 α-甲基-4-（2-甲基丙基）苯乙酸，分子式为 $C_{13}H_{18}O_2$，摩尔质量为 206.28g/mol。

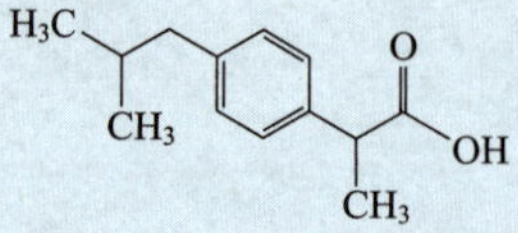

《中国药典》（2020 年版）规定，布洛芬按干燥品计算，含 $C_{13}H_{18}O_2$ 不得少于 98.5%，测定方法为：取本品约 0.5g，精密称定，加中性乙醇（对酚酞指示液显中性）50ml 溶解后，加酚酞指示液 3 滴，用氢氧化钠滴定液（0.1mol/L）滴定。每 1ml 氢氧化钠滴定液（0.1mol/L）相当于 20.63mg 的 $C_{13}H_{18}O_2$。

请思考：布洛芬的含量测定用的是什么方法？为什么可以用氢氧化钠滴定液进行滴定？测定含量的原理是什么？为什么要用中性乙醇进行溶解？对酚酞指示液显中性的乙醇是什么意思？是否所有显酸性的药物都可以用氢氧化钠滴定液进行滴定？

学习目标

1. **知识目标**

掌握质子理论中酸、碱、共轭酸碱、中性物质、pK_a、pK_b、pK_w 等的基本概念和术语，常用酸碱指示剂的选择原则、酸碱滴定的条件、酸碱滴定液的配制与标定、酸碱滴定法测含量的原理及相关计算；熟悉弱酸、弱碱的解离平衡及弱电解质酸碱性强弱的判断依据，酸碱滴定曲线的作用及指示剂的选择依据；熟悉非水酸碱滴定法的原理及应用；了解缓冲溶液的组成及作用。

2. **能力目标**

学会配制和标定酸碱滴定液，能规范进行酸碱滴定操作并计算测定结果，分析滴定操作偏差，判断滴定分析结果。培养学生的实验操作能力、观察能力、思维能力与合作能力。

3. **素质目标**

通过理论联系实际激发学生的学习兴趣，从单一知识、技能转向综合素质，从感性认识上升到理性认识，从而培养学生创新、团结协作的精神以及实事求是、严谨认真的科学素养。

案例 6-1

请判断以下试剂哪些是酸、哪些是碱？为什么？

盐酸、氢氧化钠、醋酸、氨水、氯化铵、醋酸钠。

解析6-1

人们对酸碱的认识经历了由浅到深、由感性到理性的过程，并提出了各种不同的酸碱理论，其中较为重要并得到普遍应用的是酸碱解离理论和酸碱质子理论。

酸碱解离理论是瑞典化学家阿仑尼乌斯首先提出的，酸碱解离理论认为：在水中解离时所生成的阳离子全部都是 H^+ 的物质叫作酸；解离时所生成的阴离子全部都是 OH^- 的物质叫作碱；酸碱反应的实质是 H^+ 与 OH^- 反应生成 H_2O。

酸碱解离理论从物质的化学组成上揭示了酸碱的本质，对化学科学的发展起到了积极作用。但这一理论是有局限性的：其一，解离理论中的酸、碱两类物质包括的范围小，例如不能解释 NaAc 溶液呈碱性、NH_4Cl 溶液呈酸性的事实；其二，该理论把酸和碱限制在以水为溶剂的体系，对非水体系及无溶剂体系不适用。

1923 年丹麦化学家布朗斯特和英国化学家劳瑞提出了酸碱质子理论，很好地解决了酸碱解离理论的局限性问题。

第一节　酸碱质子理论

一、酸碱的概念

酸碱质子理论认为：凡是能给出质子（H^+）的物质为酸；凡是能接受质子的物质为碱。酸、碱的关系如下式：

$$HA \rightleftharpoons A^- + H^+$$
$$\text{酸} \qquad \text{碱}$$

HA 可以给出质子，为酸。A^- 只能接受质子，为碱。当酸 HA 给出质子后变为碱 A^-，而碱 A^- 接受质子后成为酸 HA。酸 HA 与碱 A^- 处于一种相互依存又相互转化的特殊关系，这种关系称为共轭关系，如：

$$HCl \longrightarrow H^+ + Cl^- \quad \text{式中 HCl 为酸，} Cl^- \text{ 为碱}$$
$$NH_4^+ \rightleftharpoons H^+ + NH_3 \quad \text{式中 } NH_4^+ \text{ 为酸，} NH_3 \text{ 为碱}$$
$$H_2CO_3 \rightleftharpoons H^+ + HCO_3^- \quad \text{式中 } H_2CO_3 \text{ 为酸，} HCO_3^- \text{ 为碱}$$
$$HCO_3^- \rightleftharpoons H^+ + CO_3^{2-} \quad \text{式中 } HCO_3^- \text{ 为酸，} CO_3^{2-} \text{ 为碱}$$

在上述关系式中，我们把这种化学组成上仅相差一个质子，通过得失质子可以互相转化的一对酸碱，称为共轭酸碱对。

越易给出质子的化合物酸性越强，越易接受质子的化合物碱性越强。如 $HClO_4$ 解离反

应方程式为 $HClO_4 \longrightarrow H^+ + ClO_4^-$，在水中完全解离；HAc 解离反应方程式为 $HAc \rightleftharpoons H^+ + Ac^-$，在水中仅能部分解离。通过 $HClO_4$ 和 HAc 比较，$HClO_4$ 给出质子的能力比 HAc 给出质子的能力强，故 $HClO_4$ 的酸性比 HAc 的酸性强。

酸碱既可以是中性分子，也可以是阴离子或阳离子。酸碱是相对的。特别需要注意的是，有些物质既能给出质子，又能接受质子，这类物质属于两性物质，如 $NaHCO_3$ 中的 HCO_3^- 在 H_2CO_3-HCO_3^- 共轭体系中为碱，而在 HCO_3^--CO_3^{2-} 共轭体系中为酸。同一物质在某些条件下是酸，而在另一条件下是碱，其原因是共存物质彼此间给出质子能力相对强弱不同。因此同一物质在不同的介质或溶剂中，常会引起其酸碱性的改变。

例题 6-1 试判断 $H_2C_2O_4$、$HC_2O_4^-$ 和 $C_2O_4^{2-}$ 哪个是酸？哪个是碱？哪个是两性物质？为什么？试写出它们的共轭酸或碱。

解析：$H_2C_2O_4$ 是酸，它可以给出质子；$C_2O_4^{2-}$ 是碱，它可以接受质子。$HC_2O_4^-$ 是两性物质，它既能给出质子也能接受质子，以上三种物质可以组成两对共轭酸碱对。

1. $H_2C_2O_4$-$HC_2O_4^-$ 是一对共轭酸碱对。$H_2C_2O_4$ 是共轭酸，给出质子；$HC_2O_4^-$ 是共轭碱，接受质子。

2. $HC_2O_4^-$ 和 $C_2O_4^{2-}$ 是一对共轭酸碱对。$HC_2O_4^-$ 是共轭酸，给出质子；$C_2O_4^{2-}$ 是共轭碱，接受质子。

练一练：

1. 请判断 H_3PO_4、$H_2PO_4^-$、HPO_4^{2-} 和 PO_4^{3-} 哪个是酸？哪个是碱？哪个是两性物质？

2. 写出 NH_4^+ 的共轭碱，写出 CH_3COO^- 的共轭酸。

二、酸碱反应

1. 酸碱反应的实质

酸碱质子理论认为，酸碱反应的实质是质子的转移，而质子的转移是通过溶剂合质子来实现的，游离的质子在溶液中不能单独存在，总是与溶剂结合以溶剂合质子的形式存在。溶剂在中和反应中起到了传递质子的作用。

例如：醋酸与氨在水中的反应。

首先是醋酸与水形成水合质子，其反应表示为：

$$HAc + H_2O \rightleftharpoons Ac^- + H_3O^+$$

水合质子再把质子转移给氨：

$$H_3O^+ + NH_3 \rightleftharpoons NH_4^+ + H_2O$$

反应总式为：

$$HAc + NH_3 \rightleftharpoons NH_4^+ + Ac^-$$
$$\text{酸}_1 \quad \text{碱}_2 \quad \text{酸}_2 \quad \text{碱}_1$$
共轭
共轭

可见酸碱反应是两个共轭酸碱对的相互作用，酸 1 失去质子后，变成相对应的共轭碱-碱 1；碱 2 得到质子后，变成相对应的共轭酸-酸 2。酸碱质子理论认为，酸碱中和反应的产物不是盐和水，而是另一种新碱和新酸，它们与原来的酸和碱是一种共轭的关系。值得注意的是，在酸碱质子理论中酸碱反应没有盐的概念。

按照质子转移的观点，解离理论中的解离作用、中和反应等都可以看作是质子转移的酸碱反应。溶剂以水为例，如：

弱酸的解离：

$$H_2CO_3 + H_2O \rightleftharpoons HCO_3^- + H_3O^+$$

弱碱的解离：

$$H_3O^+ + NH_3 \rightleftharpoons NH_4^+ + H_2O$$

中和反应：

$$HCl + NH_3 \rightleftharpoons NH_4^+ + Cl^-$$

2. 质子转移的方向

酸碱反应时，总是较强的酸将质子转移给较强的碱，生成较弱的共轭碱和较弱的共轭酸。

$$\underset{\text{强酸}}{HA} + \underset{\text{强碱}}{B} \rightleftharpoons \underset{\text{弱碱}}{A^-} + \underset{\text{弱酸}}{BH^+}$$

3. 酸碱反应进行的程度

酸碱反应进行的程度取决于酸和碱的强弱，酸和碱的强度越大，反应进行得越完全。

酸碱质子理论中，酸（或碱）的强弱主要表现为酸（或碱）在溶剂中给出（或接受）质子能力的大小，这除了与其本身性质有关外，也与溶剂的性质密切相关。

同一种物质在不同的溶剂中，由于溶剂接受或给出质子的能力不同而显示不同的酸碱性。例如 HAc 在水和液氨两种不同的溶剂中，由于氨比水接受质子的能力更强，能够接受 HAc 给出的全部质子，所以，HAc 在液氨中呈强酸性，而在水中却呈弱酸性。

第二节　溶液的酸碱性

对于以水为溶剂的溶液，溶液的酸碱性取决于酸（或碱）在溶剂中的解离程度，即给出（或接受）质子能力的大小。在水中，除强酸（或碱）能完全解离外，大多数酸（或碱）仅能部分解离，解离反应不能进行完全，这类反应是可逆反应。比如盐酸的解离方程式为 $HCl \longrightarrow H^+ + Cl^-$；氨水的解离方程式为 $NH_3 \cdot H_2O \rightleftharpoons NH_4^+ + OH^-$。

一、可逆反应与平衡常数

（一）可逆反应

1. 可逆反应概念

在同一条件下，既能向正反应方向进行，同时又能向逆反应方向进行的反应，叫作可逆反应。通常将从左向右的反应称为正反应，从右向左的反应称为逆反应。比如，弱酸（碱）的解离、盐类的水解、酸碱中和反应等都是可逆反应。

2. 可逆反应的特点

（1）反应不能进行到底。可逆反应无论进行多长时间，反应物都不可能100%地全部转化为生成物。

（2）可逆反应是在同一条件下、能同时向两个相反方向进行的双向反应。

（3）书写可逆反应的化学方程式时，应用双箭头表示"$\rightleftharpoons$"，箭头两边的物质互为反应物、生成物。

（二）化学平衡与平衡常数

1. 化学平衡

对于一个可逆反应，当正反应速率与逆反应速率相等，即 $V_{正}=V_{逆}$ 时，这种状态称为平衡状态。达到平衡状态应具备以下几个特点：

（1）逆　只有可逆反应才能达到动态平衡状态。

（2）动　达到平衡时，并不意味着反应停止或反应速率为0，反应依旧在不断地进行，只是体系处于一种动态平衡的状态。

（3）等　达到平衡时，正逆反应速率相等。

（4）定　达到平衡时，各物质的百分含量、物质的浓度、物质的量和质量均保持不变。

（5）变　平衡会随着外界条件的改变而发生移动，当外界条件改变时，旧的平衡会被破坏，新的平衡会重新建立，使反应再次达到动态平衡状态。

2. 平衡常数

（1）平衡常数概念　在一定温度下，可逆反应达到平衡时，各生成物浓度幂的乘积与反应物浓度幂的乘积之比为一常数，称为该反应的化学平衡常数，简称平衡常数，用 K 表示。

（2）平衡常数表达式　在一定温度下，任何一个可逆反应：

$$a\text{A}+b\text{B} \rightleftharpoons c\text{C}+d\text{D}$$

平衡常数表达式为：
$$K=\frac{[\text{C}]^c [\text{D}]^d}{[\text{A}]^a [\text{B}]^b} \tag{6-1}$$

式中　[C]——生成物C的物质的量浓度，mol/L；

　　　[D]——生成物D的物质的量浓度，mol/L；

　　　[A]——反应物A的物质的量浓度，mol/L；

　　　[B]——反应物B的物质的量浓度，mol/L；

　　　c——生成物C反应方程式前的系数；

d——生成物 D 反应方程式前的系数；
a——反应物 A 反应方程式前的系数；
b——反应物 B 反应方程式前的系数。

书写化学平衡常数表达式要注意以下几点：

① 化学平衡常数表达式中，通常不包括反应体系中的固体、纯液体以及参加反应的稀溶液中的水。如：

$$CaCO_3(s) \rightleftharpoons CaO(s) + CO_2(g)$$
$$K = [CO_2]$$

② 化学平衡常数表达式与化学反应方程式的写法有关。如：

$$N_2 + 3H_2 \rightleftharpoons 2NH_3 \quad K_1 = \frac{[NH_3]^2}{[N_2][H_2]^3}$$

$$2NH_3 \rightleftharpoons N_2 + 3H_2 \quad K_2 = \frac{[N_2][H_2]^3}{[NH_3]^2}$$

$$\frac{1}{2}N_2 + \frac{3}{2}H_2 \rightleftharpoons NH_3 \quad K_3 = \frac{[NH_3]}{[N_2]^{\frac{1}{2}}[H_2]^{\frac{3}{2}}}$$

$$K_1 = \frac{1}{K_2} = K_3^2$$

化学平衡常数是可逆反应的特征常数，在一定条件下，它可表示可逆反应进行的程度。K 值越大，表明在一定条件下反应物转化为生成物的程度越大；K 值越小，表明在一定条件下反应物转化为生成物的程度越小。所以，从 K 值的大小，可以推断正反应在一定条件下进行的程度。

（3）影响平衡常数大小的因素　对于一个特定的化学反应来说，其平衡常数 K 的大小与温度有关，而与浓度无关，在一定温度下 K 是一个特征常数。

例题 6-2 写出醋酸的解离平衡常数表达式。

$$CH_3COOH \rightleftharpoons H^+ + CH_3COO^-$$

解离常数表达式为：

$$K = \frac{[H^+][CH_3COO^-]}{[CH_3COOH]}$$

练一练：
请根据氨水的解离平衡写出其解离常数表达式。

$$NH_3 \cdot H_2O \rightleftharpoons NH_4^+ + OH^-$$

二、水的质子自递平衡及溶液酸碱性

1. 水的质子自递平衡

水是良好的溶剂，应用广泛，它既可以给出质子，又可以接受质子，是两性物质。在水分子之间也可以发生质子的转移反应，即一个水分子作为碱接受另一个水分子的质子，生成自身的共轭酸（H_3O^+）和共轭碱（OH^-）：

$$H_2O + H_2O \rightleftharpoons H_3O^+ + OH^-$$

酸1　　碱2　　酸2　　碱1

这种只发生在溶剂分子之间的质子转移反应，称为溶剂的质子自递反应。反应的平衡常数称为溶剂的质子自递常数，水的质子自递常数又称为水的离子积，用 K_w 表示，即：

$$K_w = [H_3O^+][OH^-] = 1.0 \times 10^{-14} (25℃) \tag{6-2}$$

$$pK_w = -\lg K_w = 14.00$$

根据实验测定，298.15K 时，1L 纯水仅有 10^{-7} mol 水分子解离，$[H^+]$ 和 $[OH^-]$ 相等，都是 1×10^{-7} mol/L，所以 $K_w = 1.0 \times 10^{-14}$。在一定温度下，水中的 H^+ 和 OH^- 浓度的乘积是个常数。

例题 6-3 298.15K 时，某物质的水溶液中，$[H^+]$ 为 1.0×10^{-6} mol/L，则此时溶液中的 $[OH^-]$ 等于多少？

解析： 根据 $K_w = [H^+][OH^-]$ 可推导出 $[OH^-]$ 变形公式为：

$$[OH^-] = \frac{K_w}{[H^+]}$$

$$= \frac{1.0 \times 10^{-14}}{1.0 \times 10^{-6}} = 1.0 \times 10^{-8} (mol/L) \tag{6-3}$$

计算出溶液中的 $[OH^-]$ 等于 1.0×10^{-8} mol/L。

> **练一练：**
>
> 试计算 298.15K 时某碱性溶液中的 $[OH^-]$ 为 1.0×10^{-5} mol/L 时，溶液中的 $[H^+]$ 是多少？

水的质子自递常数 K_w 的大小与浓度、压力无关，而与温度有关。不同温度下水的离子积常数不同（见表 6-1）。室温下，常采用 $K_w = 1.0 \times 10^{-14}$ 进行有关计算。

表 6-1　不同温度下水的离子积常数

序号	温度	水离子积常数 K_w
1	0℃	0.11×10^{-14}
2	5℃	0.17×10^{-14}
3	10℃	0.30×10^{-14}
4	15℃	0.46×10^{-14}
5	20℃	0.69×10^{-14}
6	25℃	1.00×10^{-14}
7	30℃	1.48×10^{-14}
8	35℃	2.09×10^{-14}
9	40℃	2.95×10^{-14}
10	50℃	5.50×10^{-14}
11	60℃	9.55×10^{-14}
12	70℃	15.8×10^{-14}

续表

序号	温度	水离子积常数 K_w
13	80℃	25.1×10^{-14}
14	90℃	38.0×10^{-14}
15	100℃	100×10^{-14}

需要指出的是，水的离子积不仅适用于纯水，也适合于所有的水溶液。

2. 溶液酸碱性

溶液 $pH=-lg[H^+]$；$pOH=-lg[OH^-]$；溶液的酸碱性取决于 $[H^+]$ 和 $[OH^-]$ 的相对大小。

中性溶液：$[H^+]=[OH^-]=1.0\times10^{-7}$ mol/L　$pH=7$

酸性溶液：$[H^+]>1.0\times10^{-7}$ mol/L$>[OH^-]$　$pH<7$

碱性溶液：$[H^+]<1.0\times10^{-7}$ mol/L$<[OH^-]$　$pH>7$

三、弱酸（碱）的解离平衡

弱酸在水溶液中的解离是指弱酸将质子转移给水变成其共轭碱，弱碱在水中的解离是指弱碱接受水给出的质子变成其共轭酸。弱酸（碱）在水中的解离是不完全解离，能够达到动态平衡，其解离常数可以反映弱酸（碱）解离程度的相对大小。通常用 K_a 表示弱酸的解离常数，用 K_b 表示弱碱解离常数。解离常数大，表示该弱酸（碱）比较容易解离；解离常数小，表示该弱酸（碱）难解离。

（一）一元弱酸（碱）的解离平衡

1. 一元弱酸的解离平衡

分子中含有一个可解离的 H^+（能给出一个质子）的弱酸为一元弱酸。一元弱酸在水溶液中是部分解离，以醋酸为例，其解离方程及平衡常数表达式为：

$$CH_3COOH+H_2O \rightleftharpoons H_3O^++CH_3COO^- \quad K_a=1.75\times10^{-5}$$

$$K_a=\frac{[H^+][CH_3COO^-]}{[CH_3COOH]}$$

$$pK_a=-lgK_a$$

在水溶液中，一元弱酸的酸性强弱取决于酸将质子给予水分子的能力，通常用其在水中的解离常数（K_a）大小来衡量。通过比较 K_a 值（见表 6-2）的大小，很容易得出酸的强弱顺序。通常在相同温度条件下，一元弱酸的解离常数 K_a 值越大（或者 pK_a 值越小），说明酸给出质子的能力越强，其溶液的酸性越强。

表 6-2　常见弱酸的解离常数

名称	温度	解离常数 K_a	pK_a
高碘酸 HIO_4	25℃	2.3×10^{-2}	1.64
亚硝酸 HNO_2	12.5℃	4.6×10^{-4}	3.37
氢氟酸 HF	25℃	3.53×10^{-4}	3.45

续表

名称	温度	解离常数 K_a	pK_a
甲酸 HCOOH	20℃	1.77×10^{-4}	3.75
苯甲酸 C_6H_5COOH	25℃	6.46×10^{-5}	4.19
醋酸 CH_3COOH	25℃	1.76×10^{-5}	4.75
次氯酸 HClO	18℃	2.95×10^{-8}	7.53
次溴酸 HBrO	25℃	2.06×10^{-9}	8.69

练一练：

请比较下列几种弱酸的酸性强弱，用"<"或">"表示。

(1) HF _____ HNO_2　　(2) C_6H_5COOH _____ CH_3COOH

2. 一元弱碱的解离平衡

能够接受一个质子（H^+）的弱碱为一元弱碱。一元弱碱在水溶液中也是部分解离，一元弱碱的碱性强弱取决于弱碱从水分子中夺取质子的能力，通常用其在水中的解离常数（K_b）大小来衡量。以氨水为例，其解离方程及平衡常数表达式为：

$$NH_3 \cdot H_2O \rightleftharpoons NH_4^+ + OH^- \quad K_b = 1.76 \times 10^{-5}$$

$$K_b = \frac{[OH^-][NH_4^+]}{[NH_3 \cdot H_2O]}$$

$$pK_b = -\lg K_b$$

通常在相同温度条件下，一元弱碱的解离常数 K_b 值越大（或者 pK_b 值越小），说明碱接受质子的能力越强，其溶液的碱性越强。

（二）多元弱酸的解离平衡

分子中含有两个或两个以上的可解离的 H^+ 的弱酸都是多元弱酸，多元弱酸在水溶液中的解离是分步进行的，每一步解离出一个 H^+，并且都有相对应的解离平衡及解离常数。

比如磷酸（H_3PO_4）是三元弱酸，分三步解离。

第一步解离：　　$H_3PO_4 \rightleftharpoons H^+ + H_2PO_4^- \quad K_{a1} = 7.5 \times 10^{-3}$

第二步解离：　　$H_2PO_4^- \rightleftharpoons H^+ + HPO_4^{2-} \quad K_{a2} = 6.3 \times 10^{-8}$

第三步解离：　　$HPO_4^{2-} \rightleftharpoons H^+ + PO_4^{3-} \quad K_{a3} = 4.4 \times 10^{-13}$

由于 H_3PO_4 溶液中存在 H_3PO_4、$H_2PO_4^-$、HPO_4^{2-} 和 PO_4^{3-}，所以 H_3PO_4 溶液相当于是一个集 H_3PO_4、$H_2PO_4^-$、HPO_4^{2-} 三个不同强度一元酸的混合溶液。

大多数多元弱酸的解离常数间一般是相差 $10^4 \sim 10^5$。这是由于第二步解离需从带有一个负电荷的离子中再解离出一个 H^+，这当然比从中性分子解离出一个 H^+ 困难得多；此外，第一步解离出的 H^+ 将抑制第二步的解离。同理第三步比第二步更困难。因此，从数量上看，由第二、第三步解离出的 H^+ 与第一步解离的 H^+ 相比是微不足道的，故在计算多元弱酸溶液中 H^+ 浓度时，一般只需要考虑第一步解离，可当作一元弱酸来处理。因此对于大多数多元弱酸的相对强弱比较时，一般比较其一级解离常数即可。

（三）共轭酸碱对解离平衡常数间的关系

对于共轭酸碱 HA 和 A^-，溶液中解离平衡常数的关系为：

$$K_{a(HS)}^{HA} K_{b(HS)}^{A^-} = \frac{[A^-][H_2S^+]}{[HA][HS]} \times \frac{[HA][S^-]}{[A^-][HS]} = K_s \tag{6-4}$$

即在溶液中共轭酸碱的解离平衡常数的积等于溶剂的质子自递常数（K_s）。对于共轭酸碱对，知道了酸在溶液中的解离平衡常数，依据两者的关系，即可得知其共轭碱在溶液中的解离平衡常数。酸 K_a 值越大，pK_a 越小，酸性越强，其共轭碱的 K_b 值就越小，pK_b 越大，碱性越弱；反之亦然。

水溶液中共轭酸碱对 K_a 和 K_b 之间有确定的关系，以 HAc 为例：

$$HAc + H_2O \rightleftharpoons H_3O^+ + Ac^- \qquad K_a = \frac{[H^+][Ac^-]}{[HAc]}$$

$$Ac^- + H_2O \rightleftharpoons HAc + OH^- \qquad K_b = \frac{[HAc][OH^-]}{[Ac^-]}$$

$$K_a K_b = \frac{[H^+][Ac^-]}{[HAc]} \cdot \frac{[HAc][OH^-]}{[Ac^-]} = [H^+][OH^-]$$

所以
$$K_a K_b = K_w \tag{6-5}$$

即
$$pK_a + pK_b = 14.00 (25℃)$$

通过式(6-5)可以推导出共轭酸碱对 K_a 和 K_b 之间的关系成反比。酸（碱）的解离常数越大，其酸（碱）性越强。即酸越强（K_a 值越大，pK_a 越小），其共轭碱越弱（K_b 值越小，pK_b 越大）。如 HAc 是弱酸，它的共轭碱 Ac^- 在水溶液中显示出强碱性。

在化学手册中能查到弱酸或弱碱的 K_a 和 K_b 值，根据式(6-5)，即可求出其共轭离子酸和共轭离子碱的 K_a 和 K_b。如25℃时，已知 $NH_3 \cdot H_2O$ 的 $K_b = 1.76 \times 10^{-5}$，则其共轭酸 NH_4^+ 的解离常数为：

$$K_{a,NH_4^+} = \frac{K_w}{K_b} = \frac{1 \times 10^{-14}}{1.76 \times 10^{-5}} = 5.68 \times 10^{-10}$$

由计算结果可见，氨水的 K_b 值较大，计算出的 K_a 值就较小。因此可以得出结论：物质的碱性越强（K_b 越大），其共轭酸的酸性就越弱（K_a 越小）。

例题6-4 查得 NH_4^+ 的 pK_a 为9.24，求 NH_3 的 pK_b 值。

解析：NH_4^+-NH_3 为共轭酸碱对，故

$$pK_b = 14.00 - pK_a = 14.00 - 9.24 = 4.76$$

练一练：

已知 HAc 溶液的 $K_a = 1.8 \times 10^{-5}$，试求 NaAc 溶液的 K_b 值。

例题6-5 计算 HS^- 的 pK_b 值。

解析：
$$HS^- + H_2O \rightleftharpoons H_2S + OH^-$$

HS^- 为两性物质，其共轭酸是 H_2S。因此 HS^- 的 K_b 可由 H_2S 的 K_a 求得。
查得 H_2S 的 $pK_{a1} = 7.02$，故

$$pK_{b2}=14.00-pK_{a1}=14.00-7.02=6.98$$

例题 6-6 计算 H_3PO_4 的 K_{b3} 值。

解析：三元酸 H_3PO_4 在水溶液是分三级解离的，存在三个共轭酸碱对。

$$H_3PO_4 \xrightleftharpoons[+H^+, K_{b3}]{-H^+, K_{a1}} H_2PO_4^- \xrightleftharpoons[+H^+, K_{b2}]{-H^+, K_{a2}} HPO_4^{2-} \xrightleftharpoons[+H^+, K_{b1}]{-H^+, K_{a3}} PO_4^{3-}$$

它们的 K_a 和 K_b 有如下关系：

$$K_{a1}K_{b3}=K_{a2}K_{b2}=K_{a3}K_{b1}=K_w \tag{6-6}$$

多元酸中最强的共轭酸的解离常数（K_{a1}）对应着最弱的共轭碱的解离常数（K_{b3}）。共轭酸碱对的 K_a 和 K_b 只要知道其中一个就可以导出另一个。

查得 H_3PO_4 的 $K_{a1}=7.5\times10^{-3}$。因此将 K_{a1} 数值代入式(6-6)可以推导出：

$$K_{b3}=\frac{K_w}{K_{a1}}=\frac{1\times10^{-14}}{7.5\times10^{-3}}=1.33\times10^{-12}$$

练一练：

二元酸 H_2CO_3 在水溶液中分两级解离，存在两个共轭酸碱对。即

$$H_2CO_3 \xrightleftharpoons[+H^+, K_{b2}]{-H^+, K_{a1}} HCO_3^- \xrightleftharpoons[+H^+, K_{b1}]{-H^+, K_{a2}} CO_3^{2-}$$

按式(6-6)可以推得：

$$K_{a1}K_{b2}=K_{a2}K_{b1}=K_w \tag{6-7}$$

请同学们试求一下 H_2CO_3 溶液的 pK_{b2} 值？（已知 $K_{a1}=4.3\times10^{-7}$，$K_{a2}=5.61\times10^{-11}$）

（四）弱酸（碱）解离平衡常数与酸碱性强弱的关系

1. 酸在溶液中的强度

酸在溶液中的解离反应是酸和溶剂之间发生的酸碱反应，反应式为：

$$HA+HS \rightleftharpoons A^-+H_2S^+$$

$$K_{a(HS)}^{HA}=\frac{[A^-][H_2S^+]}{[HA][HS]}=K_{a(固)}^{HA} K_{b(固)}^{HS}$$

因此，酸在溶液中的强度取决于酸自身的强度和溶剂的碱性强度，酸在溶液中的强度可用酸在溶液中的解离平衡常数来定量衡量。因此将弱酸溶于碱性溶剂可增强其酸性，如 HAc 在水中是弱酸，而在 NH_3 中则表现出强酸性。

酸在溶液中的酸性表现形式为溶剂合质子 H_2S^+，强度的大小也可以用溶剂合质子的浓度 $[H_2S^+]$ 定量衡量。酸在水溶液中的酸性表现形式为水合质子 H_3O^+，为方便起见，简写为 H^+，强度的大小可以用水合质子的浓度 $[H^+]$ 定量衡量。

2. 碱在溶液中的强度

碱在溶液中的解离反应是碱和溶剂之间发生的酸碱反应，反应式为：

$$B+HS \rightleftharpoons BH^++S^-$$

$$K_{b(HS)}^{B}=\frac{[S^-][BH^+]}{[B][HS]}=K_{b(固)}^{B}K_{a(固)}^{HS}$$

因此，碱在溶液中的强度取决于碱自身的强度和溶剂的酸性强度，碱在溶液中的强度可以用碱在溶液中的解离平衡常数来定量衡量。因此将弱碱溶于酸性溶剂可增强其碱性，如 NH_3 在水中是弱碱，而在冰醋酸中则表现出强碱性。

碱在溶液中的碱性表现形式为溶剂阴离子 S^-，强度的大小也可以用溶剂阴离子的浓度 $[S^-]$ 定量衡量。碱在水溶液中的碱性表现形式为阴离子 OH^-，强度的大小可以用 OH^- 的浓度 $[OH^-]$ 定量衡量。

在水溶液中，酸碱溶液的酸碱强度与量均用水合质子的浓度来表示，为方便书写，水合质子 H_3O^+ 简写为 H^+。由于酸碱滴定中水合质子的浓度较小，为书写和计算方便，酸碱溶液的酸碱强度与量均用 pH 表示。pH 值越小的酸，酸性越强；pH 值越大的碱，碱性越强。

$$pH=0 \text{ 酸性} \longleftarrow \text{中性} \longrightarrow \text{碱性 } pH=14$$

用 pH 试纸可以粗略地测定溶液的 pH。pH 试纸是由混合指示剂制成的，使用时把待测液滴在试纸上，将试纸呈现的颜色与试纸本上的标准比色卡对照，即能测出溶液的近似 pH 值。

需要精确测定溶液的 pH 值时，可使用酸度计。

（五）影响弱酸（碱）解离平衡的因素

1. 同离子效应

弱酸弱碱的解离平衡符合化学平衡的所有特征。当改变影响平衡的某一条件时，平衡就会被破坏并发生移动，重新建立新的平衡。

案例 6-2

在小烧杯内加入适量的稀氨水，滴加 2 滴酚酞，摇匀后，分别倒入两只编号为 1 号和 2 号的试管中，在 1 号试管里加入少量氯化铵固体，2 号试管作对照。

试管编号	1号	2号
试剂1	氨水＋酚酞	氨水＋酚酞
试剂2	氯化铵固体	无
实验现象		

观察与思考：1. 请将你观察到的现象填入上表。
2. 试用化学平衡移动原理解释你观察到的现象。

解析6-2

实验结果表明，在氨水中滴加酚酞，溶液因呈碱性而显红色。加入氯化铵后，溶液颜色变浅，这是由于加入氯化铵固体后，氯化铵全部解离成 NH_4^+ 和 Cl^-，溶液里 $[NH_4^+]$ 增大，破坏了氨水的解离平衡，使平衡向左移动，导致氨水的解离变小，溶液里的 $[OH^-]$ 减少，故颜色变浅。

存在的反应为：

氨水部分解离反应为 $NH_3 \cdot H_2O \rightleftharpoons NH_4^+ + OH^-$

氯化铵解离反应为 $NH_4Cl \rightleftharpoons NH_4^+ + Cl^-$

这种在弱电解质溶液里，加入和弱电解质具有相同离子的强电解质时，弱电解质解离度降低的现象称为同离子效应。

> **练一练：**
>
> 试分析，当向醋酸溶液里滴入盐酸时，溶液中的 H^+ 浓度会怎样变化？醋酸的解离平衡向哪个方向移动？当建立新的平衡时，醋酸的解离度比没有加入盐酸以前是增加还是降低了？（醋酸是弱酸，其解离平衡式为 $HAc \rightleftharpoons H^+ + Ac^-$；盐酸是强酸，完全解离反应为 $HCl \longrightarrow H^+ + Cl^-$）

2. 盐效应

在弱电解质溶液中，若加入与其不含共同离子的强电解质时，将会使弱电解质的解离度增大，这种影响叫作盐效应。

例如，在醋酸溶液里加入 NaCl，反应重新达到平衡时，HAc 的解离度要比未加 NaCl 时增大。这是因为强电解质的加入增大了溶液的离子强度，使溶液中离子间的相互牵制作用增强，离子结合为分子的机会减少，降低了分子化速度，促进弱酸和弱碱的解离。

在同离子效应发生的同时，必伴随着盐效应的发生。盐效应虽然可使弱酸或弱碱解离度增加一些，但与同离子效应的影响相比要小得多，因此当它们共存时，主要考虑同离子效应，而不必考虑盐效应。

> **练一练：**
>
> 已知 0.1 mol/L 的醋酸溶液中存在解离平衡 $CH_3COOH(A) \rightleftharpoons H^+(B) + CH_3COO^-$，要使溶液中 B/A 浓度的比值增大，可以采取的措施是（　　）。
>
> A. 加少量烧碱溶液　　B. 升高温度　　C. 加少量冰醋酸　　D. 加水

第三节　缓冲溶液

一、缓冲溶液及其组成

1. 缓冲溶液概念

能够抵抗外来物质如少量酸、碱和稀释而保持溶液的 pH 值基本不变的作用称为缓冲作用，具有缓冲作用的溶液称为缓冲溶液。

2. 缓冲溶液的组成

缓冲溶液一般由浓度较大的弱酸或弱碱及其共轭酸碱对组成，有以下三种类型：

(1) 弱酸及其对应的盐　例如 HAc-NaAc、H_2CO_3-$NaHCO_3$、H_3PO_4-NaH_2PO_4 等。

(2) 弱碱及其对应的盐　例如 $NH_3 \cdot H_2O$-NH_4Cl 等。

(3) 多元酸的酸式盐及其对应的次级盐　例如 $NaHCO_3$-Na_2CO_3、NaH_2PO_4-Na_2HPO_4、Na_2HPO_4-Na_3PO_4 等。

例题 6-7　探讨缓冲溶液共轭酸碱对

1. H_2CO_3 和 Na_2CO_3 能否组成缓冲对？

答：否。如 H_2CO_3-$NaHCO_3$，$NaHCO_3$-Na_2CO_3 均可组成缓冲对。因为缓冲溶液通常是由共轭酸碱对组成的。

2. 1mol/L NaOH 和 1mol/L HAc 等体积混合，是否有缓冲作用？

答：否。因 $NaOH+HAc \Longrightarrow NaAc+H_2O$，且一元酸碱的物质的量相等，全部生成 NaAc。

3. 1mol/L NaOH 和 2mol/L HAc 等体积混合，是否有缓冲作用？

答：有。$NaOH+HAc \Longrightarrow NaAc+H_2O$，等物质的量的酸碱反应后，剩余的 HAc 与生成的 NaAc 物质的量也相同，共存于溶液中组成缓冲对。

3. 缓冲溶液的缓冲原理

缓冲溶液依据共轭酸碱对及其物质的量不同而具有不同的 pH 值和缓冲容量。其中共轭酸是抗碱成分，共轭碱是抗酸成分。当外加少量强酸、强碱时，可以通过解离平衡的移动，来保持溶液 pH 基本不变。

以 CH_3COOH-CH_3COONa 缓冲对为例说明，它们的解离方程式如下：

$$CH_3COONa \Longrightarrow Na^+ + CH_3COO^-$$

$$CH_3COOH \Longrightarrow H^+ + CH_3COO^-$$

当外加少量酸（H^+）时，缓冲溶液中的抗酸成分（CH_3COO^-）会和酸（H^+）反应生成弱电解质（CH_3COOH）；当外加少量碱（OH^-）时，缓冲溶液中的抗碱成分（CH_3COOH）会和碱（OH^-）反应生成弱电解质（H_2O）。故溶液的 pH 基本保持不变。

4. 缓冲溶液的缓冲能力

随着人们生活水平的提高，多肉食、多油脂的饮食习惯影响了一些人的身体健康，于是就出现了"酸性体质"的伪命题，所以越来越多的人喜欢喝碱性水，以期改变所谓的"酸性体质"。碱性水就是 pH 值大于 7 的水。普通水的 pH 值根据地区的不同差异很大，但是体内的酸碱性和饮用水的酸碱性是没有关系的。即使能把水变成弱碱性，喝到胃里也会被胃酸中和，因为人体的缓冲溶液环境，对酸碱度有很强大的自我调节作用，通常不会因为饮食中的酸碱度而发生变化。

缓冲溶液对维持生物体生理活动具有重要意义。人体内部有自己的缓冲溶液体系，其维持体内的 pH 值不被外界因素改变，从而确保酶的活性和体内一些生化反应的有序进行。正常人血浆的 pH 值为 7.35～7.45。血浆 pH 值的相对恒定性有赖于血液内的缓冲物质以及正常的肺、肾功能。血浆中的缓冲物质包括 $NaHCO_3$-H_2CO_3、蛋白质钠盐-蛋白质和 Na_2HPO_4-NaH_2PO_4 三个主要的缓冲对。

但是必须指出，缓冲溶液的缓冲作用也是有一定限度的，如果在缓冲溶液里加入过多的酸或者碱时，缓冲溶液会失去缓冲作用，溶液的 pH 也会发生明显的变化。缓冲溶液的缓冲范围：$pH = pK_a \pm 1$。

二、缓冲溶液的配制及在医药学上的应用

1. 缓冲溶液的配制

按照《中国药典》（2020年版）通则8004配制缓冲溶液应遵循下列原则：

（1）所选缓冲溶液中的共轭酸碱对不能与反应物或者生成物发生反应。找到适宜配制方法，依法配制即可。

（2）缓冲溶液的有效pH范围必须包括所需控制的溶液的pH。如果缓冲溶液是由弱酸及其共轭碱组成，则pK_a尽可能与所配缓冲溶液的pH相等或接近，以保证缓冲溶液有较大的缓冲容量。如配制pH=5的缓冲溶液，可选择CH_3COOH-CH_3COONa缓冲对；如配制pH=7的缓冲溶液，可选择NaH_2PO_4-Na_2HPO_4缓冲对。

（3）为使缓冲溶液具有较大的缓冲能力，通常缓冲溶液的浓度范围宜选在0.05～0.5mol/L之间。为了使缓冲溶液对外加酸、碱具有同等的缓冲能力，通常要配制的缓冲对浓度比接近于1。

（4）配制药用缓冲溶液时，还需要考虑其稳定性及其对人体的毒副作用，如硼酸-硼酸盐缓冲液对人体有一定毒性，就不能作注射液或口服液的缓冲溶液；是否与主药发生配伍禁忌，还要考虑缓冲对的热稳定性等。

依据上述原则，并按所要求控制的缓冲溶液的pH，利用缓冲公式计算所需共轭酸碱的量进行配制即可。

2. 缓冲溶液在医药学上的应用

缓冲溶液在生产实践、分析化验、实验室操作中都有广泛的应用，在医药学上也具有重要意义。生物体正常生理环境的维持需要正常的酸碱度范围，药物在生物体系内发挥药效也需要合理范围的酸碱度环境，因此与生物体息息相关的医学与药学领域的许多方面都有缓冲溶液的存在。随着科学技术的不断发展，缓冲溶液在医药领域的应用越来越广泛，发挥着不可替代的作用。

实例一，人体内各种体液都有稳定的pH范围（见表6-3），且在进行体液测定时也需要以一定pH的缓冲溶液作为参照标准。

表6-3 人体内一些体液的pH

体液	唾液	胃液	血液	脊液	尿液
pH	6.6～7.1	0.9～1.5	7.35～7.45	7.3～7.5	4.8～8.4

实例二，在进行许多医学检验时，常需要使溶液保持在一定pH范围内，才能使反应和一些酶的活性保持正常，若pH不稳定则可引起测定误差导致误诊，这就需要使用有关缓冲溶液。如进行血清丙氨酸氨基转移酶（ALT）测定时，需用磷酸盐作为缓冲体系。

实例三，在对抗环境中酸、碱、水蒸气等因素对药物的影响时，缓冲溶液也发挥了重要作用。如葡萄糖、安乃近等注射液经灭菌后pH可能发生改变，常用枸橼酸盐等缓冲液调节，使其在加热灭菌过程中pH维持在4～9之间，保持相对稳定。

人体内各种体液通过各种缓冲系的作用保持在一定pH范围内、保持pH稳定，人体内各种生化反应才能正常进行。这些实例的导入，能让学生深切地感受到缓冲溶液与我们的

生命体息息相关,有效地激发学生对新知识的好奇心,增强其求知欲和探索欲,并在开阔视野的同时,培养学生对自身专业的热爱,让学生认识到学习缓冲溶液在化学和生命科学中的重要意义,体会到化学在医学研究发展中的重要性。

第四节 酸碱滴定法

酸碱滴定法系指滴定液与待测组分通过发生定量的酸碱反应,达到滴定终点时通过消耗滴定液的体积与浓度计算出待测组分含量的一种定量分析方法,是一种以质子转移反应为基础的容量分析方法,可用于酸、碱和两性物质的含量测定,是滴定分析法中最主要的方法。采用酸碱滴定法测定弱酸(碱)的含量时,必须至少满足以下条件:

(1) 反应的完全程度要达到99.9%以上,即 $c_a \cdot K_a \geqslant 10^{-8}$ ($c_b \cdot K_b \geqslant 10^{-8}$);
(2) 要有适当的指示滴定终点的方法,通常用指示剂指示终点,即酸碱指示剂;
(3) 反应具有快速、准确、设备简单等特点。

一、酸碱指示剂

酸碱滴定中使用的指示剂通常称为酸碱指示剂,一般是结构比较复杂的有机弱酸或有机弱碱,在溶液中存在动态的解离平衡。常用的酸碱指示剂有:甲基橙、甲基红、酚酞、溴甲酚绿、结晶紫等。

(一)酸碱指示剂的变色原理

酸碱指示剂在水溶液中存在解离平衡,其共轭酸碱对具有不同的颜色。当溶液的pH值发生改变时,使得原有的解离平衡被打破,指示剂得到或失去质子,共轭酸碱对的浓度发生改变从而使得溶液颜色发生变化。

现以弱碱型指示剂甲基橙为例,通过其解离平衡来说明酸碱指示剂的变色原理。

$$B^- + H_3O^+ \rightleftharpoons BH^+ + H_2O$$
碱式结构(碱式色)　　　酸式结构(酸式色)
黄色　　　　　　　　　　红色

在碱性溶液中,甲基橙的解离平衡向左移动,甲基橙以偶氮式的碱式结构为主,溶液呈现碱式色(黄色);在酸性溶液中,甲基橙的解离平衡向右移动,甲基橙以醌式的酸式结构为主,溶液呈现酸式色(红色)。

酚酞为有机弱酸型指示剂,存在以下解离平衡式:

$$HIn \rightleftharpoons H_3O^+ + In^-$$
酸式结构(酸式色)　　碱式结构(碱式色)
无色　　　　　　　　　红色

在酸性溶液中,酚酞的解离平衡向左移动,酚酞以羟式的酸式结构为主,溶液呈现酸式色(无色);在碱性溶液中,酚酞的解离平衡向右移动,酚酞以醌式的碱式结构为主,溶液呈现碱式色(红色)。

（二）酸碱指示剂变色范围

酸碱指示剂的变色范围是指示剂颜色发生变化时溶液的 pH 范围，酸碱指示剂的变色和溶液的 pH 值有关，以有机弱酸型指示剂为例：

HIn 表示指示剂的酸式结构，其颜色为酸式色；In⁻ 表示指示剂的碱式结构，其颜色为碱式色。

$$\text{HIn} \rightleftharpoons \text{H}^+ + \text{In}^-$$

酸式结构（酸式色）　　　　　　　碱式结构（碱式色）

$$K_{\text{HIn}} = \frac{[\text{H}^+][\text{In}^-]}{[\text{HIn}]} \tag{6-8}$$

$$[\text{H}^+] = K_{\text{HIn}} \frac{[\text{HIn}]}{[\text{In}^-]}$$

两边取负对数，得到：
$$\text{pH} = pK_{\text{HIn}} - \lg \frac{[\text{HIn}]}{[\text{In}^-]} \tag{6-9}$$

在式(6-8) 中，当温度一定时，K_{HIn} 是个常数，所以 [HIn]/[In⁻] 比值只与溶液的 pH 值有关。当 $[\text{H}^+] = K_{\text{HIn}}$，即 $\text{pH} = pK_{\text{HIn}}$ 时，此时 $[\text{HIn}] = [\text{In}^-]$，溶液呈现酸式色和碱式色的混合色，为变色最灵敏的一点，这一点称为指示剂的理论变色点。

当 $[\text{H}^+] < K_{\text{HIn}}$，即 $\text{pH} > pK_{\text{HIn}}$ 时，$[\text{HIn}] < [\text{In}^-]$，此时溶液呈现碱式色；当 $[\text{H}^+] > K_{\text{HIn}}$，即 $\text{pH} < pK_{\text{HIn}}$ 时，$[\text{HIn}] > [\text{In}^-]$，此时溶液呈现酸式色。在实际情况中，人的眼睛只有当一种结构的浓度是另一种结构浓度的 10 倍及 10 倍以上时，才能看到浓度大的那种结构的颜色。

当 [HIn]/[In⁻] ≥ 10 时，我们看到的是酸式色，这时 $\text{pH} \leq pK_{\text{HIn}} - 1$；当 [HIn]/[In⁻] ≤ 1/10 时，我们看到的是碱式色，这时 $\text{pH} \geq pK_{\text{HIn}} + 1$。

因此，酸碱指示剂的变色范围为：

$$\text{pH} = pK_{\text{HIn}} \pm 1 \tag{6-10}$$

即当溶液的 pH 由 $pK_{\text{HIn}} - 1$ 变化到 $pK_{\text{HIn}} + 1$，共 2 个 pH 单位，人的眼睛才能够观察到指示剂颜色由酸式色到碱式色的变化。不同的指示剂 pK_{HIn} 不同，因此其变色范围各不相同。

> **练一练：**
> 已知某酸碱指示剂的 $pK_{\text{HIn}} = 4.2$，请计算该指示剂的理论变色范围？

值得注意的是，指示剂的实际变色范围一般通过实验靠人眼观察得出，由于人的眼睛对颜色的敏感程度不同，故实际变色范围和理论变色范围有出入，一般相差 1.6～1.8pH 单位。实际应用中，使用的均是以实验测得的指示剂的实际变色范围。例如甲基橙 $pK_{\text{HIn}} = 3.4$，pH 理论变色范围为 2.4～4.4，但实际变色范围为 3.1～4.4。这是由于人的眼睛对红色比对黄色敏感的缘故，所以甲基橙的变色范围在 pH 值小的一边短一些。

指示剂的变色范围越窄、色差越大对滴定终点的确定越有利。这样 pH 值稍有改变，指示剂变色敏锐，立即由一种颜色变为另一种颜色。常用酸碱指示剂及其变色范围见表 6-4。

表 6-4 常用酸碱指示剂及其变色范围

指示剂名称	变色范围	颜色	
		酸式色	碱式色
百里酚蓝	1.2~2.8	红色	黄色
甲基橙	3.1~4.4	红色	黄色
溴酚蓝	3.0~4.6	黄色	蓝绿色
溴甲酚绿	3.8~5.4	黄色	蓝色
甲基红	4.4~6.2	红色	黄色
溴百里酚蓝	6.0~7.6	黄色	蓝色
酚酞	8.2~10.0	无色	红色
百里酚酞	9.4~10.6	无色	蓝色

（三）影响指示剂变色范围的因素

影响指示剂变色范围的因素主要有两方面，一是影响指示剂解离平衡常数 K_{HIn} 的因素，主要是指改变变色范围区间的因素，如温度、溶剂等；二是影响变色范围宽度的因素，如指示剂的用量、滴定程序等。

1. 温度

因 K_{HIn} 随温度的变化而变化，所以指示剂的变色范围也不同。例如甲基橙的变色范围在18℃时为3.1~4.4，在100℃时变为2.5~3.7。由此可见，酸碱滴定时应注意控制合适的滴定温度。

2. 溶剂

溶剂不同，指示剂的 pK_{HIn} 值不同。例如甲基橙在水溶液中 $pK_{HIn}=3.4$，而在甲醇中 $pK_{HIn}=3.8$。

3. 指示剂的用量

因为指示剂本身为有机弱酸或弱碱，如果加入过多会消耗滴定液或者是被测物质，带来误差。另外，指示剂浓度大时将导致终点变色迟钝。但指示剂也不能用量太少，否则会因为颜色太浅，不易观察到终点颜色的变化。如在50~100ml溶液中加入0.1%酚酞2~3滴，在pH≈9时出现微红；若加入10~15滴，则在pH≈8时出现微红。因此，以能看清指示剂颜色变化为前提，指示剂用量尽量少一点为佳。一般情况下，50~100ml溶液加2~3滴指示剂为宜。

4. 滴定程序

指示剂颜色变化应由浅变深，颜色变化明显，人眼更易观察辨认，滴定误差小。例如，用碱滴定酸时，宜选用酚酞作指示剂，终点由无色变到红色；用酸滴定碱时，则宜选用甲基橙作指示剂，终点由黄色变到红色。

（四）混合指示剂

在某些酸碱滴定中，pH的突跃范围很窄，使用单一的指示剂难以判断终点，此时可采用混合指示剂。混合指示剂可加大色差，缩小变色范围，提高酸碱指示剂的变色灵敏性。

混合指示剂有两种配制方法，一种是在指示剂中加入一种惰性染料。例如，由甲基橙和靛蓝组成的混合指示剂，靛蓝颜色不随 pH 改变而变化，只作甲基橙的蓝色背景。此类指示剂颜色变化明显，更易于终点的观察，但变色范围不变。另一种是两种或两种以上的指示剂混合。如溴甲酚绿和甲基红组成的混合指示剂，此类混合指示剂的酸式和碱式结构的颜色大多数会发生变化，其变色范围也会发生变化，从而使指示剂颜色变化敏锐，易于辨别终点。例如，甲基红-溴甲酚绿混合指示剂，其颜色因溶液 pH 不同而变化，混合指示剂变色相当敏锐。见表 6-5。

表 6-5　甲基红-溴甲酚绿混合指示剂颜色变化

溶液的 pH	甲基红的颜色	溴甲酚绿的颜色	两者混合指示剂的颜色
pH<4.4	红色	黄色	酒红色
pH=5	橙色	绿色	灰色
pH>6.2	黄色	蓝色	绿色

二、酸碱滴定法基本原理

按照酸碱质子理论，酸和碱的反应实质上是酸溶液中的溶剂合质子和碱溶液中的溶剂阴离子的反应，溶剂在其中承担了传递质子的作用。

水溶液中的酸碱反应的实质就是中和反应，即 H^+ 与 OH^- 结合生成水的过程。

例如，NH_3 和 HCl 在水溶液中的反应。

盐酸溶液：$\qquad HCl + H_2O \rightleftharpoons Cl^- + H_3O^+$

氨水碱溶液：$\qquad NH_3 + H_2O \rightleftharpoons NH_4^+ + OH^-$

酸碱反应式为：$\qquad HCl + NH_3 \rightleftharpoons Cl^- + NH_4^+$

反应实质为：$\qquad H_3O^+ + OH^- \rightleftharpoons 2H_2O$

三、酸碱滴定曲线

酸碱滴定一般采用酸碱指示剂，依靠指示剂的颜色变化来指示滴定终点。不同的酸碱滴定采用的酸碱指示剂不同，比如布洛芬的含量测定采用的是酚酞作指示剂，滴定终点颜色变化是由无色到浅粉色；用盐酸滴定氢氧化钠，则选用甲基橙来作指示剂，滴定终点颜色变化是由黄色到橙红色。不同的酸碱滴定是依据什么来选择酸碱指示剂的呢？

酸碱滴定曲线是酸碱滴定指示剂选择的直接依据。什么是酸碱滴定曲线？以溶液的 pH 为纵坐标，滴定液加入的体积 V 为横坐标绘制而成的曲线称为酸碱滴定曲线。在酸碱滴定过程中，随着滴定液的加入，溶液中被测组分的量不断减少，溶液的酸碱强度随之发生规律性变化。不同类型的酸碱滴定过程中 pH 变化的特点、滴定曲线的形状都有所不同。

（一）强酸（碱）的滴定

滴定反应为：$\qquad H^+ + OH^- \rightleftharpoons H_2O$

1. 强酸的滴定

（1）滴定曲线的绘制　现以 NaOH 滴定液（0.1000mol/L）滴定 20.00ml HCl 溶液

(0.1000mol/L) 为例，说明强碱滴定强酸过程中溶液 pH 的变化。滴定过程分为四个阶段：

① 滴定前　溶液的 $[H^+]$ 等于 HCl 的原始浓度。

$$[H^+]=0.1000\text{mol/L}$$
$$pH=1.00$$

② 滴定开始到化学计量点前　溶液中的 $[H^+]$ 取决于反应后剩余 HCl 的浓度，$[H^+]$ 计算公式如下：

$$[H^+]=\frac{c_{HCl}\times V_{HCl}-c_{NaOH}\times V_{NaOH}}{V_{HCl}+V_{NaOH}} \tag{6-11}$$

例如，当加入 NaOH 溶液 19.98ml 时：

$$[H^+]=\frac{0.1000\times 20.00-0.1000\times 19.98}{20.00+19.98}=5.0\times 10^{-5}(\text{mol/L})$$
$$pH=4.30$$

③ 化学计量点时　加入的 NaOH 20.00ml 和 HCl 完全反应，溶液呈中性。

$$[H^+]=[OH^-]=1.0\times 10^{-7}(\text{mol/L})$$
$$pH=7.00$$

④ 化学计量点后　溶液的 pH 取决于过量的 NaOH 的浓度。溶液中的 $[OH^-]$ 计算公式如下：

$$[OH^-]=\frac{c_{NaOH}\times V_{NaOH}}{V_{HCl}+V_{NaOH}} \tag{6-12}$$

例如，当加入 NaOH 溶液 20.02ml 时，NaOH 过量 0.02ml，此时：

$$[OH^-]=\frac{0.1000\times 0.02}{20.00+20.02}=5.0\times 10^{-5}(\text{mol/L})$$

$$pOH=4.30 \quad 则 \ pH=14-pOH=9.70$$

逐一计算滴定过程中的 pH 值，列于表 6-6。

表 6-6　NaOH (0.1000mol/L) 滴定 20.00ml HCl 溶液 (0.1000mol/L) 的 pH 变化 (25℃)

V_{NaOH} 体积/ml	V_{HCl} 体积/ml	溶液的组成	溶液$[H^+]$/(mol/L)	溶液 pH
0.00	20.00	HCl	0.1000	1.00
18.00	2.00	HCl+NaCl	5.26×10^{-3}	2.28
19.80	0.20		5.03×10^{-4}	3.30
19.98	0.02		5.00×10^{-5}	4.30
20.00	0.00	NaCl	1.00×10^{-7}	7.00
20.02		NaOH+NaCl	2.00×10^{-10}	9.70
20.20			2.00×10^{-11}	10.70
22.00			2.09×10^{-12}	11.68
40.00			3.02×10^{-13}	12.52

以 NaOH 加入体积量为横坐标，溶液的 pH 为纵坐标作图，可以得到 NaOH 滴定 HCl 的滴定曲线，如图 6-1 所示。

(2) 滴定曲线的分析

① 滴定曲线的起点 pH=1.00。

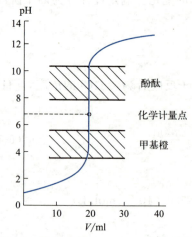

图 6-1　用 NaOH（0.1000mol/L）滴定 HCl（0.1000mol/L）溶液的滴定曲线

② 滴定液 NaOH 溶液的加入量从 0.00ml 到 19.98ml 时，溶液 pH 从 1.00 增加到 4.30，仅改变了 3.30 个 pH 单位，曲线比较平坦。

③ 在化学计量点附近±0.1%，加入 NaOH 滴定液 0.04ml 即不到 1 滴，溶液的 pH 则从 4.30 增加到 9.70，变化了 5.40 个 pH 单位，溶液曲线陡峭。这种在化学计量点前后溶液的 pH 发生剧烈变化的现象称为滴定突跃。突跃所在的 pH 范围称为滴定突跃范围。

④ 化学计量点 pH＝7.00，溶液呈中性。

⑤ 滴定突跃后继续加入 NaOH 溶液，溶液的 pH 变化缓慢，滴定曲线又变得平坦。

（3）指示剂的选择　根据滴定分析法结果准确度的要求，滴定终点必须在化学计量点±0.1%以内，即指示剂必须能在滴定突跃范围内变色。因此，滴定突跃范围是选择指示剂的依据，凡变色范围部分或全部落在滴定突跃范围内的指示剂都可以用来指示滴定终点。

由于强碱滴定强酸的 pH 突跃范围为 4.30~9.70，所以甲基橙（3.1~4.4）、甲基红（4.4~6.2）、酚酞（8.2~10.0）都可选作这类滴定的指示剂。在实际工作中，选择指示剂时，还应考虑人的眼睛对不同颜色的敏感性。在用强碱滴定强酸时，虽然有多种指示剂可选择，但常选用酚酞，因为在滴定突跃范围内，溶液由无色变为红色，极易观察。如果用强酸滴定强碱，用甲基橙或溴甲酚绿较好。

（4）突跃范围与浓度的关系　用 0.01mol/L、0.1mol/L、1mol/L 的 NaOH 溶液分别滴定等浓度的 HCl 溶液，得到的酸碱滴定曲线如图 6-2 所示，滴定突跃范围分别为 5.30~8.70、4.30~9.70、3.30~10.70。

由此可见，酸碱滴定突跃范围的大小与酸碱溶液的浓度有关：滴定液的浓度越大，滴定突跃范围越大；滴定液的浓度越小，滴定突跃范围越小。滴定突跃范围越大，可供选择的指示剂越多，越有利于滴定终点的确定；反之，若滴定突跃太小，则选择不到指示剂，滴定终点无法确定。但

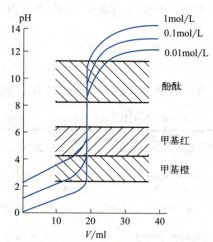

图 6-2　不同浓度的 NaOH 滴定液滴定相同浓度 HCl 溶液的滴定曲线

酸碱溶液的浓度也不能太小或者太大，否则会增大滴定误差。因此常使用的浓度为 0.1~1mol/L。

2. 强碱的滴定

以 HCl 滴定液（0.1000mol/L）滴定 20.00ml NaOH 溶液（0.1000mol/L）为例进行讨论。

滴定过程中溶液的 pH 变化与强酸滴定相反，曲线形状与强酸的滴定曲线对称。见图 6-3、图 6-4。

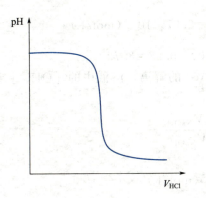

图 6-3 用 HCl 滴定液（0.1000mol/L）滴定 NaOH 溶液（0.1000mol/L）的滴定曲线

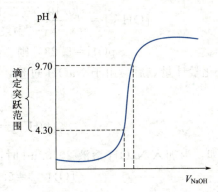

图 6-4 用 NaOH 滴定液（0.1000mol/L）滴定 HCl 溶液（0.1000mol/L）的滴定曲线

（二）一元弱酸（碱）的滴定

1. 一元弱酸的滴定

(1) 滴定曲线的绘制　以 NaOH 滴定液（0.1000mol/L）滴定 20.00ml HAc（0.1000mol/L）为例，说明强碱滴定弱酸过程中溶液 pH 的变化情况，滴定反应为：

$$HAc + OH^- \rightleftharpoons Ac^- + H_2O$$

滴定过程分为四个阶段：

① 滴定前　0.1000mol/L HAc 溶液，[H$^+$] 计算公式为：

$$[H^+] = \sqrt{c_{HAc} \times K_a} \tag{6-13}$$

$$[H^+] = \sqrt{c_{HAc} \times K_a} = \sqrt{0.1000 \times 1.8 \times 10^{-5}} = 1.34 \times 10^{-3} (mol/L)$$

$$pH = 2.87$$

② 滴定开始到化学计量点前　由于 NaOH 的加入，溶液的组成为 HAc-NaAc 缓冲体系，[H$^+$] 的计算公式为：

$$[H^+] = K_a \times \frac{[HAc]}{[Ac^-]} \tag{6-14}$$

例如，当加入 NaOH 溶液 19.98ml 时，剩余 0.02ml HAc。

$$[HAc] = \frac{0.1000 \times 0.02}{20.00 + 19.98} = 5.0 \times 10^{-5} (mol/L)$$

$$[Ac^-] = \frac{0.1000 \times 19.98}{20.00 + 19.98} = 5.0 \times 10^{-2} (mol/L)$$

$$[H^+] = 1.8 \times 10^{-5} \times \frac{5.0 \times 10^{-5}}{5.0 \times 10^{-2}} = 1.8 \times 10^{-8} (mol/L)$$

$$pH = 7.74$$

③ 化学计量点时　NaOH 和 HAc 完全反应，溶液的组成为 NaAc 和水。由于 Ac$^-$ 为弱碱，溶液的 [OH$^-$] 计算公式如下：

$$[OH^-] = \sqrt{c_{NaAc} \times \frac{K_w}{K_a}} \tag{6-15}$$

$$[OH^-] = \sqrt{\frac{0.1000}{2} \times \frac{10^{-14}}{1.8 \times 10^{-5}}} = 5.27 \times 10^{-6} \text{(mol/L)}$$

$$pOH = 5.28 \quad 则 \quad pH = 14.00 - 5.28 = 8.72$$

④ 化学计量点后 由于 NaOH 过量，抑制了 Ac^- 的解离，溶液中的 $[OH^-]$ 计算公式如下：

$$[OH^-] = \frac{c_{NaOH} \times V_{NaOH}}{V_{HCl} + V_{NaOH}} \tag{6-16}$$

例如，当加入 NaOH 溶液 20.02ml 时：

$$[OH^-] = 5.00 \times 10^{-5} \text{(mol/L)}$$
$$pOH = 4.30$$
$$pH = 14 - pOH = 9.70$$

逐一计算滴定过程中的 pH 值，列于表 6-7。

表 6-7 NaOH 滴定液（0.1000mol/L）滴定 20.00ml HAc 溶液（0.1000mol/L）的 pH 变化（25℃）

V_{NaOH} 体积/ml	V_{HAc} 体积/ml	溶液的组成	溶液$[H^+]$/(mol/L)	溶液 pH
0.00	20.00	HAc	1.34×10^{-3}	2.87
18.00	2.00		2.00×10^{-6}	5.70
19.80	0.20	HAc+NaAc	1.82×10^{-7}	6.74
19.98	0.02		1.80×10^{-8}	7.74
20.00	0.00	NaAc	1.91×10^{-9}	8.72
20.02			2.00×10^{-10}	9.70
20.20		NaOH+NaAc	2.00×10^{-11}	10.70
22.00			2.09×10^{-12}	11.68
40.00			3.02×10^{-13}	12.52

以 NaOH 加入体积量为横坐标，溶液的 pH 为纵坐标作图，可以得到强碱滴定弱酸的滴定曲线，如图 6-5 所示。

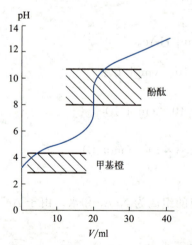

图 6-5 用 NaOH 滴定液（0.1000mol/L）滴定 HAc（0.1000mol/L）溶液的滴定曲线

(2) 滴定曲线的分析

① 滴定曲线的起点高，pH=2.87，是因为 HAc 是弱酸，在水溶液中不能完全解离，所以 $[H^+]$ 低于 HCl 溶液的，因此 pH 值高于 HCl 的。

② 在计量点前，溶液 pH 值变化速率不同。滴定开始时，因同离子效应，$[H^+]$ 降低较快，曲线斜率较大；随后由于剩余的 HAc 和生成的 NaAc 组成缓冲体系，$[H^+]$ 变化很慢，曲线非常平坦；接近计量点时，缓冲作用减弱，pH 变化速率增大。化学计量点的 pH 大于 7.00，为 8.72。例如用氢氧化钠溶液滴定阿司匹林、布洛芬原料药测定含量，化学计量点时溶液均显示为弱碱性。

③ 滴定突跃范围较小。在化学计量点附近 $\pm 0.1\%$，溶液 pH 由 7.74 变化为 9.70，处于碱性区域。

④ 计量点 0.1%后，溶液 pH 的变化与强酸的滴定相同。

（3）指示剂的选择　根据滴定突跃范围及选择指示剂的原则，此类滴定应选择在碱性范围变色的指示剂。酚酞、百里酚蓝可作为这类滴定的指示剂。

（4）突跃范围与浓度的关系　[H^+] 计算公式由式(6-13)可知，影响弱酸滴定突跃范围的因素为酸碱的强度和浓度两个因素。

① 当酸的浓度一定时，酸越强，即 K_a 值越大，滴定突跃范围也越大，如图 6-6 所示。当 $K_a \leqslant 10^{-9}$ 时，已无明显的突跃，没有合适的指示剂，无法确定滴定终点。

② 当酸的 K_a 值一定时，酸的浓度大，滴定突跃范围也大；酸的浓度小，滴定突跃范围也小。

因此对于弱酸的滴定，一般要求 $cK_a \geqslant 10^{-8}$，用强碱滴定该弱酸时才会出现明显的滴定突跃范围，才能找到合适的指示剂指示终点。

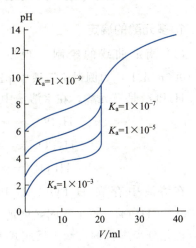

图 6-6　用 NaOH 滴定液（0.1000mol/L）滴定强度不同的（0.1000mol/L）弱酸

> **想一想：**
> 同学们，还记得学习引导中关于布洛芬含量测定提出的系列思考题吗？在这里是否可以利用所学知识点解决思考题，找出答案了呢？

2. 一元弱碱的滴定

以 HCl 滴定液（0.1000mol/L）滴定 20.00ml $NH_3 \cdot H_2O$ 溶液（0.1000mol/L）为例进行讨论。用 HCl 滴定液滴定 $NH_3 \cdot H_2O$ 溶液，其滴定曲线的变化与用 NaOH 滴定液滴定 HAc 溶液的滴定曲线变化方向相反，曲线形状与弱酸的滴定曲线对称。如果 $NH_3 \cdot H_2O$ 浓度为 0.1000mol/L，滴定曲线的起点 pH 为 11.12，化学计量点时 $NH_3 \cdot H_2O$ 已全部中和成 NH_4Cl，而 NH_4^+ 是弱酸，其溶液的 pH 将小于7，为弱酸性。此类滴定应选择如甲基橙、甲基红在酸性范围变色的指示剂。因此对于弱碱的滴定，一般要求 $cK_b \geqslant 10^{-8}$，用强酸滴定该弱碱时才会出现明显的滴定突跃范围，才能找到合适的指示剂指示终点。见图 6-7、图 6-8。

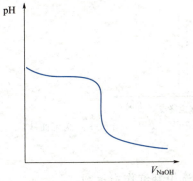

图 6-7　用 HCl 滴定液（0.1000mol/L）滴定 $NH_3 \cdot H_2O$ 溶液（0.1000mol/L）的滴定曲线

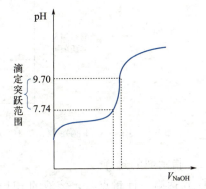

图 6-8　用 NaOH 滴定液（0.1000mol/L）滴定 HAc 溶液（0.1000mol/L）的滴定曲线

（三）多元酸（碱）的滴定

1. 多元酸的滴定

（1）滴定曲线的绘制　现以 NaOH 滴定液（0.1000mol/L）滴定 20.00ml H_3PO_4（0.1000mol/L）为例讨论溶液中 pH 的变化。

H_3PO_4 是三元酸，在水溶液中分三步解离，解离反应式为：

$$H_3PO_4 \rightleftharpoons H^+ + H_2PO_4^- \quad K_{a1}=7.5\times10^{-3}$$

$$H_2PO_4^- \rightleftharpoons H^+ + HPO_4^{2-} \quad K_{a2}=6.3\times10^{-8}$$

$$HPO_4^{2-} \rightleftharpoons H^+ + PO_4^{3-} \quad K_{a3}=4.4\times10^{-13}$$

在溶液中存在 H_3PO_4、$H_2PO_4^-$、HPO_4^{2-}、PO_4^{3-} 四种形式，是一个集 H_3PO_4、$H_2PO_4^-$、HPO_4^{2-} 三个不同强度的一元酸的混合酸溶液。用 NaOH 滴定 H_3PO_4 时，滴定反应也是分步进行的，滴定反应式为：

$$H_3PO_4 + OH^- \rightleftharpoons H_2PO_4^- + H_2O \text{（第一计量点）}$$

$$H_2PO_4^- + OH^- \rightleftharpoons HPO_4^{2-} + H_2O \text{（第二计量点）}$$

HPO_4^{2-}（$K_{a3}=4.4\times10^{-13}$）解离程度小，酸的强度太小无法被 NaOH 直接滴定。

① 到达第一计量点时，溶液中的 H_3PO_4 全部生成 $H_2PO_4^-$。计算式为：

$$[H^+]=\sqrt{K_{a1}K_{a2}} \tag{6-17}$$

$$pH=\frac{1}{2}(pK_{a1}+pK_{a2})=\frac{1}{2}\times(2.12+7.20)=4.66$$

② 到达第二计量点时，溶液中的 $H_2PO_4^-$ 全部生成 HPO_4^{2-}。计算式为：

$$[H^+]=\sqrt{K_{a2}K_{a3}} \tag{6-18}$$

$$pH=\frac{1}{2}(pK_{a2}+pK_{a3})=\frac{1}{2}\times(7.20+12.36)=9.78$$

以 NaOH 滴定液（0.1000mol/L）滴定等浓度的 H_3PO_4 溶液的滴定曲线如图 6-9 所示。

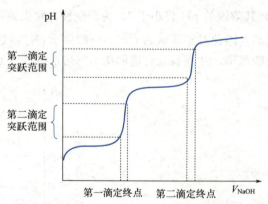

图 6-9　用 NaOH 滴定液（0.1000mol/L）滴定 H_3PO_4（0.1000mol/L）滴定曲线

（2）指示剂的选择

① 到达第一计量点时，溶液的 pH 值为 4.66，可选甲基红作指示剂。

② 到达第二计量点时，溶液的 pH 值为 9.78，可选酚酞作指示剂。

(3) 滴定条件　判断多元酸有几个突跃，是否能被准确分步滴定的原则有两个。

① 各个一元酸能够被直接滴定的条件是 $cK_a \geq 10^{-8}$。

② 各酸能够被分步滴定，即各酸能分别产生滴定突跃的条件是 $K_{an}/K_{a(n+1)} \geq 10^4$。

例题 6-8 草酸 $H_2C_2O_4$（$K_{a1}=5.9\times10^{-2}$，$K_{a2}=6.4\times10^{-5}$）能否被碱直接准确滴定？突跃有几个？

解析： 草酸 $H_2C_2O_4$ 为二元弱酸，$K_{a1}=5.9\times10^{-2}$，$K_{a2}=6.4\times10^{-5}$，两个解离常数数值均较大，首先符合 $cK_a \geq 10^{-8}$ 的条件，两步解离均能够被碱直接准确滴定。但是 K_{a1}/K_{a2} 接近于 10^3，不符合 $K_{an}/K_{a(n+1)} \geq 10^4$ 的原则，因此二元的草酸仅能一次性被碱滴定，滴定至终点有一个较大的突跃。

进一步解读强碱滴定多元弱酸：多元弱酸解离出的各级 H^+ 能否被直接、准确地滴定，要根据一元弱酸能否被直接准确滴定的条件，即 c 和 K_a 乘积的大小；要判断多元弱酸能否被分步滴定，则要看相邻两级 K_a 的比值大小，如比值越大，酸的前后两级解离的 H^+ 越不会相互交叉而能被分步滴定，否则不能被分步滴定。

以二元弱酸为例说明：根据可能出现的情况，按下述原则进行判断。

a. 当 $cK_{a1} \geq 10^{-8}$，$cK_{a2} \geq 10^{-8}$，$K_{a1}/K_{a2} \geq 10^4$，则两级解离的 H^+ 可以被碱准确滴定，而且二元酸可以被分步滴定。

b. 当 $cK_{a1} \geq 10^{-8}$，$cK_{a2} \geq 10^{-8}$，$K_{a1}/K_{a2} < 10^4$，则两级解离的 H^+ 均可被碱准确滴定，但不能被分步滴定。

c. 当 $cK_{a1} \geq 10^{-8}$，$cK_{a2} < 10^{-8}$，则只有第一级解离的 H^+ 能被碱准确滴定，而第二级解离的 H^+ 不能被准确滴定。

> **练一练：**
>
> 下列多元酸中，用 NaOH 滴定出现两个突跃的是（　　）。
>
> A. H_2S（$K_{a1}=1.3\times10^{-7}$，$K_{a2}=7.1\times10^{-15}$）
>
> B. $H_2C_2O_4$（$K_{a1}=5.9\times10^{-2}$，$K_{a2}=6.4\times10^{-5}$）
>
> C. H_3PO_4（$K_{a1}=7.6\times10^{-3}$，$K_{a2}=6.3\times10^{-8}$，$K_{a3}=4.4\times10^{-13}$）

2. 多元碱的滴定

(1) 滴定曲线的绘制　以 HCl 滴定液（0.1000mol/L）滴定 20.00ml Na_2CO_3（0.1000mol/L）溶液为例进行讨论。

Na_2CO_3 是二元碱，在水溶液中分两步解离，解离反应式为：

$CO_3^{2-} + H_2O \rightleftharpoons OH^- + HCO_3^-$　　$K_{b1} = K_w/K_{a2} = 10^{-14}/(5.6\times10^{-11}) = 1.79\times10^{-4}$

$HCO_3^- + H_2O \rightleftharpoons OH^- + H_2CO_3$　　$K_{b2} = K_w/K_{a1} = 10^{-14}/(4.3\times10^{-7}) = 2.33\times10^{-8}$

由于 cK_{b1} 和 cK_{b2} 都大于或接近于 10^{-8}，且 K_{b1}/K_{b2} 接近于 10^4，因此 Na_2CO_3 可被认为有两个不同强度的一元碱被分步滴定。

用 HCl 滴定时，酸碱反应也是分步进行的，即加入的 HCl 先和 CO_3^{2-} 反应生成 HCO_3^-，再和 HCO_3^- 反应生成 H_2CO_3。滴定反应式为：

$$CO_3^{2-} + H^+ \rightleftharpoons HCO_3^- \text{（第一计量点）}$$

$$HCO_3^- + H^+ \rightleftharpoons H_2CO_3 (第二计量点)$$

① 到达第一计量点时，溶液中的 CO_3^{2-} 全部生成两性物质 HCO_3^-，pH 值可按照下列公式计算：

$$[H^+] = \sqrt{K_{a1}K_{a2}} \tag{6-19}$$

$$[H^+] = \sqrt{K_{a1}K_{a2}} = \sqrt{4.3 \times 10^{-7} \times 5.6 \times 10^{-11}} = 4.91 \times 10^{-9} (mol/L)$$

$$pH = 8.31$$

② 到达第二计量点时，溶液中的 HCO_3^- 全部生成 H_2CO_3，pH 值可由 H_2CO_3 解离平衡计算，饱和溶液的浓度约为 0.04mol/L，只考虑一级解离，按下列公式计算：

$$[H^+] = \sqrt{cK_{a1}} \tag{6-20}$$

$$[H^+] = \sqrt{cK_{a1}} = \sqrt{0.04 \times 4.3 \times 10^{-7}} = 1.31 \times 10^{-4} (mol/L)$$

$$pH = 3.88$$

以 HCl 滴定液（0.1000mol/L）滴定等浓度的 Na_2CO_3 溶液的滴定曲线如图 6-10 所示。

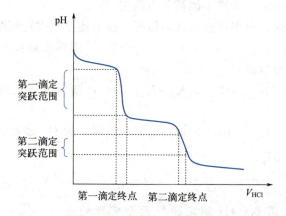

图 6-10　用 HCl 滴定液（0.1000mol/L）滴定 Na_2CO_3（0.1000mol/L）的滴定曲线

（2）指示剂的选择

① 到达第一计量点时，可选酚酞作指示剂。K_{b1}/K_{b2} 接近于 10^4，所以突跃不太明显。为准确判断第一终点，选用甲酚红和百里酚蓝混合指示剂可获得较好的结果。

② 到达第二计量点时，可选甲基橙作指示剂，《中国药典》（2020 年版）中使用甲基红-溴甲酚绿混合指示剂。为防止形成 CO_2 过饱和溶液而使溶液浓度稍稍增大，终点稍有提前，《中国药典》（2020 年版）规定在接近终点时将溶液煮沸以除去 CO_2，冷却后再滴定至终点。

（3）滴定条件　与多元酸的滴定相类似，判断多元碱有几个突跃，是否能被准确分步滴定的原则为：

① $cK_b \geq 10^{-8}$ 能被酸直接准确滴定；

② $K_{bn}/K_{b(n+1)} \geq 10^4$ 能被分步滴定。

四、酸碱滴定液的配制与标定

酸碱滴定法常用的酸滴定液有盐酸滴定液和硫酸滴定液，常用的碱滴定液有氢氧化钠滴定液和乙醇制的氢氧化钾滴定液等，常用的酸碱滴定液的浓度一般为 0.1mol/L。

（一）盐酸滴定液（0.1mol/L）

1. 配制方法

按照《中国药典》（2020 年版）规定，取盐酸 9ml，加水适量使成 1000ml，摇匀。

解析：盐酸具有挥发性，因此盐酸滴定液的配制只能采用间接配制法。常用的盐酸试剂的百分含量约为 37%（W/W），密度为 1.19g/ml，其物质的量浓度计算公式为：

$$c_{浓HCl} = \frac{1000 \times a\% \times \rho}{M_{HCl}} \tag{6-21}$$

$$c_{浓HCl} = \frac{1000 \times a\% \times \rho}{M_{HCl}} = \frac{1000 \times 37\% \times 1.19}{36.46} = 12.08(\text{mol/L})$$

由稀释公式 $c_{稀} V_{稀} = c_{浓} V_{浓}$ 可知，配制 1000ml 标示浓度为 0.1mol/L 的盐酸滴定液，应量取浓盐酸的体积为：

$$V_{浓盐酸} = \frac{c_{标示} \times V_{浓盐酸}}{c_{浓盐酸}} = \frac{0.1 \times 1000}{12.08} = 8.28(\text{ml})$$

由于市售的盐酸纯度不够且具有挥发性，为使配制的盐酸滴定液浓度不低于 0.1mol/L，因此配制时量取浓盐酸体积为 9ml。

> **练一练**：
> 为配制 0.1mol/L 的 HNO_3 滴定液 500ml，应取浓 HNO_3 溶液多少毫升？如何配制？已知：HNO_3 的密度为 1.42g/ml，含量为 70%（W/W）。

2. 标定方法

按照《中国药典》（2020 年版）规定，取在 270~300℃ 干燥至恒重的基准无水碳酸钠（Na_2CO_3）约 0.15g，精密称定，加水 50ml 使溶解，加甲基红-溴甲酚绿混合指示液 10 滴，用本液滴定至溶液由绿色转变为紫红色时，煮沸 2 分钟，冷却至室温，继续滴定溶液由绿色转变为暗紫色。每 1ml 盐酸滴定液（0.1mol/L）相当于 5.30mg 的无水 Na_2CO_3。根据本液的消耗量与无水 Na_2CO_3 的取用量，算出本液的浓度，即得。

解析：因为无水 Na_2CO_3 制备容易且易纯化，分子质量小，常被用作基准物质，但其有强烈的吸湿性且能吸收空气中的 CO_2，所以在使用前必须在 270~300℃ 干燥 1 小时至恒重后置于干燥器中冷却备用。称量 Na_2CO_3 时操作速度要快且使用减重法称量才不会因吸湿而引入误差。用 Na_2CO_3 标定 HCl 溶液时，其反应为 $Na_2CO_3 + 2HCl \Longrightarrow 2NaCl + H_2O + CO_2 \uparrow$。根据反应得出 Na_2CO_3 与 HCl 的计量关系式为：

$$c_{HCl} = \frac{2 \times m_{Na_2CO_3}}{M_{Na_2CO_3} \times V_{HCl} \times 10^{-3}} \tag{6-22}$$

例题 6-9 根据药典方法，设计盐酸滴定液（0.1mol/L）浓度标定实验。

（1）思路　称量基准物质→溶解→滴定→计算浓度→数据处理。

（2）操作

① 取洁净、干燥的锥形瓶三个，编号，备用。

② 在电子天平室利用减重法依次称取基准物无水 Na_2CO_3 三份放置于对应编号的锥形瓶中，每份约 0.15g，精密称定，记录数据，见表 6-8。

第六章　酸碱滴定分析

表 6-8　减重法称量基准物质无水 Na_2CO_3

锥形瓶编号	称取的无水 Na_2CO_3 质量/g
1	$\Delta m_1 = m_0 - m_1 = 6.2919 - 6.1474g = 0.1445g$
2	$\Delta m_2 = m_1 - m_2 = 6.1474 - 6.0071g = 0.1403g$
3	$\Delta m_3 = m_2 - m_3 = 6.0071 - 5.8648g = 0.1423g$

③ 加入蒸馏水 50ml 使无水碳酸钠完全溶解，各加入 1~2 滴指示剂，摇匀，备用。
请思考：此过程能否使用玻璃棒搅拌帮助溶解？
④ 用待标定的盐酸滴定液依次滴定到各溶液变色，记下消耗的体积见表 6-9。

表 6-9　消耗的盐酸滴定液体积

编号	消耗的盐酸滴定液体积/ml
1	$V_1 = 24.97ml$
2	$V_2 = 24.20ml$
3	$V_3 = 24.56ml$

(3) 计算平均浓度　根据式(6-22)，代入数据计算浓度得：

$$c_{HCl1} = \frac{2 \times 0.1445}{106.0 \times 24.97 \times 10^{-3}} = 0.1092(mol/L)$$

$$c_{HCl2} = \frac{2 \times 0.1403}{106.0 \times 24.20 \times 10^{-3}} = 0.1094(mol/L)$$

$$c_{HCl3} = \frac{2 \times 0.1423}{106.0 \times 24.56 \times 10^{-3}} = 0.1093(mol/L)$$

$$\bar{c} = \frac{c_{HCl1} + c_{HCl2} + c_{HCl3}}{3} = \frac{0.1092 + 0.1094 + 0.1093}{3} = 0.1093(mol/L)$$

(4) 计算偏差　计算 HCl 溶液浓度的相对平均偏差为：

$$R\bar{d} = \frac{\bar{d}}{\bar{c}} \times 100\%$$

$$= \frac{(0.1093 - 0.1092) + (0.1094 - 0.1093) + (0.1093 - 0.1093)}{3 \times 0.1093} \times 100\%$$

$$= 0.06\%$$

$$R\bar{d} < 0.1\%$$

因此本次被标定（初标）的 HCl 滴定液的浓度为 0.1093mol/L。

> **练一练：**
> 　　称取 0.46g（称准至 0.0001g）基准试剂无水碳酸钠于 100ml 容量瓶中，加适量水溶解、定容、摇匀后备用；用移液管移取 25ml 碳酸钠溶液于锥形瓶中，加入 25ml 水并滴加 2 滴甲基橙指示剂，然后用盐酸滴定液进行滴定，待颜色由黄色变为橙色时，记下消耗的体积。平行测定三次。
> 　　测量结果如下，计算并完善表格。

	1	2	3
$m_{Na_2CO_3}$/g	0.4600		
V_{HCl}/ml	21.00	21.03	21.05
c_{HCl}/(mol/L)			
$\bar{c}_{HCl}$/(mol/L)			
$R\bar{d}$			

请写出计算公式和过程。值得注意的是，本题目中的基准物质取样量存在稀释倍数。

（二）氢氧化钠滴定液（0.1mol/L）

1. 配制方法

按照《中国药典》（2020年版）规定，取氢氧化钠适量，加水振摇使溶解成饱和溶液，冷却后置聚乙烯塑料瓶中，静置数日，澄清后备用。取澄清的氢氧化钠饱和溶液5.6ml，加新沸过的冷水使成1000ml，摇匀。

解析： NaOH固体具有很强的吸湿性，极易与空气中的水分、CO_2反应，因而含有Na_2CO_3，且含有少量的硅酸盐、硫酸盐和氯化物，因此不能直接配成近似浓度的溶液，只能采用间接配制法，要用基准物质进行标定才能获得准确的浓度。NaOH滴定液中若存在Na_2CO_3，将导致酸碱反应关系的不确定，会影响酸碱滴定的准确度。应利用Na_2CO_3在NaOH饱和溶液中不溶的性质予以消除。

因此，在实际工作中，通常是取NaOH 500g，分次加入盛有水450～500ml的1000ml烧杯中，边加边搅拌使溶解并制成饱和溶液，冷至室温，全部转移至聚乙烯试剂瓶中，密塞，Na_2CO_3在NaOH饱和溶液中的溶解度很小，将慢慢沉淀出来。静置一周，使Na_2CO_3和过量的NaOH沉于底部，吸取上部澄清的NaOH饱和溶液，然后稀释饱和溶液到所需的浓度即可。

2. 标定方法

按照《中国药典》（2020年版）规定，取在105℃干燥至恒重的基准邻苯二甲酸氢钾约0.6g，精密称定，加新沸过的冷水50ml，振摇，使其尽量溶解；加酚酞指示液2滴，用本液滴定；在接近终点时，应使邻苯二甲酸氢钾完全溶解，滴定至溶液显粉红色。每1ml氢氧化钠滴定液（0.1mol/L）相当于20.42mg的邻苯二甲酸氢钾。根据本液的消耗量与邻苯二甲酸氢钾的取用量，算出本液的浓度，即得。

解析： 氢氧化钠滴定液用基准邻苯二甲酸氢钾（KHP）标定，邻苯二甲酸氢钾易制得纯品，在空气中不吸收水，容易保存，摩尔质量大，是一种较好的基准物质。邻苯二甲酸氢钾与NaOH反应为：$KHC_8H_4O_4 + NaOH \Longleftrightarrow KNaC_8H_4O_4 + H_2O$。

反应到化学计量点时，邻苯二甲酸氢钾与NaOH化学计量比为1:1，此时溶液呈现碱性，可用酚酞作指示剂（pH8.2～10.0），滴定至溶液由无色变为浅粉色，30秒不褪色即为滴定终点。

根据称取基准邻苯二甲酸氢钾的质量（m）和消耗NaOH滴定液的体积（V）即可计算

出 NaOH 滴定液的准确浓度，计算公式为：

$$c_{NaOH} = \frac{m_{KHP}}{M_{KHP} \times V_{NaOH} \times 10^{-3}}$$ (6-23)

式中　c_{NaOH}——氢氧化钠浓度，mol/L；
　　　m_{KHP}——基准物邻苯二甲酸氢钾质量，g；
　　　M_{KHP}——邻苯二甲酸氢钾摩尔质量，g/mol；
　　　V_{NaOH}——消耗氢氧化钠滴定液的体积，ml。

例题 6-10　精密称定基准邻苯二甲酸氢钾（KHP）三份：$m_1 = 0.6008$g，$m_2 = 0.5998$g，$m_3 = 0.5999$g，用待标定的 NaOH 溶液滴定，消耗的体积分别为 $V_1 = 31.49$ml，$V_2 = 30.90$ml，$V_3 = 31.00$ml，试求 NaOH 溶液的浓度。（M_{KHP} 204.22g/mol）

解析： 反应方程式为 $KHC_8H_4O_4 + NaOH \rightleftharpoons KNaC_8H_4O_4 + H_2O$

用于标定的基准物邻苯二甲酸氢钾称样量约 0.6g，即称取的质量范围为 0.54～0.66g，使用感量为 0.1mg 的分析天平称量。题目中提供的三份样品质量均在称重范围内，是符合要求的。

将数据代入式(6-23) 中：

$$c_{NaOH} = \frac{m_{KHP}}{M_{KHP} \times V_{NaOH} \times 10^{-3}}$$

$$c_{NaOH1} = \frac{0.6008}{204.22 \times 31.49 \times 10^{-3}} = 0.09342(mol/L)$$

$$c_{NaOH2} = \frac{0.5998}{204.22 \times 30.90 \times 10^{-3}} = 0.09505(mol/L)$$

$$c_{NaOH3} = \frac{0.5999}{204.22 \times 31.00 \times 10^{-3}} = 0.09476(mol/L)$$

$$\bar{c} = \frac{0.09342 + 0.09505 + 0.09476}{3} = 0.09441(mol/L)$$

$$R\bar{d} = \frac{\bar{d}}{\bar{c}} \times 100\% = 0.7\%$$

$$R\bar{d} > 0.1\%$$

说明 NaOH 溶液的标定结果不符合要求，需要重新标定。

练一练：
请同学们按照实验要求设计氢氧化钠滴定液配制与标定操作步骤。

3. 贮藏

因氢氧化钠滴定液为强碱能腐蚀玻璃，因此应贮藏于聚乙烯试剂瓶中。为了避免其与空气中的 CO_2 反应，故盛放在聚乙烯塑料瓶中，密封保存；塞中有 2 孔，孔内各插入玻璃管 1 支，一管与钠石灰管相连，一管供放出本液使用。

（三）乙醇制氢氧化钾滴定液（0.1mol/L）

1. 配制方法

按照《中国药典》（2020 年版）规定，取氢氧化钾 7g，置锥形瓶中，加无醛乙醇适量使溶解并稀释成 1000ml，用橡皮塞密塞，静置 24 小时后，迅速倾取上清液，置具橡皮塞的棕色玻璃瓶中。

2. 标定方法

按照《中国药典》（2020 年版）规定，精密量取盐酸滴定液（0.1mol/L）25ml，加水 50ml 稀释后，加酚酞指示液数滴，用本液滴定。根据本液的消耗量，算出本液的浓度，即得。本液临用前应标定浓度。

> **练一练：**
> 通过查阅《中国药典》（2020 年版）找出以下问题答案。
> 1. 为何醇制的氢氧化钾滴定液应盛放在具橡皮塞的棕色玻璃瓶中？
> 2. 乙醇制氢氧化钾滴定液是直接配制法还是间接配制法？
> 3. 通过药典规定的标定方法，查找出乙醇制氢氧化钾标定属于哪种标定法？使用的基准试剂是什么？标定的化学计量关系是多少？

五、酸碱滴定法的应用

酸碱滴定法在药品定量分析中，主要用于能与酸碱滴定液直接或间接反应的药品的含量测定，应用范围广泛，测定过程如图 6-11 所示。

图 6-11 酸碱滴定法的测定过程

（一）直接滴定法

强碱滴定液可直接滴定强酸以及 $cK_a \geq 10^{-8}$ 的弱酸或多元酸及一些强酸弱碱盐；强酸滴定液可直接滴定强碱以及 $cK_b \geq 10^{-8}$ 的弱碱、多元碱及一些强碱弱酸盐。

学习引导中的布洛芬常用于治疗关节炎、痛风、原发性痛经和宫内节育器引起的继发性痛经，并能减少月经量。可用于缓解轻至中度疼痛如头痛、关节痛、神经痛、牙痛、肌肉痛、痛经等，还可以缓解一般感冒和流行性感冒引起的高热。它的结构中含有游离的羧基，在水溶液中可解离出 H^+（$pK_a=5.2$），显弱酸性，且 $cK_a \geq 10^{-8}$，因此布洛芬可以被氢氧化钠滴定液直接滴定，并以酚酞为指示剂指示终点。

滴定反应为：

滴定终点时：$n_{C_{13}H_{18}O_2} : n_{NaOH} = 1:1$

布洛芬百分含量为：

$$C_{13}H_{18}O_2(\%) = \frac{c_{NaOH} \times V_{NaOH} \times M_{C_{13}H_{18}O_2} \times 10^{-3}}{m} \times 100\% \qquad (6-24)$$

式中　$C_{13}H_{18}O_2$——布洛芬百分含量，%；
　　　c_{NaOH}——氢氧化钠滴定液浓度，mol/L；
　　　V_{NaOH}——消耗氢氧化钠滴定液的体积，ml；
　　　$M_{C_{13}H_{18}O_2}$——布洛芬摩尔质量，g/mol；
　　　m——供试品称样量，g。

$$C_{13}H_{18}O_2(\%) = \frac{V_{NaOH} \times F \times T_{NaOH/C_{13}H_{18}O_2} \times 10^{-3}}{m} \times 100\% \qquad (6\text{-}25)$$

式中　$C_{13}H_{18}O_2$——布洛芬百分含量，%；
　　　V_{NaOH}——消耗氢氧化钠滴定液的体积，ml；
　　　F——浓度校正因子，$F = \dfrac{c_{实际}}{c_{标示}}$，$c_{NaOH标示} = 0.1000 \text{mol/L}$；
　　　$T_{NaOH/C_{13}H_{18}O_2}$——滴定度，mg/ml；
　　　m——供试品称样量，g。

比较式(6-24)、式(6-25)两个计算公式，在药品检验与质量控制中最常使用的是式(6-25)。

例题 6-11　精密量取食醋 25ml 于 250ml 容量瓶中，加水至刻度，混匀。再准确移取 25ml 至锥形瓶中，用 NaOH（0.1072mol/L）滴定液滴定，消耗 18.60ml 滴定液，计算食醋试样中醋酸的质量浓度（W/V）。

解析： ① 滴定反应为 $HAc + NaOH \rightleftharpoons NaAc + H_2O$。

② HAc 与 NaOH 计量关系为 1:1，即 $n_{HAc} = n_{NaOH}$。

$$\frac{m_{HAc}}{M_{HAc}} = c_{NaOH} \times V_{NaOH} \times 10^{-3} \qquad (6\text{-}26)$$

③ 食醋的浓度被稀释：稀释倍数 $D = V_{容量瓶}/V_{取出量} = 250\text{ml}/25\text{ml} = 10$。

所以食醋的质量应为 $m_{HAc} = c_{NaOH} \times V_{NaOH} \times 10^{-3} \times D$。

最终计算食醋试样中醋酸的质量浓度：

$$m_{HAc}/V = 0.1072 \times 18.60 \times 10^{-3} \times 10 / (25 \times 10^{-3}) = 0.7976 (\text{g/L})$$

（二）间接滴定法

有些物质的酸碱性太弱，不能用酸或碱滴定液直接滴定（$cK_a < 10^{-8}$ 或 $cK_b < 10^{-8}$），可以采用间接滴定法。

案例 6-3

硼酸的含量测定

取本品约 0.5g，精密称定，加甘露醇 5g 与新沸过的冷水 25ml，微温使溶解，迅即放冷，加酚酞指示液 3 滴，用氢氧化钠滴定液（0.5mol/L）滴定至显粉红色。每 1ml 氢氧化钠滴定液（0.5mol/L）相当于 30.92mg 的 H_3BO_3。本品含 H_3BO_3 不得少于 99.5%。

请思考：酸碱滴定法测定硼酸时为何加入甘露醇？

解析6-3

1. 置换滴定法

案例 6-3 中的硼酸（H_3BO_3）酸性极弱，$pK_a=9.24$，K_a 值太小，不能与碱直接滴定。但是 H_3BO_3 可与甘露醇反应生成酸性较强的配合物，用置换滴定法测定 H_3BO_3 的含量。

H_3BO_3 与甘露醇的置换反应为：$H_3BO_3 + 2C_6H_{14}O_6 \rightleftharpoons HB(C_6H_{12}O_6)_2 + 3H_2O$

置换产物与 NaOH 的滴定反应：$NaOH + HB(C_6H_{12}O_6)_2 \rightleftharpoons NaB(C_6H_{12}O_6)_2 + H_2O$

通过两个反应式可以推导出 H_3BO_3 与 NaOH 间的计量关系为：

$$n_{H_3BO_3} = n_{NaOH} = 1:1$$

因此硼酸 H_3BO_3 的含量为：

$$H_3BO_3(\%) = \frac{c_{NaOH} \times V_{NaOH} \times M_{H_3BO_3} \times 10^{-3}}{m} \times 100\% \tag{6-27}$$

$$H_3BO_3(\%) = \frac{V_{NaOH} \times T \times F \times 10^{-3}}{m} \times 100\% \tag{6-28}$$

 例题 6-12 取硼酸 0.5681g，精密称定，加甘露醇 5g 与新沸过的冷水 25ml，微温使溶解，迅速放冷，加酚酞指示液 3 滴，用氢氧化钠滴定液（0.4981mol/L）滴定至显粉红色消耗体积为 18.21ml。每 1ml 氢氧化钠滴定液（0.5mol/L）相当于 30.92mg 的 H_3BO_3。（H_3BO_3 摩尔质量为 61.83g/mol）

解析：将数据代入式（6-27）得：

$$H_3BO_3(\%) = \frac{c_{NaOH} \times V_{NaOH} \times M_{H_3BO_3} \times 10^{-3}}{m} \times 100\%$$

$$= \frac{0.4981 \times 18.21 \times 61.83 \times 10^{-3}}{0.5681} \times 100\%$$

$$= 98.72\%$$

或者将数据代入式（6-28）得：

$$H_3BO_3(\%) = \frac{V_{NaOH} \times T \times F \times 10^{-3}}{m} \times 100\%$$

$$= \frac{18.21 \times 30.92 \times \frac{0.4981}{0.5} \times 10^{-3}}{0.5681} \times 100\%$$

$$= 98.74\%$$

数据代入式（6-27）、式（6-28）结果稍微有所差异。

案例 6-4

碳酸锂的含量测定

取本品约 1g，精密称定，加水 50ml，精密加入硫酸滴定液（0.5mol/L）50.00ml，缓缓煮沸使 CO_2 除尽，冷却，加酚酞指示剂，用氢氧化钠滴定液（1.0mol/L）滴定，并将滴定结果用空白试验校正。每 1ml 氢氧化钠滴定液（1.0mol/L）相当于 36.95mg 的 Li_2CO_3。

解析6-4

请思考：1. 用感量为多少的分析天平减重称量碳酸锂的质量？

2. 滴定过程中要精密加入硫酸 50.00ml，试判断应该使用哪种仪器量取体积？

3. 滴定终点的现象是什么？如何判断？

2. 剩余滴定法

案例 6-4 中的碳酸锂（Li_2CO_3）在水中的溶解度较小，故含量测定采用剩余滴定。

Li_2CO_3 与 H_2SO_4 滴定反应式为：$Li_2CO_3 + H_2SO_4$（定量且过量）$=\!=\!= Li_2SO_4 + H_2CO_3$

剩余滴定反应为：$2NaOH + H_2SO_4 =\!=\!= Na_2SO_4 + 2H_2O$

因此碳酸锂（Li_2CO_3）的含量为：

$$Li_2CO_3(\%) = \frac{(c_{H_2SO_4} \times V_{H_2SO_4} - \frac{1}{2} \times c_{NaOH} \times V_{NaOH} \times M_{Li_2CO_3}) \times 10^{-3}}{m} \times 100\% \quad (6\text{-}29)$$

第五节　非水溶液的酸碱滴定

在非水溶剂（除水以外的溶剂）中进行的酸碱滴定简称为非水酸碱滴定法。

案例 6-5

盐酸麻黄碱含量测定

按照《中国药典》（2020 年版），取本品约 0.15g，精密称定，加冰醋酸 10ml，加热溶解后，加醋酸汞 4ml 与结晶紫指示剂 1 滴，用高氯酸滴定液（0.1mol/L）滴定至溶液呈翠绿色，并将滴定结果用空白试验校正。1ml 高氯酸滴定溶液（0.1mol/L）相当于 20.17mg 的 $C_{10}H_{15}NO_2 \cdot HCl$。本品按照干燥品计算，含 $C_{10}H_{15}NO_2 \cdot HCl$ 不得少于 99.0%。

请思考：案例中使用的溶剂是水吗？滴定液是什么？滴定液可以直接配制吗？为什么在配制滴定液时需要加入醋酐？加多少？配制中的注意问题有哪些？

解析6-5

请同学们带着上述问题学习本节内容，解决上述问题。

一、基本原理

根据酸碱质子理论得知，酸碱的强度取决于酸将质子给予溶剂或碱从溶剂分子中夺取质子的能力强弱。改变溶剂可以改变溶液的酸碱性的强弱。对于同一种酸来讲，溶剂的碱性越强，酸溶液的酸度也越强。因此滴定弱酸时应选用碱性溶剂，滴定弱碱性物质时应选择酸性溶剂。

对于 $cK_a < 10^{-8}$（或 $cK_b < 10^{-8}$）的弱酸或碱、多元酸或碱、混合酸或碱，选择合适的非水溶剂不仅可以提高弱酸或弱碱的相对强度，也可增加有机物的溶解性，使滴定突跃明显，克服在水溶液中滴定的困难，从而扩大酸碱滴定的应用范围。

非水酸碱滴定法的计算依据与酸碱滴定法相同，也是根据滴定终点时，被测组分和滴定液之间的物质的量关系进行含量计算。

非水酸碱滴定法滴定终点的确定，一般情况下采用酸碱指示剂法。滴定弱碱时常用的指示剂有结晶紫、喹哪啶红等；滴定弱酸时常用的指示剂有偶氮紫、麝香草酚蓝等。当选择不到合适的指示剂时采用电位滴定法。

二、非水酸碱滴定法的特点

（1）利用相似相溶原理，增大有机物的溶解度，在药品检验中应用广泛。

（2）改变物质的酸碱性，扩大滴定范围，使突跃明显。

（3）非水溶剂价格较高，具有一定的毒性。一般采用半微量法，使用 10ml 滴定管来滴定，以消耗滴定液（0.1mol/L）在 10ml 以内为宜。

（4）具有快速、准确、设备简单等特点。

三、非水酸碱滴定法的溶剂

（一）非水溶剂的类型

根据酸碱质子理论，非水溶剂可以分为质子性溶剂和非质子性溶剂两大类。

1. 质子性溶剂

能够给出或接受质子的溶剂称为质子性溶剂。根据酸碱性强弱可分为酸性溶剂、碱性溶剂和两性溶剂。

（1）酸性溶剂 是给出质子能力较强的溶剂，其酸性比水强，如甲酸、冰醋酸等。滴定弱碱性药物（如生物碱的卤化物、有机胺、杂环氮化合物等）时常用酸性溶剂作介质。

（2）碱性溶剂 是接受质子能力较强的溶剂，其碱性比水强，如乙二胺、乙醇胺等，是滴定弱酸性物质常选用的溶剂。

（3）两性溶剂 既易给出质子又易接受质子的溶剂为两性溶剂，如甲醇、乙醇等，是滴定不太弱的酸或碱时常选用的溶剂。

2. 非质子性溶剂

是溶剂分子间没有质子转移，不能发生质子自递反应的溶剂。可分为非质子亲质子性溶剂和惰性溶剂。

（1）非质子亲质子性溶剂 本身无质子但却有较弱的接受质子的能力。如二甲基甲酰胺等酰胺类、酮类、吡啶类等溶剂。

（2）惰性溶剂 几乎没有给出和接受质子能力的溶剂，只对溶质起溶解、分散和稀释溶质的作用。如苯、氯仿、四氯化碳等。

3. 混合溶剂

将极性溶剂和非极性溶剂混合使用，可增大溶剂对样品的溶解能力，使滴定突跃发生明显变化，有利于指示剂的选择。

（二）溶剂的性质

1. 均化效应

例如，$HClO_4$、H_2SO_4、HCl 和 HNO_3 在水溶液中都是强酸，全部给出 H^+，而水接受四种酸给出的 H^+ 后全部形成 H_3O^+，表现出相同的酸度，水的作用就是拉平效应，水就是这四种酸的拉平溶剂。这种把不同类型的酸或碱拉平到相同强度水平的现象称为均化效应或拉平效应，具有均化效应或拉平效应的溶剂称为均化溶剂或拉平溶剂。

2. 区分效应

如果将 $HClO_4$、H_2SO_4、HCl 和 HNO_3 四种酸放在冰醋酸中，由于 HAc 的酸性比水强，接受质子的能力比水弱，只能部分接受四种酸给出的质子。酸性强的给出的 H^+ 越多，其酸性差异就越大。这四种酸在冰醋酸中的酸性顺序为 $HClO_4 > H_2SO_4 > HCl > HNO_3$，HAc 就是上述四种酸的区分溶剂。溶剂这种能使强度相近的酸（碱）表现出不同强度的作用称为区分效应，具有区分效应的溶剂称为区分溶剂。

一般来说，碱性溶剂是酸的拉平溶剂，对于碱具有区分效应。酸性溶剂是碱的拉平溶剂，对于酸具有区分效应。在非水滴定中，常利用均化效应测定混合酸（碱）的总量，利用区分效应测定混合酸（碱）中各组分的含量。

（三）非水溶剂的选择

非水滴定中，选择溶剂应遵循如下原则：

(1) 能有效增强被测物质的酸碱性。弱酸性物质选择碱性溶剂，弱碱性物质选择酸性溶剂。
(2) 溶解性要好。应能完全溶解被测样品、滴定产物。
(3) 不发生副反应。只作为溶剂，不参与反应。
(4) 纯度要高。溶剂中不应含有水及其他酸性和碱性杂质。
(5) 选择相对安全、价廉、低黏度、挥发性小、易于提纯回收的溶剂。

四、非水酸碱滴定类型及应用

根据被滴定物质的性质，非水溶液酸碱滴定法分为弱碱的滴定和弱酸的滴定。

（一）弱碱的滴定

对于在水溶液中不能直接滴定的弱碱如胺类、生物碱等有机碱及有机碱的氢卤酸盐、有机酸的碱金属盐、有机碱的有机酸盐等药物的含量测定，最常用的酸滴定液为高氯酸的冰醋酸溶液（无机酸在冰醋酸中酸性排列顺序为：$HClO_4 > HBr > H_2SO_4 > HCl > HNO_3 > H_3PO_4$），使用的溶剂为冰醋酸或者冰醋酸与醋酐的混合溶剂；用结晶紫为指示剂指示终点，有时也可用电位滴定法判断终点。

1. 高氯酸滴定液（0.1mol/L）

(1) 配制方法　按照《中国药典》（2020年版）规定，取无水冰醋酸（按含水量计算，每 1g 水加醋酐 5.22ml）750ml，加入高氯酸（70%～72%）8.5ml，摇匀，在室温下缓缓滴加醋酐 23ml，边加边摇，加完后再振摇均匀，放冷。加无水冰醋酸使成 1000ml，摇匀，放置 24 小时。若所测供试品易乙酰化，则须用水分测定法（通则 0832）测定本液的含水量，再用水和醋酐调节至本液的含水量为 0.01%～0.2%。

解析： 在冰醋酸溶剂中，高氯酸的酸性最强，且其有机碱的高氯酸盐易溶解，所以采用 $HClO_4$ 的冰醋酸溶液作为酸滴定液。

① 配制。市售高氯酸通常是 70%～72% 的高氯酸水溶液，所以只能用间接法配制。若

配制 0.1mol/L 的高氯酸滴定液 1000ml，则需市售高氯酸溶液（含量为 70%、密度为 1.75g/ml）的体积为：

$$V_{HClO_4}=\frac{0.1\times1000\times100.46}{1000\times1.75\times70\%}=8.20(ml)$$

在实际配制中，为使高氯酸的浓度达到 0.1mol/L，故常取市售高氯酸溶液 8.5ml。

② 高氯酸和冰醋酸中水分的去除方法。由于市售高氯酸试剂和冰醋酸试剂均含有水分，而水作为杂质会在非水滴定中影响滴定突跃，使指示剂变色不敏锐，影响酸碱滴定的准确性，所以配制高氯酸滴定液时，应加入一定量的醋酐，以除去高氯酸溶液及冰醋酸溶剂中的水。

水与醋酐的反应式为：$(CH_3CO)_2O+H_2O \Longrightarrow 2CH_3COOH$

从反应式可知，醋酐与水的反应是等物质的量的反应，即 $n_{醋酐}=n_{水}$，因此，可根据水的量计算出加入的醋酐的量。

如除去冰醋酸中的水分，则公式为：

$$\frac{\rho_{冰醋酸}\times V_{冰醋酸}\times 水(\%)}{M_{水}}=\frac{\rho_{醋酐}\times V_{醋酐}\times 醋酐(\%)}{M_{醋酐}} \quad (6-30)$$

如除去高氯酸中的水分，则公式为：

$$\frac{\rho_{高氯酸}\times V_{高氯酸}\times 水(\%)}{M_{水}}=\frac{\rho_{醋酐}\times V_{醋酐}\times 醋酐(\%)}{M_{醋酐}} \quad (6-31)$$

式中　$\rho_{冰醋酸}$——冰醋酸的密度，g/ml；
　　　$\rho_{醋酐}$——醋酐的密度，g/ml；
　　　$\rho_{高氯酸}$——高氯酸的密度，g/ml；
　　　$V_{冰醋酸}$——冰醋酸的体积，ml；
　　　$V_{醋酐}$——醋酐的体积，ml；
　　　$V_{高氯酸}$——高氯酸的体积，ml；
　　　$M_{水}$——水的摩尔质量，g/mol；
　　　$M_{醋酐}$——醋酐的摩尔质量，g/mol；
　　　水(%)——水的百分含量（冰醋酸或高氯酸中含有的）；
　　　醋酐(%)——醋酐的百分含量。

例题 6-13 要除去 1000ml 密度为 1.05g/ml、含水量为 0.2% 的冰醋酸中的水分，需要加入密度为 1.082g/ml、含量为 97% 的醋酐多少毫升？（已知：$M_{醋酐}=102.09g/mol$，$M_{H_2O}=18.02g/mol$）

解析： 此题目是醋酐除去冰醋酸中的水分，因此代入式(6-30)计算。

$$\frac{\rho_{冰醋酸}\times V_{冰醋酸}\times 水(\%)}{M_{水}}=\frac{\rho_{醋酐}\times V_{醋酐}\times 醋酐(\%)}{M_{醋酐}}$$

$$\frac{1.05\times1000\times0.2\%}{18.02}=\frac{1.082\times V_{醋酐}\times 97\%}{102.09}$$

$$V_{醋酐}=11.34(ml)$$

例题 6-14 配制高氯酸滴定液（0.1mol/L）1000ml，需取用高氯酸（含量为 70%、密度为 1.75g/ml）溶液 8.5ml。为除去 8.5ml 高氯酸溶液中的水分，需要加入密度为 1.082g/ml、含量为 97% 的醋酐多少毫升？（$M_{醋酐}=102.09g/mol$，$M_{H_2O}=18.02g/mol$）

解析：此题目是醋酐除去高氯酸中的水分，因此代入式(6-31)计算。

$$\frac{\rho_{高氯酸} \times V_{高氯酸} \times 水(\%)}{M_{水}} = \frac{\rho_{醋酐} \times V_{醋酐} \times 醋酐(\%)}{M_{醋酐}}$$

$$\frac{1.75 \times 8.5 \times (100-70)\%}{18.02} = \frac{1.082 \times V_{醋酐} \times 97\%}{102.09}$$

$$V_{醋酐} = 24.09(\text{ml})$$

③ 配制高氯酸的注意事项

a. 高氯酸与醋酐等有机物混合会发生剧烈反应，并放出大量的热，有可能使溶液沸腾溅出甚至发生爆炸。因此，在配制时应先用无水冰醋酸将高氯酸稀释以后，再在不断搅拌下缓缓滴加醋酐，并尽可能将温度控制在25℃之内，以保证安全。

b. 量取高氯酸使用的量筒不能接着量取醋酐。

c. 所测样品为芳伯胺或芳仲胺时，醋酐的使用量如果过量会导致乙酰化，从而影响测定结果。

d. 高氯酸具有腐蚀性，在配制时应注意防护，在通风橱中完成配制。

(2) 标定方法　按照《中国药典》(2020年版)规定，取在105℃干燥至恒重的基准邻苯二甲酸氢钾(KHP)约0.16g，精密称定，加无水冰醋酸20ml使溶解，加结晶紫指示液1滴，用本液缓缓滴定至蓝色，并将滴定的结果用空白试验校正。每1ml高氯酸滴定液(0.1mol/L)相当于20.42mg的邻苯二甲酸氢钾(KHP)。根据本液的消耗量与KHP的取用量，算出本液的浓度，即得。

如需用高氯酸滴定液(0.05mol/L或0.02mol/L)时，可取高氯酸滴定液(0.1mol/L)用无水冰醋酸稀释制成，并标定浓度。

解析：邻苯二甲酸氢钾与高氯酸的反应为

$$KHC_8H_4O_4 + HClO_4 = C_8H_6O_4 + KClO_4$$

则
$$n_{KHP} : n_{HClO_4} = 1 : 1$$

用KHP标定高氯酸滴定液时，加结晶紫指示液1滴，用高氯酸滴定液缓缓滴定至蓝色，记录终点时消耗的高氯酸滴定液的体积V。

由于溶剂、指示剂消耗一定量的滴定液，因此需要对滴定结果做空白试验进行校正。

空白试验：锥形瓶中加等量溶剂和等量指示剂，不加基准KHP，用高氯酸滴定液缓缓滴定至蓝色，记录终点时消耗的高氯酸滴定液的体积$V_{空白}$。

高氯酸滴定液浓度的计算公式如下：

$$c_{HClO_4} = \frac{m_{KHP}}{(V - V_{空白}) \times M_{KHP} \times 10^{-3}} \tag{6-32}$$

式中　V——消耗高氯酸滴定液的体积，ml；

　　$V_{空白}$——空白试验消耗高氯酸滴定液的体积，ml；

　　m_{KHP}——基准物KHP的质量，g；

　　M_{KHP}——基准物KHP的摩尔质量，g/mol。

(3) 高氯酸的浓度校正　由于非水溶剂的体积膨胀系数较大，体积随温度的变化较明显，所以当高氯酸滴定液在实际应用于测定样品与标定时温度差超过10℃时，要重新配制并标定浓度。若测定时温度与标定时温度差<10℃，则高氯酸滴定液的浓度可按下式进行校正。

$$c_1 = \frac{c_0}{1+0.0011\times(t_1-t_0)} \tag{6-33}$$

式中　0.0011——醋酸的体积膨胀系数；
　　　t_1——测定样品时的温度；
　　　t_0——标定时温度；
　　　c_0——标定时的浓度；
　　　c_1——测定样品时的浓度。

例题 6-15　高氯酸的冰醋酸溶液在 18℃ 时标定的浓度是 0.1021mol/L。试计算在 25℃ 时溶液的浓度是多少？

解析：$t_1-t_0=25-18=7℃<10℃$，则代入式(6-33)中计算。

$$c_1=\frac{c_0}{1+0.0011\times(t_1-t_0)}=\frac{0.1021}{1+0.0011\times 7}=0.1013(\text{mol/L})$$

（4）贮存　制备并标定好的高氯酸滴定液应置于棕色玻璃瓶中，密闭保存。

2. 滴定终点的判断

以冰醋酸为溶剂，高氯酸为滴定剂滴定弱碱时，常使用的指示剂是结晶紫指示液（0.5%冰醋酸溶液），其碱式色为紫色，酸式色为黄色。在不同的酸度下变色较为复杂，由碱区到酸区的颜色变化是紫色→蓝紫色→蓝色→蓝绿色→绿色→黄绿色→黄色。结晶紫指示剂终点颜色变化不同：

（1）滴定较强的碱时，应以蓝色或蓝绿色为终点；
（2）滴定较弱的碱时，应以蓝绿色或绿色为终点。

在非水酸碱滴定法中，除了用指示剂指示终点外，电位滴定法也是确定终点的基本方法。可以以电位滴定法作对照，确定终点的颜色，并作空白试验以减少滴定终点的误差。电位滴定法采用玻璃电极为指示电极，饱和甘汞电极为参比电极。

3. 含量测定应用

在药品检验中，非水酸碱滴定法主要用于原料药的含量测定。具有碱性基团的化合物如果为游离碱的，可以直接与高氯酸反应；与酸形成盐的碱性化合物，与高氯酸反应是一个置换滴定过程。其反应原理通式表示为：$B\cdot HX+HClO_4 \longrightarrow B\cdot HClO_4+HX$。

当 K_b 在 $10^{-10}\sim 10^{-8}$ 时，宜选用冰醋酸作溶剂；在 K_b 在 $10^{-12}\sim 10^{-10}$ 时，宜选用冰醋酸和醋酐作溶剂；在 $K_b\leqslant 10^{-12}$ 时，宜选用醋酐作溶剂。在冰醋酸中加入不同量的醋酐为溶剂，随着醋酐量的不断增加，甚至以醋酐为溶剂，更有利于碱性药物的碱性增强，使突跃显著增大，从而获得满意的结果。

（1）游离碱　如咖啡因，碱性极弱，不能与酸成盐，常呈游离态，在冰醋酸中没有明显的滴定突跃，故须加入醋酐使滴定突跃显著增大，终点敏锐，才可用本法测定含量。

例如，咖啡因的含量测定按照《中国药典》（2020年版）规定，取本品约 0.15g，精密称定，加醋酐-冰醋酸（5:1）的混合液 25ml，微热使溶解，放冷，加结晶紫指示液 1 滴，用高氯酸滴定液（0.1mol/L）滴定至溶液显黄色，并将滴定结果用空白试验校正。1ml 高氯酸滴定溶液（0.1mol/L）相当于 19.42mg 的 $C_8H_{10}N_4O_2$。

（2）氢卤酸盐　如盐酸麻黄碱、氢溴酸东莨菪碱等生物碱，常以 $B\cdot HX$ 代表。当其溶于冰醋酸时，被高氯酸置换出的氢卤酸在冰醋酸中酸性较强，对测定有干扰。因此用高氯酸测定氢卤酸时，应该先加入过量的醋酸汞的冰醋酸溶液，使HX形成难解离的卤化汞，消除干扰。然后再选择适当指示剂，用高氯酸滴定。例如，案例6-5盐酸麻黄碱含量测定中的操作。

（3）**磷酸盐** 如邻苯二甲酸氢钾、苯甲酸钠、醋酸钠、乳酸钠、枸橼酸钠及水杨酸钠等。由于有机酸的共轭碱具有较强的碱性，故可用高氯酸滴定。

例如，磷酸可待因的含量测定按照《中国药典》（2020年版）规定，取本品约0.25g，精密称定，加冰醋酸10ml溶解后，加结晶紫指示液1滴，用高氯酸滴定液（0.1mol/L）滴定至溶液显绿色，并将滴定结果用空白试验校正。1ml高氯酸滴定溶液（0.1mol/L）相当于39.74mg的$C_{18}H_{21}NO_3 \cdot H_3PO_4$。

（4）**硫酸盐** 硫酸为二元酸，在水中有两次解离。但在冰醋酸溶液中，仅能完成一步解离，最终生成HSO_4^-，不再发生二级解离。所以硫酸盐类药物在冰醋酸中只能滴定至硫酸氢盐。

$$(BH^+)_2 \cdot SO_4^{2-} + HClO_4 \longrightarrow BH^+ \cdot ClO_4^- + BH^+ \cdot HSO_4^-$$

采用非水溶液滴定法，以高氯酸滴定液直接滴定硫酸盐时，应注意药物的化学结构，正确判断反应的化学计量比，方能正确地进行含量计算。

硫酸奎宁的结构如下：奎宁为二元碱，喹核碱的碱性较强，可以与硫酸成盐，而喹啉环的碱性极弱，不能与硫酸成盐而始终保持游离状态。而在冰醋酸中，由于溶剂作用，其碱性增强，喹啉碱亦能与质子成盐。例如，硫酸奎宁及其制剂的含量测定。

硫酸奎宁

① **硫酸奎宁原料药的测定** 按照《中国药典》（2020年版）规定，取本品约0.2g，精密称定，加冰醋酸10ml溶解后，加醋酐5ml与结晶紫指示液1～2滴，用高氯酸滴定液（0.1mol/L）滴定至溶液显蓝绿色，并将滴定结果用空白试验校正。1ml高氯酸滴定溶液（0.1mol/L）相当于24.90mg的$(C_{20}H_{24}N_2O_2)_2 \cdot H_2SO_4$。

用高氯酸滴定时，反应式为：

$$(C_{20}H_{24}N_2O_2)_2 \cdot H_2SO_4 + 3HClO_4 \longrightarrow$$

$$(C_{20}H_{24}N_2O_2 \cdot 2H^+) \cdot 2ClO_4^- + (C_{20}H_{24}N_2O_2 \cdot 2H^+) \cdot HSO_4^- \cdot ClO_4^-$$

解析：硫酸仅解离一次变成HSO_4^-，与奎宁中一个氮原子反应，剩余的三个氮原子与高氯酸反应，即硫酸奎宁与高氯酸的化学计量比为1:3。

② **硫酸奎宁片的测定** 按照《中国药典》（2020年版）规定，取本品20片，除去包衣后，精密称定，研细，精密称取适量（约相当于硫酸奎宁0.3g），置分液漏斗中，加氯化钠0.5g与0.1mol/L氢氧化钠10ml，混匀，精密加入三氯甲烷50ml，振摇10分钟，静置，分取三氯甲烷液，用干燥滤纸滤过，弃去初滤液，精密量取续滤液25ml，加醋酐5ml与二甲基黄指示液2滴，用高氯酸滴定液（0.1mol/L）滴定至溶液显玫瑰红色，并将滴定结果

用空白试验校正。1ml 高氯酸滴定溶液（0.1mol/L）相当于 19.57mg 的 $(C_{20}H_{24}N_2O_2)_2 \cdot H_2SO_4 \cdot 2H_2O$。

用高氯酸滴定反应式为：

$$(C_{20}H_{24}N_2O_2 \cdot 2H^+) \cdot SO_4^{2-} + 2NaOH \longrightarrow 2C_{20}H_{24}N_2O_2 + Na_2SO_4 + 2H_2O$$

$$2C_{20}H_{24}N_2O_2 + 4HClO_4 \longrightarrow 2[(C_{20}H_{24}N_2O_2 \cdot 2H^+) \cdot 2ClO_4^-]$$

解析： 硫酸奎宁经强碱溶液碱化，生成奎宁游离碱。硫酸奎宁与高氯酸的化学计量比为 1:4。

（5）**硝酸盐** 硝酸在冰醋酸中为一元弱酸，滴定反应可以进行完全。但是硝酸是具有氧化性的，能把指示剂氧化变色，所以用非水滴定法测定硝酸盐时，应使用电位滴定法指示终点。

例如，硝酸士的宁的含量测定按 2020 年版《中国药典》规定，取本品约 0.3g，精密称定，加冰醋酸 20ml 振摇使溶解，照电位滴定法，用高氯酸滴定液（0.1mol/L）滴定至溶液显绿色，并将滴定结果用空白试验校正。1ml 高氯酸滴定溶液（0.1mol/L）相当于 39.74mg 的 $C_{21}H_{22}N_2O_2 \cdot HNO_3$。

（6）**有机酸盐** 如咳必清、马来酸氯苯那敏、重酒石酸去甲肾上腺素等，在冰醋酸或冰醋酸-醋酐混合溶剂中，用结晶紫指示终点，高氯酸滴定测定含量。

例题 6-16 按照《中国药典》（2020 年版）规定采用非水碱量法测定重酒石酸去甲肾上腺素含量，精密称取本品 0.2160g，加冰醋酸 10ml 溶解后，加结晶紫指示液 1 滴，用高氯酸滴定液（0.1mol/L）滴定至溶液显蓝绿色，消耗的体积为 6.50ml，并将滴定结果用空白试验校正，空白试验体积为 0.02ml。已知高氯酸滴定液（0.1mol/L）的 $F=1.027$。1ml 高氯酸滴定溶液（0.1mol/L）相当于 31.93mg 的 $C_8H_{11}NO_3 \cdot C_4H_4O_6$。求重酒石酸去甲肾上腺素的含量。

解析： 含量计算公式为：

$$重酒石酸去甲肾上腺素(\%) = \frac{(V-V_{空白}) \times T \times F \times 10^{-3}}{m} \times 100\%$$

$$= \frac{(6.50-0.02) \times 31.93 \times 1.027 \times 10^{-3}}{0.2160} \times 100\%$$

$$= 98.38\%$$

> **练一练：**
>
> **地西泮原料药的含量测定**
>
> 地西泮别名安定，具有抗焦虑、抗惊厥作用，其结构中含有氮原子，有弱碱性。按照《中国药典》（2020 年版）采用非水酸碱滴定法测定其含量。
>
> 取本品 0.2005g，精密称定，加冰醋酸与醋酐各 10ml 使溶解，加结晶紫指示液 1 滴，用高氯酸滴定液（0.1mol/L）滴定至溶液显绿色，消耗滴定液的体积为 6.70ml，并将滴定结果用空白试验校正，空白试验体积为 0.02ml。每 1ml 高氯酸滴定溶液（0.1mol/L）相当于 28.47mg 的 $C_{16}H_{13}ClN_2O$。已知 $F=1.021$，试计算地西泮原料药的含量。

4. 实例解析

盐酸麻黄碱为白色针状结晶或结晶性粉末，可用于支气管哮喘、百日咳、枯草热及其他过敏性疾病，还能对抗脊椎麻醉引起的血压降低、瞳孔扩大，也用于重症肌无力、痛经等疾患，还可作中枢神经系统兴奋剂。盐酸麻黄碱是麻黄碱的盐酸盐，在滴定前需加入醋酸汞试液消除盐酸的干扰。反应式如下：

$$2C_{10}H_{15}NO \cdot HCl + Hg(Ac)_2 \longrightarrow 2C_{10}H_{15}NO \cdot HAc + HgCl_2 \downarrow$$

$$C_{10}H_{15}NO \cdot HAc + HClO_4 \longrightarrow C_{10}H_{15}NO \cdot HClO_4 + HAc$$

盐酸麻黄碱含量的计算公式为：

$$盐酸麻黄碱(\%) = \frac{(V-V_0) \times F \times T}{m} \times 100\% \tag{6-34}$$

式中 V——供试品消耗滴定液的体积，ml；

V_0——空白实验消耗滴定液的体积，ml；

T——滴定度，每 1ml 滴定液相当于被测组分的质量数，mg/ml；

F——浓度校正因子；

m——供试品的取样量，g（或 mg）。

非水酸碱滴定法测定盐酸麻黄碱含量操作过程如下：

（1）供试品溶液的制备和空白试剂准备

① 用电子天平减重法精密称取本品约 0.15g 于干燥洁净的锥形瓶中，加冰醋酸 10ml，加热溶解后，加醋酸汞 4ml 与结晶紫指示剂 1 滴，摇匀即得供试品试剂溶液。

② 另取一干燥洁净的锥形瓶，加冰醋酸 10ml，加热溶解后，加醋酸汞 4ml 与结晶紫指示剂 1 滴，摇匀即得空白试剂溶液。

（2）高氯酸滴定液的准备　将标定好的高氯酸滴定液装入半微量滴定管中，调节液面至零刻度，记录滴定前的读数。

（3）滴定

① 供试品溶液的滴定　在不断摇动下，将滴定液滴加到供试品溶液中，至溶液由紫色变为蓝绿色，停止滴定，记录终点时的读数。

② 空白试验　在不断摇动下，将滴定液滴加到空白试剂溶液中，至溶液由紫色变为蓝绿色，停止滴定，记录终点时的读数。

（4）数据记录、结果计算与结论　如表 6-10 所示。

表 6-10　盐酸麻黄碱含量测定的数据记录、结果计算与结论

供试品名称		批号		生产厂家		
滴定液名称		滴定液浓度		指示剂名称		温度
称取供试品的重量/g	第一份		第二份		第三份	
终点消耗滴定液的体积/ml	第一份		第二份		第三份	
空白试验体积/ml						
浓度校正因子 F						
含量计算	第一份		第二份		第三份	

续表

含量平均值	
相对标准偏差	
结论	本品按照《中国药典》(2020 年版)检验,判断结果□符合 □不符合规定

（二）弱酸的滴定

如羧酸类、酚类、磺胺类和某些铵盐类在水溶液中 $cK_a < 10^{-8}$ 不能直接滴定的弱酸，应选择醇、乙二胺或二甲基甲酰胺等碱性溶剂，以增强弱酸的酸性，使滴定突跃明显，能够用碱滴定液直接滴定。常用的指示剂有偶氮紫、麝香草酚蓝等；滴定液常用甲醇钠的苯-甲醇溶液、氢氧化四丁基铵滴定液等。有时也可用电位滴定法判断终点。

1. 甲醇钠滴定液（0.1mol/L）

（1）配制方法　按照《中国药典》(2020 年版)，取无水甲醇（含水量少于 0.2%）150ml，置于冰水冷却的容器中，分次少量加入新切的金属钠 2.5g，完全溶解后加入适量的无水苯（含水量少于 0.02%），使成 1000ml，摇匀，即得。

解析：甲醇钠由金属钠与甲醇反应制得，其反应式为：

$$2CH_3OH + 2Na = 2CH_3ONa + H_2\uparrow$$

配制甲醇钠注意事项：

① 配制滴定液的溶剂（甲醇、苯）具有一定的毒性及挥发性，贮藏时要置于密闭的附有滴定装置的容器内，避免与空气中的二氧化碳及湿气接触。

② 配制滴定液的溶剂（甲醇、苯）中所含的水分一定要去除。

③ 滴定应在密闭装置中进行，如选用全自动滴定仪或自动回零滴定装置。

（2）标定方法　按照《中国药典》(2020 年版)，取在五氧化二磷干燥器中减压干燥至恒重的基准苯甲酸约 0.4g，精密称定，加无水甲醇 15ml 使溶解，加无水苯 5ml 与 1%麝香草酚蓝无水甲醇溶液 1 滴，用本液滴定至蓝色，记录终点时消耗的甲醇钠滴定液的体积 V。并将滴定的结果用空白试验校正，记录终点时消耗的甲醇钠滴定液的体积 $V_{空白}$。每 1ml 甲醇钠滴定液（0.1mol/L）相当于 12.21mg 的苯甲酸。根据本液的消耗量与苯甲酸的取用量，算出本液的浓度，即得。

本液标定时，应注意防止二氧化碳的干扰和溶剂的挥发，每次临用前均应重新标定。

解析：标定甲醇钠滴定液常以苯甲酸为基准试剂，麝香草酚蓝为指示剂，滴定至溶液变为蓝色。标定反应式为：$C_6H_5COOH + CH_3ONa = C_6H_5COONa + CH_3OH$。滴定至化学计量点时，$n_{苯甲酸} : n_{甲醇钠} = 1 : 1$。

根据终点时消耗滴定液的体积和称取基准试剂苯甲酸的质量，即可计算出滴定液的准确浓度。测定结果用空白试验进行校正。

甲醇钠滴定液浓度的计算公式为：

$$c_{甲醇钠} = \frac{m_{苯甲酸}}{(V - V_{空白}) \times M_{苯甲酸} \times 10^{-3}} \tag{6-35}$$

式中　V——消耗甲醇钠滴定液的体积，ml；

　　　$V_{空白}$——空白试验消耗甲醇钠滴定液的体积，ml；

$m_{苯甲酸}$——基准物苯甲酸的质量,g;
$M_{苯甲酸}$——基准物苯甲酸的摩尔质量,g/mol。

(3) 贮存　制备并标定好的甲醇钠滴定液置于密闭的附有滴定装置的容器内,避免与空气中的二氧化碳及湿气接触。

2. 滴定终点的判断

常用百里酚蓝指示终点,其碱式色为蓝色,酸式色为黄色。偶氮紫、溴酚蓝也常被用作指示剂。

3. 含量测定应用

滴定不太弱的羧酸时常用醇类作溶剂,如甲醇、乙醇等;多元弱酸和极弱的酸滴定时选用乙二胺、二甲基甲酰胺等碱性溶剂为宜;混合酸的区分滴定常用甲基异丁酮为区分溶剂,此外也用苯-甲醇、甲醇-丙酮等混合溶剂。

(1) 羧酸类　在水溶液中 pK_a 为 5~6 的羧酸,其酸性较强,可在醇中用氢氧化钾直接滴定,酚酞为指示剂。较弱的羧酸则可用苯-甲醇混合溶剂溶解,百里酚酞为指示剂,用甲醇钠滴定液进行滴定。

(2) 酚类　酚类的酸性比羧酸类更弱(如苯酚 $K_a=1.1\times10^{-10}$)。在乙二胺溶剂中,酚类的酸性增强,然后用氨基乙醇钠滴定,可有明显的滴定突跃。

(3) 其他类化合物　磺胺类化合物、巴比妥酸、氨基酸及某些铵盐等,可在碱性溶剂中用酸或碱溶液滴定。例如磺胺类化合物分子中具有酸性的磺酰氨基($-SO_2NH_2$)和碱性的氨基($-NH_2$),可选用丁胺为溶剂,偶氮紫为指示剂,甲醇钠为滴定剂。

例题 6-17　乙琥胺的含量测定

按照《中国药典》(2020年版),精密称取本品 0.2060g,加二甲基甲酰胺 60ml 溶解,过滤后精密量取 30ml,加偶氮紫指示液 2 滴,在氮气流中用甲醇钠滴定液(0.1096mol/L)滴定至溶液显蓝色,消耗的体积为 6.30ml,并将滴定结果用空白试验校正,空白试验消耗的体积为 0.04ml。已知 1ml 甲醇钠滴定溶液(0.1mol/L)相当于 14.12mg 的 $C_7H_{11}NO_2$。

(1) 样品测定中是否被稀释?如存在如何计算?
(2) 求乙琥胺的含量。

解析: (1) 0.2060g 是溶解在 60ml 二甲基甲酰胺溶液中的,但过滤后精密量取 30ml,没有全部用于滴定,因此样品测定中存在体积上的稀释。$D=V_{溶解}/V_{量取}=60ml/30ml=2$。也就是说,用甲醇钠滴定的乙琥胺需要扩大两倍才能与精密称取的 0.2060g 的样品量进行比较。

(2) 乙琥胺的含量:

$$乙琥胺(\%)=\frac{(V-V_{空白})\times T\times F\times 10^{-3}\times D}{m}\times 100\%$$

$$=\frac{(6.30-0.04)\times 14.12\times \dfrac{0.1096}{0.1}\times 10^{-3}\times 2}{0.2060}\times 100\%$$

$$=94.06\%$$

知识回顾

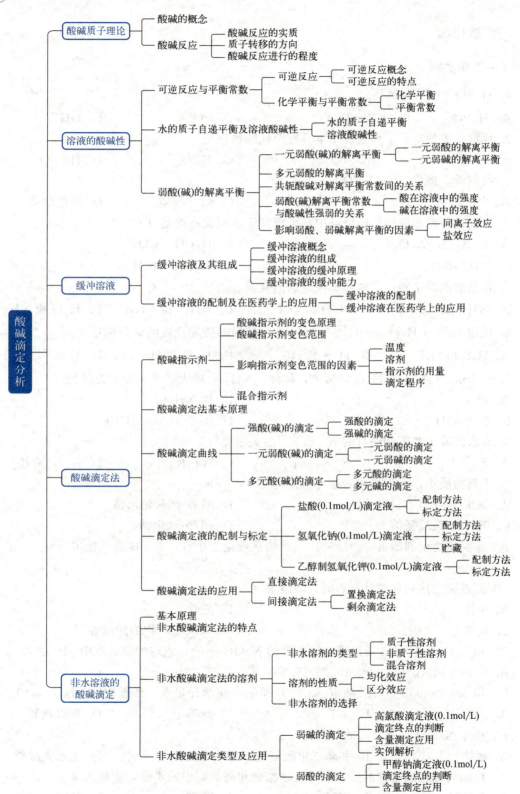

目标检测

一、选择题

（一）单选题

1. $H_2PO_4^-$ 的共轭碱是（ ）。
   A. H_3PO_4　　　　B. HPO_4^{2-}　　　　C. PO_4^{3-}　　　　D. OH^-

2. 根据质子理论，下列物质中不具有两性的物质是（ ）。
   A. HCO_3^-　　　　B. CO_3^{2-}　　　　C. HPO_4^{2-}　　　　D. HS^-

3. 按照质子理论，Na_2HPO_4 是（ ）。
   A. 中性物质　　　　B. 酸性物质　　　　C. 碱性物质　　　　D. 两性物质

4. 在下述各组相应的酸碱组分中，组成共轭酸碱关系的是（ ）。
   A. $H_2AsO_4^- - AsO_4^{3-}$　　　　　　　B. $H_2CO_3^- - CO_3^{2-}$
   C. $NH_4^+ - NH_3$　　　　　　　　　　D. $H_2PO_4^- - PO_4^{3-}$

5. 根据酸碱质子理论，氨水解离时的酸和碱分别是（ ）。
   A. NH_4^+ 和 OH^-　　B. H_2O 和 OH^-　　C. NH_4^+ 和 NH_3　　D. H_2O 和 NH_3

6. 反应 $HS^- + H_2O \rightleftharpoons H_2S + OH^-$ 中，较强的酸和较强的碱分别是（ ）。
   A. H_2S 和 OH^-　　B. H_2S 和 HS^-　　C. H_2O 和 HS^-　　D. H_2S 和 H_2O

7. 在 1mol/L $NH_3 \cdot H_2O$ 溶液中，欲使 $[NH_4^+]$ 增大，可采取的方法是（ ）。
   A. 加水　　　　　　　　　　　　　　B. 加 NH_4Cl
   C. 加 NaOH　　　　　　　　　　　　D. 加 0.1mol/L HCl

8. 在水溶液中共轭酸碱对的 K_a 和 K_b 的关系是（ ）。
   A. $K_a = K_b$　　B. $K_a K_b = 1$　　C. $K_a/K_b = K_w$　　D. $K_a K_b = K_w$

9. 下列物质中，不可以作为缓冲溶液的是（ ）。
   A. 氨水-氯化铵溶液　　　　　　　　B. 醋酸-醋酸钠溶液
   C. 碳酸钠-碳酸氢钠　　　　　　　　D. 醋酸-氯化钠

10. 某酸碱指示剂的 $K_{HIn} = 1 \times 10^{-5}$，则从理论上推算，其 pH 变色范围是（ ）。
    A. 4～5　　　　B. 4～6　　　　C. 5～7　　　　D. 5～6

11. 酸碱滴定达到化学计量点时，溶液呈（ ）。
    A. 中性　　　　　　　　　　　　　B. 酸性
    C. 碱性　　　　　　　　　　　　　D. 取决于产物的酸碱性

12. 用 0.1mol/L HCl 溶液滴定同浓度的 NaOH 溶液，滴定的突跃范围 pH 为（ ）。
    A. 6.30～10.70　　B. 10.70～6.30　　C. 5.30～8.70　　D. 9.70～4.30

13. 用 0.1000mol/L HCl 滴定 Na_2CO_3 至第一化学计量点，体系的 pH 是（ ）。
    A. >7　　　　B. <7　　　　C. 约等于 7　　　　D. 难以判断

14. 标定 NaOH 溶液常用的基准物质是（ ）。
    A. 硼砂　　　B. 邻苯二甲酸氢钾　　C. 碳酸钙　　D. 无水碳酸钠

15. 配制高氯酸滴定液时，除去市售冰醋酸和高氯酸中的水分，应加入（ ）。
    A. 干燥剂　　　B. 醋酐　　　C. 蒸馏　　　D. 萃取

16. 用高氯酸测定有机碱的氢卤酸盐时，为消除氢卤酸的干扰，通常在滴定前加入（　　）。
   A. 氢氧化钠　　　B. 醋酸汞　　　C. 盐酸　　　D. 硫酸
17. 标定高氯酸的基准物质是（　　）。
   A. 邻苯二甲酸氢钾　　B. 无水碳酸钠　　C. 苯甲酸　　D. 硼砂
18. 用非水酸碱滴定法测定乳酸钠时，应选择的溶剂为（　　）。
   A. 乙二胺　　　B. 乙醇　　　C. 水　　　D. 冰醋酸
19. 弱酸能否被直接滴定的判断条件是（　　）。
   A. $cK_a \geq 10^{-8}$　　B. $cK_a \leq 10^{-8}$　　C. $cK_a \geq 10^{-10}$　　D. $cK_a \leq 10^{-10}$
20. 酸碱滴定中，选择酸碱指示剂的依据是（　　）。
   A. 指示剂的变色范围　　　　　　B. $cK_a \geq 10^{-8}$
   C. 酸碱滴定突跃范围　　　　　　D. 试样的用量

（二）多选题

1. 酸碱滴定中最常使用的酸、碱滴定液是（　　）。
   A. 盐酸滴定液　　　B. 硫酸滴定液　　　C. 氢氧化钠滴定液
   D. 氢氧化钾滴定液　　E. 碳酸钠
2. 试样能用冰醋酸-高氯酸滴定液测定含量的是（　　）。
   A. 枸橼酸钠　　　B. 食醋总酸量　　　C. 水杨酸钠
   D. 苯甲酸　　　E. 邻苯二甲酸氢钾
3. 根据质子理论可将溶剂分为（　　）。
   A. 两性溶剂　　　B. 碱性溶剂　　　C. 酸性溶剂
   D. 质子性溶剂　　E. 非质子性溶剂
4. 当高氯酸滴定液测定样品时的温度与标定浓度时温度不一致，下列说法正确的是（　　）。
   A. 高氯酸滴定液不需要校正可直接使用
   B. 高氯酸滴定液不需要校正，但也不能再使用
   C. 用公式校正高氯酸滴定液的浓度
   D. 测定样品前，重新标定高氯酸滴定液的浓度
   E. 以上均可
5. 邻苯二甲酸氢钾可以作为（　　）滴定液的基准物质。
   A. 盐酸　　B. 硫酸　　C. 氢氧化钠　　D. 氢氧化钾　　E. 高氯酸

二、判断题

（　）1. 在酸碱质子理论中，仍有盐的概念。
（　）2. 将 0.1mol/L HAc 稀释为 0.05mol/L 时，H^+ 浓度也减小为原来的一半。
（　）3. pH=5 和 pH=9 的两种溶液等体积混合后溶液呈中性。
（　）4. 酸碱质子理论认为，凡能给出质子的物质是酸，凡能接受质子的物质是碱。
（　）5. H_2CO_3-CO_3^{2-} 是共轭酸碱对。
（　）6. 酸碱指示剂的变色与溶液的酸度有关，具有一定的pH范围。
（　）7. 酸碱的强度仅与其本身的性质有关。
（　）8. 为去除高氯酸中的水分，可将醋酐直接加入到高氯酸中。

(　　) 9. 冰醋酸可增加高氯酸的酸性。
(　　) 10. 高氯酸滴定液配制标定好浓度后可随时用于滴定弱碱性物质。
(　　) 11. 硝酸盐的生物碱可以使用高氯酸滴定，结晶紫指示终点。

三、填空题

1. 酸碱滴定曲线描述了随着_____的加入溶液中_____的变化情况。以滴定曲线为依据选择指示剂时，被选择的指示剂的变色范围应_____或_____落入_____范围内。

2. 酸碱指示剂的理论变色范围是_____。

3. 将 0.1mol/L HAc 与 0.1mol/L NaOH 等体积混合后，则溶液显_____。

4. 对同一弱电解质溶液来说，溶液越稀，弱电解质的解离度越_____。对相同浓度的不同弱电解质溶液来说，解离常数愈大，解离度愈_____。

5. 因一个质子的得失而相互转变的一对酸碱，称为_____。其 K_a 与 K_b 的关系是_____。

6. 根据酸碱质子理论，NH_3 的共轭酸是_____；HAc 的共轭碱是_____。

7. 测定盐酸麻黄碱的含量时，选用的非水溶剂为_____。滴定液为_____。指示剂为_____。在滴定前应先除去盐酸的干扰，应该加入_____。

8. 酸性溶剂是_____的区分溶剂，是_____的均化溶剂；碱性溶剂是_____的区分溶剂，是_____的均化溶剂。

四、简答题

1. 何谓滴定突跃？其大小与哪些因素有关？酸碱滴定中指示剂的选择原则是什么？

2. 若用已吸收少量水的无水碳酸钠标定 HCl 溶液的浓度，问：所标出的浓度偏高还是偏低？

3. 酸碱滴定曲线能说明哪些问题？强酸滴定强碱和弱碱的滴定曲线有何不同？

4. 非水滴定法中使用的高氯酸的冰醋酸滴定液是如何配制的？配制过程中需要至少使用几个量筒？

五、计算题

1. 精密称定盐酸麻黄碱 0.1500g，加冰醋酸 10ml，加热溶解后，加醋酸汞 4ml 与结晶紫指示剂 1 滴，用高氯酸滴定液（0.1033mol/L）滴定至溶液呈蓝绿色，消耗的体积为 6.78ml。并将滴定结果用空白试验校正，消耗的空白试验体积为 0.18ml。1ml 高氯酸滴定溶液（0.1mol/L）相当于 20.17mg 的 $C_{10}H_{15}NO·HCl$。（要求使用滴定度法计算含量）

2. 预除去 500ml 密度为 1.05g/ml、含水量为 0.8% 的冰醋酸中的水分，需要加入密度为 1.082g/ml、含量为 97% 的醋酐多少毫升？（已知：$M_{醋酐}=102.09$g/mol，$M_{H_2O}=18.02$g/mol）

第七章 配位滴定分析

🛪 学习引导

水乃生命之源，水质的好坏影响到居民的身体健康，水质硬度是衡量水质安全与否的一项重要指标。水的硬度是指水中所含有的钙、镁离子的总浓度，浓度越高，水的硬度越大。长期摄入硬度较高的水会增加居民患肾结石的概率，饮用水硬度过低容易引起心脑血管疾病。那么如何确定生活饮用水的水质硬度情况呢？国家规定生活饮用水的水质硬度标准是多少呢？

学习完本章内容后，同学们会对饮用水有新的认识，掌握一项新的健康密钥。

🛪 学习目标

1. 知识目标

掌握 EDTA 的性质和金属离子配位反应的特点，金属指示剂的变色原理和常用的金属指示剂；熟悉配位化合物的概念、命名原则。

2. 能力目标

能正确配制和标定 EDTA 标准溶液，会测定自来水的硬度。

3. 素质目标

具备科学探究精神及理论联系实际的能力。

第一节 配位化合物

人们对配位化合物并不陌生，最早记载的配合物是 18 世纪初被普鲁士人用作染料的普鲁士蓝（即亚铁氰化铁 $Fe_4[Fe(CN)_6]_3$）。1893 年瑞士化学家维尔纳首次提出了配位理论，奠定了配位化学的基础，史称"配位化学之父"，并因此获得了 1913 年的诺贝尔化学奖。随着对配位化学的研究日益深入，逐渐形成了一门独立学科——配位化学。配位化学广泛应用于化学分析、电镀工艺、医药、生物、环保、材料等领域，在生产实践、分析化学、药物制造和功能材料等方面有着重要的实用价值和理论基础。

一、配位化合物的概念和组成

配位化合物简称配合物，是含有配位键的化合物，由阳离子（或原子）与中性分子或阴离子以配位键结合，形成了一类分子结构复杂、应用广泛的化合物。由一个原子单方面提供一对电子与另一个有空轨道的原子（或离子）共用而形成的共价键，称为配位共价键，简称配位键。在配位键中，提供电子对的原子称为电子对的给体，接受电子对的原子称为电子对的受体。配位键通常用"→"表示，箭头指向电子对的受体。

 案例 7-1

向 $CuSO_4$ 溶液滴加氨水，会生成蓝色沉淀，继续滴加氨水，发现蓝色沉淀消失，并生成深蓝色溶液。

讨论：1. 生成的蓝色沉淀是什么？怎么书写其反应方程式？
2. 为什么蓝色沉淀会消失？生成的深蓝色溶液又是什么？

解析7-1

配合物不同于简单化合物，它的组成和结构比较复杂。配合物一般由内界和外界两部分组成。内界是由中心离子（或原子）和配位体通过配位键形成的稳定结构，是配合物的特征组成部分，通常把内界写在方括号（[ ]）中。配合物中除了内界以外其他部分称为外界，通常写在方括号外。配合物的内界与外界以离子键结合，在水溶液中易解离出外界离子，而内界离子很难发生解离。有些配合物像电中性配合物只有内界没有外界。例如：

$$[Cu(NH_3)_4]SO_4 \qquad\qquad [Fe(CO)_5]$$
内界　外界　　　　　　内界

1. 中心离子（或原子）

中心离子（或原子）位于配合物的中心，是配合物的形成体。一般具有接受孤对电子的空轨道。一般由带正电荷的过渡金属阳离子构成，如 Cu^{2+}、Zn^{2+}、Ag^+、Cd^{2+}、Hg^{2+}、Cr^{2+}、Fe^{3+} 和 Co^{2+} 等。此外，中心离子还包括高氧化数的非金属元素或金属原子，如 $[SiF_6]^{2-}$ 的 Si(Ⅳ) 和 $[Ni(CO)_4]$ 中的 Ni 原子。

2. 配位体和配位原子

在内界中与中心离子（或原子）以配位键结合的中性分子或阴离子称为配位体（简称配体），如 F^-、CN^-、OH^-、NH_3、H_2O、CO 和乙二胺等。

配体中直接与中心离子键合的原子称为配位原子。配位原子可以提供孤对电子，与中心离子的空轨道配位成键。配位原子一般为周期表中电负性较大的非金属原子，如 F、Cl、Br、I、N、O、S、C 等。

根据一个配位体中所含配位原子的数目不同，可将配体分为单齿配体（又叫单基配体）和多齿配体（又叫多基配体）。

只含有一个配位原子的配体称为单齿配体，如 NH_3、X^-、OH^-、CN^- 等。含有两个或两个以上配位原子的配体称为多齿配体，如乙二胺分子（$H_2NCH_2CH_2NH_2$，简写为 en）中含有两个配位原子，称为二齿配体；乙二胺四醋酸（简称 EDTA）含有六个配位原子，称为六齿配体。常见的配体及配位原子见表 7-1 和表 7-2。

由中心离子（或原子）与多齿配体形成的环状结构的配合物称为螯合物，结构多以五元环或六元环常见。其配位体又称为螯合剂，螯合剂中必须含有两个或两个以上能给出孤对电子的配位原子，这些配位原子位置需适当，相互间隔两三个其他原子，以形成稳定的五元或六元螯环。螯合物是配合物中的一种，通常比一般的配合物要稳定，含有的螯环越多越稳定。

表 7-1 常见的单齿配体

中性分子	配位原子	阴离子	配位原子	阴离子	配位原子
NH_3	N	F^-	F	CN^-（氰基）	C
H_2O	O	Cl^-	Cl	NO_2^-（硝基）	N
CO（羰基）	C	Br^-	Br	ONO^-（亚硝基）	O
CH_3NH_2（甲胺）	N	I^-	I	SCN^-（硫氰酸根）	S
		OH^-（羟基）	O	NCS^-（异硫氰酸根）	N

表 7-2 常见的多齿配体

结构式	配位原子	名称（缩写）	结构式	配位原子	名称（缩写）
$^-OOC-COO^-$	O	草酸根(ox)	（邻菲啰啉结构）	N	邻菲啰啉(o-phen)
$H_2N-CH_2-CH_2-NH_2$	N	乙二胺(en)	（EDTA结构）	N、O	乙二胺四醋酸(EDTA)

3. 配位数

在配体中直接与中心离子（或原子）以配位键结合的配位原子总数称为该中心离子（或原子）的配位数。

在单齿配体配合物中，中心离子（或原子）的配位数等于配体的数目。

例题 7-1 请问 $[Ag(NH_3)_2]^+$ 和 $[Fe(CN)_6]^{3-}$ 配位数是多少？

$[Ag(NH_3)_2]^+$ 配位数为 2，$[Fe(CN)_6]^{3-}$ 配位数为 6。

解析：在 $[Ag(NH_3)_2]^+$、$[Fe(CN)_6]^{3-}$ 中，NH_3 和 CN^- 为单齿配体，Ag^+ 的配位数为 2，Fe^{3+} 的配位数为 6，配位数等于配位体的个数。

在多齿配体配合物中，中心离子（或原子）的配位数等于配体的数目乘以配体的齿数，即多齿配位体数×每个配体中的配位原子数＝配位数。

例题 7-2 请问 $[Cu(en)_2]^{2+}$ 配位数是多少？

$[Cu(en)_2]^{2+}$ 配位数为 4。

解析：在 $[Cu(en)_2]^{2+}$ 中，配位体的数目为 2，乙二胺（en）为二齿配体，因此配位数为 4。

中心离子的配位数一般为 2～9，最常见的是 4 和 6。中心离子的配位数主要取决于中心离子与配体的半径、电荷及配合物形成时的外界条件（如温度、浓度），增大配体浓度、降低反应温度有利于高配位数配合物的形成。

4. 配离子的电荷

多数的配离子带有电荷，配离子的电荷等于中心离子与配体电荷的代数和。如 $[Fe(CN)_6]^{3-}$ 中，配体为带负电荷的 CN^-，因此配离子的电荷为 $+3+(-1)\times 6=-3$。由于配合物是电中性的，因此可以根据外界离子的电荷数推算配离子的电荷。

第七章 配位滴定分析

例题 7-3 请说出 $[Cu(NH_3)_4]SO_4$ 配离子的电荷数是多少？

解析： 在 $[Cu(NH_3)_4]SO_4$ 中，外界离子 SO_4^{2-} 所带电荷为 -2，配离子的电荷为 $+2$。

> **练一练：**
> 请指出配合物 $Na_2[SiF_6]$ 和 $[Cr(NH_3)(H_2O)_3Cl_2]SO_4$ 的内界、外界、中心离子，及中心离子所带的电荷、配位体、配位原子和配位数。

二、配合物的命名

配合物组成较为复杂，命名原则应按照中国化学会无机化学学科委员会制定的规则命名，即先阴离子后阳离子，阴阳离子名称之间加"化"或"酸"。

1. 配合物内界的命名

内界的命名次序：配位体的数目（用中文一、二等注明）→配位体的名称（不同配位体之间以圆点"·"分开）→"合"→中心离子的名称→中心离子的氧化数（加括号，罗马数字注明）→配离子。

如 $[FeF_6]^{3-}$ 命名为六氟合铁（Ⅲ）配离子；氧化数为零的也可以不标出"配离子"，如 $[Fe(CO)_5]$ 命名为五羰基合铁。

如果配离子中包含两种及以上的配位体，不同配位体之间以圆点"·"分开。配位体的命名先后顺序为：先无机配体，后有机配体；先阴离子后中性分子；如果是相同类型的配位体，则按配位原子元素符号英文字母顺序排列。如 $[Co(NH_3)_5H_2O]^{3+}$ 命名为五氨·一水合钴（Ⅲ）配离子。

命名配离子时，某些配体采用习惯命名，如"CO"通常称为羰基，"NO_2"称为硝基，"SCN^-"和 CN^- 称为硫氰和氰等。某些配体广泛采用缩写符号，如"en"表示乙二胺，"pn"表示丙二胺，"py"表示吡啶等。

2. 配合物的命名

配合物的命名遵循一般无机化合物的命名原则，即先阴离子后阳离子，阴阳离子名称之间加"化"或"酸"。

如果配合物内界为配阳离子，外界为简单阴离子，则称为"某化某"，如 $[Mn(H_2O)_6]Cl_2$，命名为氯化六水合锰（Ⅱ）。若内界为配阳离子，外界为酸根离子，则称为"某酸某"，如 $[Cu(NH_3)_4]SO_4$ 命名为硫酸四氨合铜（Ⅱ）。如内界为配阴离子，将其视为酸根进行命名，用"酸"字相连；若外界为氢离子，配阴离子之后缀以"酸"字，称为"某某酸"。如 $K_2[PtCl_6]$ 命名为六氯合铂（Ⅳ）酸钾，$H_2[PtCl_6]$ 命名为六氯合铂（Ⅳ）酸。

除系统命名外，某些配合物还有沿用的习惯名称。如 $K_3[Fe(CN)_6]$ 称为铁氰化钾，俗称赤血盐，$[Cu(NH_3)_4]^{2+}$ 称为铜氨配离子，$[Ag(NH_3)_2]^+$ 称为银氨配离子。

> **练一练：**
> 请用系统命名法命名下列配合物：$H_4[Fe(CN)_6]$、$[Ag(NH_3)_2]OH$、$[CrCl_2(H_2O)_4]Cl$、$[Co(NO_2)_3(NH_3)_3]$。

第二节 配位平衡

一般的配合物在水中存在两种解离：一种完全解离为配离子和外界离子；另一种类似于弱电解质，配离子的中心离子和配体间发生部分解离。此外，配离子解离出来的中心离子和配体也会生成配离子，在一定条件下，配合物的生成与解离相对平衡时，反应达到平衡状态。

一、配位平衡常数

（一）配合物的稳定常数

$[Cu(NH_3)_4]SO_4$ 在水中完全解离成 $[Cu(NH_3)_4]^{2+}$ 和 SO_4^{2-} 离子，$[Cu(NH_3)_4]^{2+}$ 还会部分解离出少量的 Cu^{2+} 和 NH_3 分子，同时 Cu^{2+} 和 NH_3 分子也会发生配位反应生成 $[Cu(NH_3)_4]^{2+}$ 配离子。$[Cu(NH_3)_4]^{2+}$、Cu^{2+} 和 NH_3 三者之间建立以下平衡：

$$Cu^{2+} + 4NH_3 \underset{\text{解离}}{\overset{\text{配位}}{\rightleftharpoons}} [Cu(NH_3)_4]^{2+}$$

该平衡称为配离子的配位解离平衡，简称配位平衡。根据化学平衡原理，上述反应的标准平衡常数（$K_\text{稳}$）为：

$$K_\text{稳} = \frac{[Cu(NH_3)_4^{2+}]}{[Cu^{2+}][NH_3]^4}$$

$K_\text{稳}$ 又称为配离子的稳定常数，$K_\text{稳}$ 越大，达到平衡时配位反应进行得越完全，生成的配离子越稳定。$K_\text{稳}$ 是配离子的一种特征常数。

对于任一配位反应，配合物的形成与解离达到平衡状态时：

$$M + nL \rightleftharpoons ML_n$$

其平衡常数为：

$$K_{MY} = \frac{[ML_n]}{[M][L]^n}$$

其中，M 代表金属离子，L 代表配体。该常数反映了配合物 ML_n 的稳定性大小，称为该配合物的稳定常数，用 $K_\text{稳}$ 表示。$K_\text{稳}$ 越大，说明配合物越稳定。

（二）配合物的逐级稳定常数

实际上，在水溶液中中心离子（或原子）与配体的配位反应是分步进行的，每一步都有配位平衡状态及相应的平衡常数，称为分步稳定常数或逐级稳定常数。

$$M + L \rightleftharpoons ML \quad K_{\text{稳}1} = \frac{[ML]}{[M][L]}$$

$$ML + L \rightleftharpoons ML_2 \quad K_{\text{稳}2} = \frac{[ML_2]}{[ML][L]}$$

$$\mathrm{ML}_{n-1}+\mathrm{L} \rightleftharpoons \mathrm{ML}_n \qquad K_{\text{稳}n}=\frac{[\mathrm{ML}_n]}{[\mathrm{ML}_{n-1}][\mathrm{L}]}$$

根据多重平衡规律，将各级稳定常数相乘，可得到各级累积稳定常数，也即配离子的稳定常数。

$$K_{\text{稳}}=K_{\text{稳}1}K_{\text{稳}2}K_{\text{稳}3}\cdots K_{\text{稳}n}$$

配合物的各级稳定常数之间一般相差不大，除特殊情况外，常常均匀地逐级减小。在实际工作中，往往加入过量的配体，这样水溶液中主要存在的是最高配位数的配离子，进行配位平衡的计算时，只考虑其稳定常数 $K_{\text{稳}}$ 即可，其他型体的配合物可以忽略不计。

二、配位平衡的移动

在水溶液中，配离子存在着下列平衡：

$$\mathrm{M}+n\mathrm{L} \rightleftharpoons \mathrm{ML}_n$$

根据化学平衡移动的原理，当平衡体系中的外界条件发生改变时，可使平衡发生移动。加入酸、碱、沉淀剂、氧化剂、还原剂等均可引起配位平衡的移动。

1. 配位平衡与酸碱平衡

如果形成配离子的配体是 NH_3 或 OH^- 或其他具有碱性的离子，如 F^-、CN^-、SCN^- 以及有机酸根离子等，在达到配位解离平衡时，向溶液中加入稍强的酸，配体可与 H^+ 结合，生成弱酸，降低了配体的浓度，使得配位平衡向解离方向移动，配离子稳定性降低。这种由于配体与 H^+ 结合生成弱酸，而使配离子稳定性下降的现象，称为配体的酸效应。

$$\begin{array}{c}\mathrm{Fe}^{3+}+6\mathrm{F}^- \rightleftharpoons [\mathrm{FeF}_6]^{3-} \\ + \\ 6\mathrm{H}^+ \\ \Updownarrow \\ 6\mathrm{HF}\end{array}$$

例如，向 $[\mathrm{FeF}_6]^{3-}$ 溶液中加入 H^+ 后，配位平衡向解离方向移动，使得 $[\mathrm{FeF}_6]^{3-}$ 配合物稳定性降低。

2. 配位平衡与沉淀溶解平衡

若向一配位解离平衡的配离子溶液中加入某沉淀剂，使中心离子与沉淀剂反应生成难溶盐，则配位平衡向着配离子解离方向移动。如若向平衡状态下难溶盐体系中加入某配位剂，使中心离子与配体发生配位反应生成配离子，则沉淀平衡体系向着沉淀溶解方向进行。

配位平衡与沉淀溶解平衡之间相互竞争、相互影响，实质上是配位剂与沉淀剂争夺中心离子的过程。

例题 7-4 向 AgNO_3 溶液中加入数滴 KCl 溶液，则有白色沉淀 AgCl 生成，继续向溶液中滴加氨水，可观察到白色沉淀不断溶解，直到变成无色溶液。若再向溶液中加入少量 KBr 溶液，发现有浅黄色沉淀 AgBr 生成。若再继续滴加 $\mathrm{Na}_2\mathrm{S}_2\mathrm{O}_3$ 溶液，可观察到沉淀不断溶解，变为无色溶液。整个实验过程中发生了哪些化学反应？

解析：实验过程中发生的反应为：

$$AgNO_3 \xrightarrow{KCl} AgCl\downarrow \xrightarrow{NH_3 \cdot H_2O} [Ag(NH_3)_2]^+ \xrightarrow{KBr} AgBr\downarrow \xrightarrow{Na_2S_2O_3} [Ag(S_2O_3)_2]^{3-}$$

$$Ag^+ + Cl^- \longrightarrow AgCl\downarrow \qquad 白色沉淀$$

$$AgCl + 2NH_3 \longrightarrow [Ag(NH_3)_2]^+ + Cl^- \qquad 无色溶液$$

$$[Ag(NH_3)_2]^+ + Br^- \longrightarrow AgBr\downarrow + 2NH_3 \qquad 浅黄色沉淀$$

$$AgBr + 2S_2O_3^{2-} \longrightarrow [Ag(S_2O_3)_2]^{3-} + Br^- \qquad 无色溶液$$

配位平衡与沉淀溶解平衡间的竞争,决定反应方向的是配离子的稳定常数 $K_{稳}$ 和溶度积 K_{SP} 的相对大小,以及配位剂和沉淀剂的浓度。配合物的稳定常数 $K_{稳}$ 越大,越易生成配离子,沉淀越易溶解;沉淀的 K_{SP} 越小,沉淀越容易生成,配合物越易解离。

3. 配位平衡与氧化还原平衡

配位平衡与氧化还原平衡之间也相互影响,在配位平衡体系中,加入某氧化剂或还原剂,使中心离子发生氧化还原反应,从而降低了中心离子的浓度,则配位平衡向着配离子解离方向移动。例如向血红色 $[Fe(SCN)_6]^{3-}$ 平衡体系中加入 $SnCl_2$ 溶液,可观察到溶液血红色消失,反应为:

$$[Fe(SCN)_6]^{3-} \rightleftharpoons Fe^{3+} + 6SCN^-$$
$$+$$
$$Sn^{2+}$$
$$\Updownarrow$$
$$Fe^{2+} + Sn^{4+}$$

总反应:$2[Fe(SCN)_6]^{3-} + Sn^{2+} \rightleftharpoons Sn^{4+} + 12SCN^- + 2Fe^{2+}$

在该过程中,Sn^{2+} 不断还原解离出的 Fe^{3+},促使配位平衡向右进行,$[Fe(SCN)_6]^{3-}$ 解离。

若向某氧化还原平衡体系中加入能与溶液中的金属离子发生配位反应的配位剂,生成配离子,改变金属离子的浓度,使得氧化还原能力改变,则氧化还原平衡向配位平衡转化。

例如,在溶液中 Fe^{3+} 能与 I^- 发生氧化还原反应,体系达到平衡后,加入 NaF 溶液,由于 F^- 能与 Fe^{3+} 发生配位反应生成较稳定的 $[FeF_6]^{3-}$ 配离子,而使 Fe^{3+} 浓度降低,Fe^{3+} 的氧化能力下降,Fe^{2+} 还原能力增强,当达到一定程度时,氧化还原反应逆向进行。

$$2Fe^{3+} + 2I^- \rightleftharpoons 2Fe^{2+} + I_2$$
$$+$$
$$12F^-$$
$$\Updownarrow$$
$$2[FeF_6]^{3-}$$

总反应:$2Fe^{2+} + I_2 + 12F^- \rightleftharpoons 2[FeF_6]^{3-} + 2I^-$

可见,配位平衡与氧化还原平衡二者相互影响、相互制约。

第三节 EDTA 及其配合物

配位滴定法是以生成配位化合物的反应(配位反应)为基础的滴定分析方法。在实际应用中，由于无机配合物稳定性较低，且存在逐级配位现象，难以定量计算，大多数不能满足滴定分析对化学反应的要求，因此在配位滴定中应用较少。而有机配位剂中常含有两个以上的配位原子，能与被测金属离子形成稳定的而且组成一定的螯合物，因此在分析化学中得到广泛应用。目前使用最多的有机配位剂是氨羧配位剂，其中最常用的是乙二胺四醋酸，简称 EDTA。

一、EDTA 的性质及其解离平衡

1. EDTA 的性质

乙二胺四醋酸是一个四元酸，通常用 H_4Y 表示，其结构式如下：

$$^{-}OOCCH_2\diagdown \overset{H^+}{N}CH_2-CH_2\overset{H^+}{N}\diagup CH_2COOH$$
$$HOOCCH_2 \diagup \qquad \qquad \diagdown CH_2COO^{-}$$

乙二胺四醋酸是一种无毒、无臭、具有酸味的白色无水结晶粉末，微溶于水，22℃时在水中的溶解度为 0.02g/100ml，难溶于酸和一般的有机溶剂，易溶于 NaOH、氨水等碱性溶液。由于乙二胺四醋酸溶解度小，常用其二钠盐作为配位滴定的滴定剂。

乙二胺四醋酸二钠（$Na_2H_2Y \cdot 2H_2O$，也简称为 EDTA）为白色结晶粉末，易溶于水，22℃时在水中的溶解度为 11.1g/100ml，其饱和水溶液的浓度约 0.3mol/L。在配位滴定中，通常配制成 0.01~0.1mol/L 的标准溶液使用。

2. EDTA 在水溶液中的解离平衡

EDTA 在水溶液中两个羧基上的 H^+ 转移到氨基氮上，形成双偶极离子。当其溶解于酸度很高的溶液中时，它的两个羧酸根可再接受两个 H^+ 形成 H_6Y^{2+}。这样，EDTA 就相当于一个六元酸，在水溶液中发生六级解离，有六级解离常数：

$$H_6Y^{2+} \rightleftharpoons H^+ + H_5Y^+ \qquad K_{a1} = 10^{-0.9}$$
$$H_5Y^+ \rightleftharpoons H^+ + H_4Y \qquad K_{a2} = 10^{-1.6}$$
$$H_4Y \rightleftharpoons H^+ + H_3Y^- \qquad K_{a3} = 10^{-2.0}$$
$$H_3Y^- \rightleftharpoons H^+ + H_2Y^{2-} \qquad K_{a4} = 10^{-2.67}$$
$$H_2Y^{2-} \rightleftharpoons H^+ + HY^{3-} \qquad K_{a5} = 10^{-6.16}$$
$$HY^{3-} \rightleftharpoons H^+ + Y^{4-} \qquad K_{a6} = 10^{-10.26}$$

因此，EDTA 在水溶液中有七种型体，为书写方便，常将电荷略去，表示为 H_6Y、H_5Y、H_4Y、H_3Y、H_2Y、HY 和 Y，各种型体的浓度随溶液中 pH 值的变化而变化。这些型体在不同 pH 值条件下的分布如表 7-3 和图 7-1 所示。

表 7-3 不同 pH 值时 EDTA 的主要存在型体

pH 值	主要存在型体
pH<0.9	H_6Y^{2+}
0.9<pH<1.6	H_5Y^+
1.6<pH<2.0	H_4Y
2.0<pH<2.67	H_3Y^-

续表

pH 值	主要存在型体
2.67＜pH＜6.16	H_2Y^{2-}
6.16＜pH＜10.2	HY^{3-}
pH＞10.2	主要 Y^{4-}
pH＞12	几乎全部 Y^{4-}

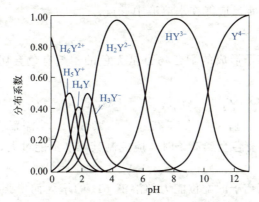

图 7-1　EDTA 各种型体的分布系数与溶液的 pH 的关系

由图 7-1 和表 7-3 可知，在 pH＜0.9 的强酸性溶液中，EDTA 主要以 H_6Y 型体存在，在 pH＞10.2 的溶液中，主要以 Y 型体存在。其中，只有 Y 型体能直接与金属离子形成配合物，EDTA 在碱性溶液中配位能力强。因此，溶液的酸度是影响 EDTA 与金属离子形成的配合物稳定性的一个重要因素。

二、EDTA 与金属离子配位的特点

在配位滴定中，通常以 Y 表示 EDTA，以 MY 表示 EDTA 与金属离子的配合物。EDTA 与金属离子的配合物具有以下特点：

1. 普遍性

EDTA 的两个氨基氮原子和四个羧基氧原子都具有与金属离子配位的能力，能与绝大多数的金属离子形成螯合物。在实际应用中，由于 EDTA 广泛的配位能力又会造成溶液中共存金属离子的相互干扰，影响分析结果的准确性，因此，在使用该方法时要重点考虑如何提高配位滴定的选择性。

2. 形成的配合物组成恒定

一般情况下，EDTA 与大多数金属离子生成螯合物的配合比均为 1∶1，与金属离子价态无关，计量关系简单。只有极少数高价金属离子，如锆（Ⅳ）、钼（Ⅳ）等能与 EDTA 形成 2∶1 的配合物。EDTA 与金属离子的配合比保证了滴定结果的准确度，有利于分析结果的定量计算。

3. 形成的配合物稳定性高

除一价碱金属外，EDTA 与大多数金属离子形成的配合物非常稳定。EDTA 既可作为四齿配体，也可作为六齿配体，能与绝大多数金属离子形成多个五元环结构的螯合物。这些

螯合物稳定性高,能满足滴定分析的要求。

4. 配位反应迅速

大多数金属离子与 EDTA 配位反应时速率快,只有极少数金属离子室温下反应较慢,例如 Cr^{3+}、Fe^{3+}、Al^{3+}。

5. 形成的配合物易溶于水

EDTA 与金属离子形成的配合物大多易溶于水。这是因为大部分 MY 螯合物带有电荷,有较强的亲水性,使得滴定反应能在水溶液中进行。

6. 配合物颜色

EDTA 与无色金属离子形成的配合物也是无色的,与有色金属离子一般生成颜色更深的配合物。例如:

$$[CuY]^{2-} \quad [NiY]^{2-} \quad [CoY]^{2-} \quad [MnY]^{2-} \quad [CrY]^- \quad [FeY]^-$$
$$\text{深蓝} \quad \text{蓝} \quad \text{紫红} \quad \text{紫红} \quad \text{深紫} \quad \text{黄}$$

因此,当溶液中存在有色金属离子时,应控制其浓度不能过大,否则会干扰使用指示剂确定终点。

此外,EDTA 与金属离子的配位能力随溶液 pH 的增大而增强,这是由于 EDTA 解离出的 Y 型体随 pH 的增大而增多。

三、EDTA 配合物的解离平衡

(一)主反应与绝对稳定常数

EDTA 与金属离子反应,生成 1:1 的配合物,此反应为配位反应的主反应,通常以 M 代表金属离子,Y 代表 EDTA,反应通式可表示为:

$$M + Y \rightleftharpoons MY$$

反应达到平衡时配合物的稳定常数为:

$$K_{MY} = K_{稳} = \frac{[MY]}{[M][Y]}$$

K_{MY} 为金属-EDTA 配合物的绝对稳定常数(或称形成常数),也可用 $K_{稳}$ 表示。$K_{稳}$ 越大,配合物越稳定。EDTA 与常见金属离子生成的配合物的稳定常数见表 7-4。

表 7-4 EDTA 与常见金属离子生成的配合物的稳定常数(溶液离子强度 $I=0.1$,温度 20℃)

金属离子	$\lg K_{MY}$	金属离子	$\lg K_{MY}$	金属离子	$\lg K_{MY}$
Na^+	1.66	Ce^{3+}	15.98	Hg^{2+}	21.80
Li^+	2.79	Al^{3+}	16.10	Sn^{2+}	22.10
Ag^+	7.32	Co^{2+}	16.31	Th^{4+}	23.20
Ba^{2+}	7.86	Cd^{2+}	16.46	Cr^{2+}	23.40
Sr^{2+}	8.73	Zn^{2+}	16.50	Fe^{3+}	25.42
Mg^{2+}	8.64	Pb^{2+}	18.04	U^{4+}	25.80
Ca^{2+}	11.00	Y^{2+}	18.09	V^{3+}	25.90
Mn^{2+}	13.80	Ni^{2+}	18.66	Bi^{3+}	27.94

由表 7-4 可以看出，不同金属离子与 EDTA 所形成的配合物的稳定常数并不相同，与金属离子本身的结构和性质有关。金属离子电荷数越高，离子半径越大，电子层结构越复杂，所形成的配合物的稳定常数就越大，越有利于滴定反应的进行。需要注意的是，配合物的绝对稳定常数是指无副反应情况下的数据，它不能反映实际滴定过程中真实配合物的稳定状况。一般说来，当 $\lg K_{稳} \geqslant 8$ 时，配合物比较稳定，该金属离子可以用配位滴定法进行滴定。

（二）副反应与条件稳定常数

在配位滴定过程中，除了待测金属离子 M 与 Y 的主反应外，溶液中的反应物 M、Y 及反应产物 MY 也可能受其他因素（如溶液的酸度、其他配位剂、共存离子等）的影响而发生副反应，从而影响 MY 配合物的稳定性。其综合影响如下式所示：

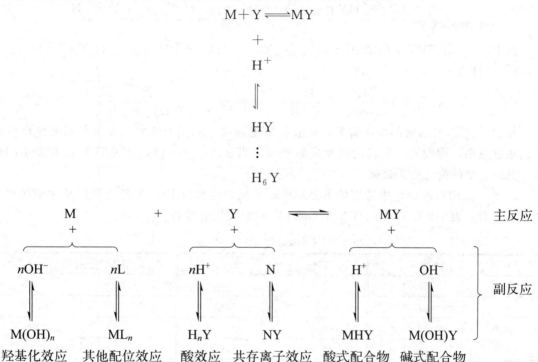

综合反应式中，L 为其他辅助配位剂，N 为共存干扰离子。除主反应外，其他反应皆称为副反应，副反应影响主反应的现象称为效应。

在各种副反应中，反应物 M 或 Y 发生副反应不利于主反应的进行，而反应产物 MY 的各种副反应则有利于主反应的进行，但生成的这些混合配合物大多数不稳定，可忽略不计。为了定量衡量各种因素对配位平衡的影响，引入了副反应系数的概念，下面主要讨论对配位平衡影响较大的酸效应及酸效应系数。

1. EDTA 的酸效应及酸效应系数

在金属离子 M 与 Y 进行主反应的同时，溶液中的 Y 也会与 H^+ 结合，生成其各种形式的共轭酸，使游离 Y 型体浓度下降，不利于配合物 MY 的形成，进而降低了 MY 的稳定性，因此，Y 的配位能力随着 H^+ 浓度的增加而降低。这种由于溶液中 H^+ 的存在，使配位剂 EDTA 参加主反应的能力降低的现象称为 EDTA 的酸效应。可表示如下：

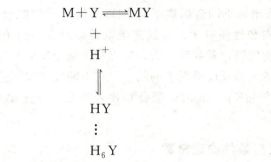

酸效应影响程度的大小用酸效应系数 $\alpha_{Y(H)}$ 来表示（Y 表示配体，H 表示由溶液中的 H^+ 引起的副反应，即酸效应）。所谓酸效应系数是指在一定酸度下，未参加配位反应的 EDTA 各种型体总浓度 c_Y 与游离滴定剂 Y 的平衡浓度 [Y] 之比：

$$\alpha_{Y(H)} = \frac{c_Y}{[Y]} = \frac{[Y]+[HY]+[H_2Y]+[H_3Y]+[H_4Y]+[H_5Y]+[H_6Y]}{[Y]}$$

式中，c_Y 为 EDTA 的总浓度，$c_Y = [Y]+[HY]+[H_2Y]+[H_3Y]+[H_4Y]+[H_5Y]+[H_6Y]$。

$$\alpha_{Y(H)} = 1 + \frac{[H^+]}{K_{a6}} + \frac{[H^+]^2}{K_{a5}K_{a6}} + \cdots + \frac{[H^+]^6}{K_{a1}K_{a2}K_{a3}K_{a4}K_{a5}K_{a6}}$$

显然，$\alpha_{Y(H)}$ 与溶液的酸度有关，溶液的酸度越高，$\alpha_{Y(H)}$ 越大，表示参加配位反应的 Y 的浓度越小，即酸效应引起的副反应越严重。当 $\alpha_{Y(H)} = 1$ 时，才说明 Y 没有发生副反应。此时，Y 的配位能力最强。

$\alpha_{Y(H)}$ 是 EDTA 滴定中常用的重要副反应系数，是判断 EDTA 能否滴定某种金属离子的重要参数。表 7-5 列出了 EDTA 在不同 pH 时的酸效应系数。

表 7-5　不同 pH 时 EDTA 的 $\lg\alpha_{Y(H)}$

pH	$\lg\alpha_{Y(H)}$	pH	$\lg\alpha_{Y(H)}$	pH	$\lg\alpha_{Y(H)}$
0.0	23.64	3.4	9.70	6.8	3.55
0.4	21.32	3.8	8.85	7.0	3.32
0.8	19.08	4.0	8.44	7.5	2.78
1.0	18.01	4.4	7.64	8.0	2.27
1.4	16.02	4.8	6.84	8.5	1.77
1.8	14.27	5.0	6.45	9.0	1.28
2.0	13.51	5.4	5.69	9.5	0.83
2.4	12.19	5.8	4.98	10.0	0.45
2.8	11.09	6.0	4.65	11.0	0.07
3.0	10.06	6.4	4.06	12.0	0.01

由表 7-5 中可以看出，pH<12 时，酸效应系数都是大于 1 的；只有当溶液的 pH≥12 时，酸效应系数近似等于 1，此时 EDTA 的配位能力最强。

2. 条件稳定常数

在配位滴定中，当没有任何副反应存在时，用绝对稳定常数 $K_{稳}$ 来描述配合物 MY 的稳定性，它只有在 EDTA 全部解离成 Y 的时候，并且金属离子 M 的浓度没有受到其他外界条件的影响时才适用。但在实际条件下，配位滴定中常伴随着各种副反应的发生，绝对稳定常数 $K_稳$ 不能真实地衡量配位反应进行的程度，为此引入条件稳定常数的概念。

条件稳定常数也称为表观稳定常数，它是将各种副反应如酸效应、配位效应、共存离子效应、羟基化效应等因素综合考虑之后得到的 MY 的实际稳定常数，用 $K'_稳$ 或 K'_{MY} 表示。它表示在一定条件下，MY 的实际稳定常数。在各种影响 EDTA 与金属离子 M 配位的副反应中，EDTA 的酸效应和配位效应是最突出的两种因素，若排除配位剂的干扰，此时，只需考虑酸效应对配位平衡的影响，则：

$$\lg K'_稳 = \lg K_稳 - \lg \alpha_{Y(H)}$$

上式表明，配合物的稳定性受溶液酸度的影响，条件稳定常数 $K'_稳$ 的大小反映了在相应的 pH 条件下形成配合物的实际稳定程度。由于酸效应系数 $\alpha_{Y(H)}$ 除了在 pH≥12 时等于 1，其他条件下都大于 1，因此 $K'_稳$ 一般都小于 $K_稳$。

在配位滴定中选择和控制滴定的最佳酸度时，$K'_稳$ 有着重要的意义，它是判断配位滴定可能性的重要依据，只有当 $\lg K'_稳 \geq 8$ 时，EDTA 和金属离子的浓度都是大约 0.01mol/L 条件下，该金属离子才能够用 EDTA 准确滴定。

第四节　配位滴定法

配位滴定法是以配位反应为基础，用配位剂作为标准溶液，直接或间接滴定被测金属离子，并选用适当指示剂指示滴定终点的一种方法。配位滴定反应除满足一般滴定分析的基本要求外，还须具备以下条件：①配位反应必须迅速且有适当的指示剂指示终点；②配位反应要有明确的计量关系，只生成一种配位比的配位化合物；③生成的配位化合物要相当稳定，以保证反应进行完全。

在配位滴定法中，随着滴定剂 EDTA 的不断加入，金属离子与 EDTA 不断生成金属离子配合物，溶液中金属离子 M 的浓度逐渐减小。在化学计量点附近，金属离子 M 的浓度发生急剧变化，金属指示剂颜色的明显改变起到指示滴定终点的作用。本节主要介绍金属指示剂的相关知识、标准溶液 EDTA 的配制方法以及配位滴定法的具体应用。

一、金属指示剂

配位滴定指示终点的方法很多，最常用金属离子指示剂（简称为金属指示剂）指示终点。酸碱指示剂是以指示溶液中 H^+ 浓度的变化确定滴定终点，而金属指示剂则是以指示溶液中金属离子浓度的变化来确定滴定终点。

（一）金属指示剂的作用原理

金属指示剂是一种能与金属离子形成有色配合物的配位剂（可用 In 表示），可与被测金属离子 M 生成与其本身的颜色（乙色）明显不同的显色配合物（甲色），从而指示溶液中金属离子浓度的变化，确定滴定终点。

$$M + In \rightleftharpoons MIn$$
　　　　　　　　指示剂（乙色）　　　指示剂-金属配合物（甲色）

滴定开始前，金属指示剂 In 与溶液中的金属离子 M 先形成 MIn，加入滴定剂 EDTA 后，Y 与游离的 M 结合，临近滴定终点时，由于 MIn 的稳定性小于 MY 的稳定性，EDTA 进而夺取 MIn 中的 M，使 In 游离出来，溶液的颜色由甲色转为乙色，从而指示滴定终点。其反应如下：

$$MIn + Y \rightleftharpoons MY + In$$
指示剂-金属配合物（甲色）   指示剂（乙色）

以铬黑 T 在滴定反应中的颜色变化来说明金属指示剂的变色原理。铬黑 T 是弱酸性偶氮染料，在 pH＝10 的水溶液中呈纯蓝色，与 Mg^{2+} 所形成配合物的颜色为酒红色。若在 pH＝10 时，用 EDTA 标准溶液滴定 Mg^{2+}，滴定前加入铬黑 T 指示剂，铬黑 T 与溶液中的部分 Mg^{2+} 结合生成酒红色的 Mg^{2+}-铬黑 T 配合物。随着 EDTA 的加入，EDTA 与 Mg^{2+} 发生配位反应，在化学计量点附近，溶液中 Mg^{2+} 浓度已很低，滴入的 EDTA 可从 Mg^{2+}-铬黑 T 夺取金属 Mg^{2+}，使铬黑 T 游离出来而呈现其本身的纯蓝色，指示滴定终点的到达。

滴定开始前 Mg^{2+} ＋ 铬黑 T $\rightleftharpoons$ Mg^{2+}-铬黑 T（酒红色）

滴定过程中 Mg^{2+} ＋ Y $\rightleftharpoons$ MgY

滴定终点时 Mg^{2+}-铬黑 T（酒红色）＋ Y $\rightleftharpoons$ MgY ＋ 铬黑 T（纯蓝色）

在整个滴定过程中，颜色由酒红色变为紫色再变为纯蓝色。

（二）金属指示剂应具备的条件

金属离子的显色剂很多，但只有其中一部分能用作金属离子指示剂。一般来讲，金属指示剂应具备下列条件：

1. 变色敏锐

在滴定的 pH 范围内，金属指示剂与金属离子生成的配合物的颜色与金属指示剂本身的颜色应有明显的差别，以利于终点的判断。

2. 可逆性好

金属指示剂与金属离子的配位反应要灵敏、快速，并具备良好的变色可逆性，并具有一定的选择性。在特定条件下，指示剂仅与被测金属离子发生显色反应，而共存离子不会干扰。

3. K_{MIn} 的大小要适当

金属指示剂与金属离子形成的配合物 MIn 的稳定性要适当，既要有足够的稳定性（$K_{MIn} \geqslant 10^4$），又要比 MY 配合物稳定性低（要求 $K_{MY}/K_{MIn} > 100$）。如果 MIn 稳定性太低，终点会提前出现，且颜色变化不敏锐；如果稳定性过高，终点会拖后，甚至会使 EDTA 难以夺取 MIn 中的 M，到达化学计量点时也不发生颜色突变，导致看不到滴定终点。

4. 性质稳定

金属指示剂的化学性质要稳定，不易氧化或者分解，便于储存和使用。

5. 配合物 MIn 易溶于水

指示剂与金属离子生成的配合物 MIn 应易溶于水，如果生成胶体溶液或沉淀，则会使变色不明显。

（三）常用的金属指示剂

金属指示剂种类较多，配位滴定中常用的金属指示剂如表7-6所示。

表7-6 配位滴定中常用的金属指示剂

指示剂	适用的pH范围	指示剂颜色变化		直接滴定的离子	配制方法	干扰离子
		In	MIn			
铬黑T（EBT）	7～10	蓝	红	Mg^{2+}、Zn^{2+}、Cd^{2+}、Pb^{2+}、Mn^{2+}及稀土元素	1∶100NaCl（研磨）	Al^{3+}、Fe^{3+}、Cu^{2+}、Co^{2+}、Ni^{2+}等
二甲酚橙（XO）	<6	亮黄	红紫	pH<1,ZrO^{2+}；pH1～3,Bi^{3+}、Th^{4+}；pH5～6,Zn^{2+}、Pb^{2+}、Cd^{2+}、Hg^{2+}及稀土元素	0.5%水溶液(5g/L)	Al^{3+}、Fe^{3+}、Ni^{2+}等
钙指示剂（NN）	10～13	纯蓝	酒红	pH12～13,Ca^{2+}	1∶100NaCl（研磨）	Al^{3+}、Fe^{3+}、Cu^{2+}、Co^{2+}、Ni^{2+}、Mn^{2+}等

1. 铬黑T

铬黑T简称EBT，为黑褐色固体粉末，在不同的pH条件下呈现不同的颜色。在pH<6.3时呈酒红色，pH为6.3～11.6时呈蓝色，pH>11.6时为橙色。由于铬黑T与金属离子形成的配合物呈红色，因此，铬黑T理论上只适合在pH值为7～11时使用，实验结果表明，铬黑T用作金属指示剂的最佳pH值范围为9～10.5。铬黑T常用于EDTA直接滴定Mg^{2+}、Zn^{2+}、Cd^{2+}、Pb^{2+}、Mn^{2+}等离子，终点时溶液由酒红色变为纯蓝色。Fe^{3+}、Al^{3+}、Ni^{2+}等离子对铬黑T具有封闭作用，通常可以加入三乙醇胺（掩蔽Fe^{3+}、Al^{3+}）和KCN（掩蔽Ni^{2+}）消除干扰。

铬黑T固体性质相当稳定，但在水溶液中只能保存几天，因其水溶液易发生分子聚合，聚合后不能与金属离子显色。在实际应用中，常把铬黑T与纯净的中性盐如NaCl或KNO_3，按1∶100的比例磨细并保存于干燥器中备用。

2. 钙指示剂

钙指示剂简称钙红（NN），钙指示剂与Ca^{2+}形成酒红色配合物，常在pH=12～13时，作为滴定Ca^{2+}的指示剂，终点时溶液由酒红色变成蓝色。钙指示剂为紫黑色粉末，很稳定，但其水溶液或乙醇溶液均不稳定，故一般取固体试剂与NaCl按1∶100的比例磨细制成固体混合物备用。

3. 二甲酚橙

二甲酚橙简称XO，为紫红色固体粉末，易溶于水。二甲酚橙与金属离子形成的配合物呈红色，在pH<6.3的酸性溶液中，可作为EDTA直接滴定Cd^{2+}、Pb^{2+}、Hg^{2+}等离子时的指示剂，终点时溶液由红色变为亮黄色。二甲酚橙通常配成0.5%的水溶液，大约可稳定2～3周。

（四）金属指示剂的封闭、僵化及氧化变质现象

1. 指示剂的封闭现象

指示剂的封闭现象是指在一定的条件下，有些金属指示剂能与待测金属离子生成极稳定的配合物，即使加入过量的滴定剂也不能将待测金属离子从 MIn 配合物中夺取出来，以致终点不发生颜色突变而无法确定滴定终点的现象。

此外，溶液中某些共存离子与金属指示剂配位形成十分稳定的有色配合物，不能被 EDTA 破坏，也会引起指示剂的封闭。

如果是待测金属离子引起的指示剂封闭，则采用返滴定法来消除。若是共存离子引起的，则可用加入掩蔽剂，使干扰离子生成更稳定的配合物而消除。如 Al^{3+}、Fe^{3+} 对铬黑 T 的封闭可加三乙醇胺予以消除；Cu^{2+}、Co^{2+}、Ni^{2+} 可用 KCN 掩蔽；Fe^{3+} 也可先用抗坏血酸还原为 Fe^{2+}，再加 KCN 掩蔽。

2. 指示剂的僵化现象

指示剂与金属离子形成的配合物应易溶于水，如果生成的配合物是胶体溶液或沉淀，在滴定时指示剂与 EDTA 的置换作用将进行缓慢而使终点拖长，这种现象称为指示剂的僵化。解决的办法是加入有机溶剂或加热，以增大其溶解度。例如用 PAN 作指示剂时，经常加入酒精或在加热下滴定。

3. 指示剂的氧化变质现象

金属指示剂大多为含双键的有色化合物，易被日光、氧化剂、空气等作用而分解，在水溶液中多不稳定，日久会变质。若配成固体混合物则较稳定，保存时间较长。例如铬黑 T 和钙指示剂，常用固体 NaCl 或 KCl 作稀释剂来配制。

二、提高配位滴定选择性的方法

在配位滴定分析中，标准溶液 EDTA 具有很强的配位能力，能与许多金属离子形成配合物。在实际工作中，分析对象往往比较复杂，被滴定溶液中常同时存在多种金属离子，滴定时很可能带来干扰。因此，提高配位滴定的选择性，在配位滴定中尤为重要。

（一）控制溶液的酸度

溶液的酸度对 EDTA 配合物的稳定性有很大的影响，在某些情况下，适当控制酸度可以提高滴定的选择性。由于不同配合物的稳定常数不同，滴定时允许的最小 pH 也不同，溶液中若同时存在两种或两种以上金属离子时，通过调节 pH 的大小，使得两种离子的 lgK_{MY} 相差 6 以上，即可用控制酸度的方法达到选择性测定某一离子的作用。

采用此法消除干扰，关键在于滴定系统酸度的选定。一般先求出待测金属离子 M 被准确滴定时的最低 pH 值，再求出干扰离子不干扰滴定的酸度，然后选择两者之间滴定误差最小的某一段 pH 值。

（二）掩蔽法

若被测金属离子和干扰离子与 EDTA 形成的配合物稳定常数相差不大，就不能用控制酸度的方法来消除干扰。可通过加入掩蔽剂来降低干扰离子的浓度，增大配合物稳定性的差

别，从而消除干扰，这种方法称为掩蔽法。所谓的掩蔽剂是指无须分离干扰离子，能使干扰物质转变为稳定的配合物、沉淀或发生价态变化等而消除其干扰作用的试剂。常用的有配位掩蔽法、沉淀掩蔽法和氧化还原掩蔽法等。

1. 配位掩蔽法

利用配位反应降低干扰离子的浓度，从而消除干扰的方法，称为配位掩蔽法，这是滴定分析中应用最广泛的一种方法。例如，用 EDTA 测定水中钙镁离子的总量时，Fe^{3+}、Al^{3+} 等离子的存在对测定有干扰，可加入三乙醇胺作为掩蔽剂，使其与 Fe^{3+}、Al^{3+} 等离子生成更稳定的配合物，进而消除干扰。

2. 沉淀掩蔽法

利用沉淀剂与干扰离子发生沉淀反应，生成沉淀以消除干扰的方法，称为沉淀掩蔽法。例如，在 Ca^{2+}、Mg^{2+} 共存的溶液中测定 Ca^{2+} 时，可加入 NaOH，使溶液的 pH>12，使 Mg^{2+} 生成 $Mg(OH)_2$ 沉淀，消除了 Mg^{2+} 对 Ca^{2+} 的干扰。

沉淀掩蔽法有一定的局限性，若沉淀反应不完全，特别是过饱和现象使沉淀效率不高，沉淀会吸附被测离子而影响测定的准确度；某些沉淀颜色深或体积庞大，也会影响终点的判断。因此，利用沉淀掩蔽法时要考虑这些不利影响。

3. 氧化还原掩蔽法

利用掩蔽剂与干扰离子发生氧化还原反应，以改变干扰离子的氧化数，达到消除干扰的目的。例如，用 EDTA 滴定 Bi^{3+}、Zr^{4+}、Th^{4+} 等离子时，溶液中若有 Fe^{3+} 会产生干扰。此时可在溶液中加入抗坏血酸或盐酸羟胺等还原性物质，将 Fe^{3+} 还原成 Fe^{2+} 以消除干扰。

常用的还原剂有盐酸羟胺、抗坏血酸、$Na_2S_2O_3$、联氨和硫脲等，常用的氧化剂有 H_2O_2、$(NH_4)_2S_2O_8$。

三、EDTA 标准溶液的配制与标定

（一）EDTA 标准溶液的配制

由于乙二胺四醋酸在水中的溶解度小，所以常用其含有两个结晶水的二钠盐（$Na_2H_2Y \cdot 2H_2O$）来配制。对于纯度较高的 EDTA 可用直接配制法配制滴定液，但其提纯方法比较复杂，且试剂常含有湿存水及少量其他杂质，故 EDTA 滴定液一般采用间接法配制。

取乙二胺四醋酸二钠 19g，加适量的水使溶解成 1000ml，摇匀。

为防止 EDTA 溶液溶解玻璃中的 Ca^{2+} 形成 CaY，EDTA 溶液应储存在聚乙烯塑料瓶或硬质玻璃瓶中。

配位滴定对蒸馏水的要求比较高，若配制溶液的水中含有 Ca^{2+}、Mg^{2+}、Pb^{2+}、Sn^{2+} 等，会消耗部分 EDTA，随测定情况的不同对测定结果产生不同的影响。若水中含有 Al^{3+}、Cu^{2+} 等，会对某些指示剂有封闭作用，使终点难以判断。因此，在配位滴定中为保证质量，最好选用去离子水或二次蒸馏水，即应符合 GB/T 6682—2008《分析实验室用水规格和试验方法》中二级用水标准。

（二）EDTA 标准溶液的标定

标定 EDTA 溶液的基准试剂很多，如纯金属锌、铜、铅、氧化锌、碳酸钙等。国家标

准中采用氧化锌作基准试剂，使用前 ZnO 应在 800℃±50℃ 的高温炉中灼烧至恒重，然后置于干燥器中。

取于约 800℃ 灼烧至恒重的基准氧化锌 0.12g，精密称定，加稀盐酸 3ml 使溶解，加水 25ml，加 0.025% 甲基红的乙醇溶液 1 滴，滴加氨试液至溶液显微黄色，加水 25ml 与氨-氯化铵缓冲液（pH10.0）10ml，再加铬黑 T 指示剂少量，用本液滴定至溶液由紫色变为纯蓝色，并将滴定的结果用空白试验校正。每 1ml 乙二胺四醋酸二钠滴定液（0.05mol/L）相当于 4.069mg 的氧化锌。根据本液的消耗量（V）与氧化锌的取用量（m），算出本液的浓度（c），即得。

其标定反应及指示剂颜色变化为：

滴定开始前　Zn^{2+} + 铬黑 T $\rightleftharpoons$ Zn^{2+}-铬黑 T

滴定过程中　Zn^{2+} + Y $\rightleftharpoons$ ZnY

滴定终点时　Zn^{2+}-铬黑 T(紫色) + Y $\rightleftharpoons$ ZnY + 铬黑 T(纯蓝色)

$$c_{EDTA} = \frac{m_{ZnO} \times 10^3}{M_{ZnO}(V-V_0)}$$

式中　V——标定时消耗 EDTA 溶液的体积，ml；

V_0——空白试验时消耗 EDTA 溶液的体积，ml。

配位滴定的测定条件与待测组分及指示剂的性质有关。为了消除系统误差，提高测定的准确度，在选择基准试剂时应注意使标定条件与测定条件尽可能一致。如测定 Ca^{2+}、Mg^{2+} 用的 EDTA，最好用 $CaCO_3$ 作基准试剂进行标定。

四、配位滴定法的应用

配位滴定法在分析化学领域应用广泛，可以用来测定自来水的硬度、食品加工中食品添加剂铝盐的含量、铝镁合金粉中铝的含量、牛奶中的钙含量、工业废水中的金属含量、葡萄糖酸钙口服液中钙的含量，等等。下面着重介绍配位滴定法在水的硬度检测中的应用。

（一）水的硬度测定

水的硬度最初是指水中钙、镁离子使肥皂水化液产生沉淀的能力，从而将水中的钙盐、镁盐的总含量称为硬度。硬度是指水中钙、镁离子的总浓度，钙、镁离子含量越高，水的硬度越大。工业用水和生活饮用水对水的硬度都有一定的要求，我国《生活饮用水卫生标准》（GB 5749—2022）规定，生活饮用水总硬度以 $CaCO_3$ 计，不得超过 450mg/L。

水中钙、镁离子含量是衡量生活用水和工业用水水质的一项重要指标。如锅炉给水，经常要进行此项分析，为水的处理提供依据。各国对水中钙、镁离子含量表示的方法不同，我国通常采用以下两种方法表示。

① 将水中 Ca^{2+}、Mg^{2+} 的总含量折合为 $CaCO_3$ 后，以每升水中所含 Ca^{2+}、Mg^{2+} 的总量相当于 $CaCO_3$ 的质量（单位为 mg）表示，即以 $CaCO_3$ 的质量浓度 ρ_{CaCO_3} 表示，单位为 mg/L。

② 将水中 Ca^{2+}、Mg^{2+} 的总含量以物质的量浓度 c 来表示，单位为 mmol/L。

测定水中 Ca^{2+}、Mg^{2+} 的总含量，通常在 pH=10 的氨-氯化铵缓冲溶液中，以铬黑 T 作指示剂，用 EDTA 滴定液直接滴定溶液由酒红色变为纯蓝色为终点。滴定时，水中少量

的 Fe^{3+}、Al^{3+} 等干扰离子可用三乙醇胺掩蔽，Cu^{2+}、Pb^{2+} 等重金属离子可用 KCN、Na_2S 来掩蔽。

测定过程中有 CaY、MgY、Mg-铬黑 T、Ca-铬黑 T 四种配合物生成，其稳定性依次为 CaY＞MgY＞Mg-铬黑 T＞Ca-铬黑 T。

当加入指示剂铬黑 T 后，它首先与 Mg^{2+} 结合，生成酒红色的配合物 Mg-铬黑 T。当滴入 EDTA 时，首先与之结合的是 Ca^{2+}，其次是游离态的 Mg^{2+}，到达化学计量点附近时，EDTA 夺取 Mg-铬黑 T 当中的 Mg^{2+}，使铬黑 T 游离出来，溶液的颜色由酒红色变为纯蓝色，到达滴定终点。

滴定开始前　Mg^{2+}＋铬黑 T $\rightleftharpoons$ Mg^{2+}-铬黑 T(酒红色)

滴定过程中　M＋Y $\rightleftharpoons$ MY

滴定终点时　Mg^{2+}-铬黑 T(酒红色)＋Y $\rightleftharpoons$ MgY＋铬黑 T(纯蓝色)

设消耗 EDTA 的体积为 V，水中钙、镁总量可按照下式计算：

钙、镁总量
$$\rho_{CaCO_3}(\text{mg/L}) = \frac{c_{EDTA} V_{EDTA} M_{CaCO_3} \times 10^3}{V_{水样}}$$

钙、镁总量
$$c(\text{mmol/L}) = \frac{c_{EDTA} V_{EDTA} \times 10^3}{V_{水样}}$$

（二）自来水硬度测定应用举例

任务 7-1　自来水的总硬度

国标《生活饮用水卫生标准》(GB 5749—2022) 规定，生活饮用水总硬度以 $CaCO_3$ 计，不得超过 450mg/L。某化验员精确量取水样 50.00ml 两份，用 0.02464mol/L EDTA 滴定液进行滴定，消耗 EDTA 滴定液分别为 11.76ml 和 11.78ml。请计算水的硬度并判断水的硬度是否符合规定。

1. 任务描述

总硬度测定，用 NH_3-NH_4Cl 缓冲溶液控制 pH=10，以铬黑 T 为指示剂，用三乙醇胺掩蔽 Fe^{3+}、Al^{3+} 等可能共存的离子，用 EDTA 标准溶液直接滴定 Ca^{2+} 和 Mg^{2+}，终点时溶液由酒红色变为纯蓝色。

2. 测定过程

用 50ml 移液管精确量取水试样 50.00ml 于 250ml 锥形瓶中，加入 3ml 三乙醇胺溶液，加入 5ml NH_3-NH_4Cl 缓冲溶液，调节 pH 约为 10。加入适量铬黑 T 指示剂，在不断摇动下，用 0.02464mol/L EDTA 滴定液滴定水样溶液由酒红色刚好转变为纯蓝色即为终点，平行测定两次，消耗 EDTA 溶液的体积分别为 11.76ml 和 11.78ml。

3. 水的硬度计算

水的硬度的计算公式如下：

$$\rho_{CaCO_3}(\text{mg/L}) = \frac{c_{EDTA} V_{EDTA} M_{CaCO_3} \times 10^3}{V_{水样}}$$

将实验数据代入公式得：

$$\rho_{CaCO_3(1)} = \frac{0.02464 \times 11.76 \times 100.09 \times 10^3}{50.00} = 580.1 \text{mg/L}$$

$$\rho_{CaCO_3(2)} = \frac{0.02464 \times 11.78 \times 100.09 \times 10^3}{50.00} = 581.0 \text{mg/L}$$

$$\rho_{CaCO_3} = \frac{\rho_1 + \rho_2}{2} = \frac{580.1 + 581.0}{2} = 580.6 \text{mg/L}$$

4. 结果判定

由于测定结果 580.6＞450（规定限度），所以判该饮用水的硬度"不符合规定"。

知识回顾

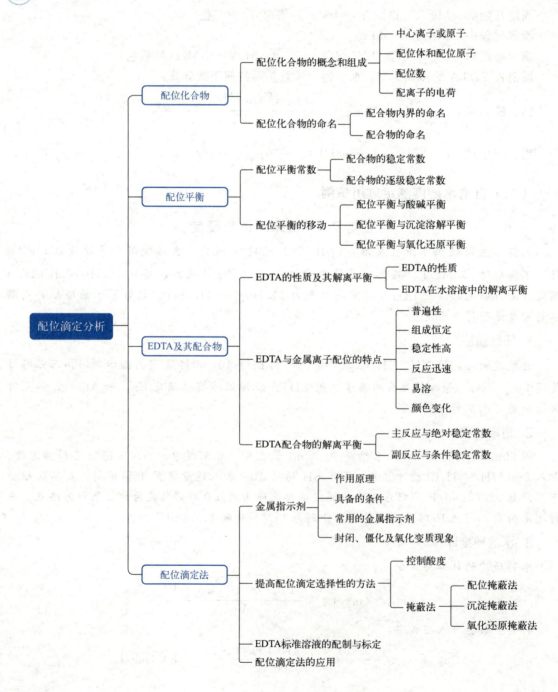

目标检测

一、选择题

（一）单选题

1. 在 EDTA 的七种存在型体中，能与金属离子发生配位的是（　　）。
   A. Y^{4-}　　　　　B. HY^{3-}　　　　　C. H_2Y^{2-}　　　　　D. H_5Y^+

2. EDTA 的有效浓度 [Y] 与酸度有关，它随着溶液 pH 值增大而（　　）。
   A. 增大　　　　　B. 减小　　　　　C. 不变　　　　　D. 先增大后减小

3. EDTA 与金属离子多是以（　　）的关系配合。
   A. 1∶5　　　　　B. 1∶4　　　　　C. 1∶2　　　　　D. 1∶1

4. 配位滴定终点所呈现的颜色是（　　）。
   A. 游离金属指示剂的颜色
   B. EDTA 与待测金属离子形成配合物的颜色
   C. 金属指示剂与待测金属离子形成配合物的颜色
   D. 上述 A 与 C 的混合色

5. 在 EDTA 配位滴定中，下列有关酸效应系数的叙述，正确的是（　　）。
   A. 酸效应系数越大，配合物的稳定性愈大
   B. 酸效应系数越小，配合物的稳定性愈大
   C. pH 值愈大，酸效应系数愈大
   D. 酸效应系数愈大，配位滴定曲线的 pM 突跃范围愈大

6. 产生金属指示剂封闭现象是因为（　　）。
   A. 指示剂不稳定　　　　　　　　　　B. MIn 溶解度小
   C. $K'_{MIn} < K'_{MY}$　　　　　　　　D. $K'_{MIn} > K'_{MY}$

（二）多选题

1. 在配位滴定中，指示剂应具备的条件是（　　）。
   A. K_{MIn} 大小要适当
   B. 金属指示剂与金属离子的配位反应要灵敏、快速，并具备良好的变色可逆性
   C. 变色敏锐
   D. 配合物 MIn 的稳定性大于 MY 的稳定性

2. EDTA 作为配位剂具有的特性是（　　）。
   A. 生成的配合物稳定性高
   B. EDTA 与金属离子形成的配合物组成一定，都是 1∶1 的配合物
   C. 配位能力随着 pH 的增大而减小
   D. 配位反应迅速
   E. 形成的配合物易溶于水

3. 在配位滴定中可使用的指示剂有（　　）。
   A. 甲基红　　　　　B. 铬黑 T　　　　　C. 溴甲酚绿　　　　　D. 二甲酚橙

4. 下列关于 EDTA 标准溶液的配制与标定，说法正确的是（　　）。

A. EDTA 常选用其含有两个结晶水的二钠盐来配制
B. EDTA 可用直接法配制标准溶液
C. EDTA 用间接法配制时，一般采用基准试剂 ZnO 来标定
D. EDTA 标准溶液标定时选用的指示剂为甲基橙

5. 水的总硬度测定中，测定的是水中（　　）的量。
A. 钙离子　　　　B. 镁离子　　　　C. 铁离子　　　　D. 锌离子

二、判断题

（　　）1. EDTA 的七种形式中，只有 Y^{4-} 能与金属离子直接配合，溶液的酸度越低，Y^{4-} 的浓度就越大。

（　　）2. 配位数就等于中心离子的配位体的数目。

（　　）3. 乙二胺四醋酸（EDTA）是多齿配体。

（　　）4. EDTA 与金属离子的配位能力随溶液的 pH 增大而增强。

（　　）5. 在 pH＞12 时，EDTA 的配位能力最强，故 EDTA 的酸效应可以忽略。

三、填空题

1. EDTA 的化学名称为_____。配位滴定常用水溶性较好的_____来配制滴定液。

2. EDTA 的结构式中含有两个_____和四个_____，是可以提供六个_____的螯合剂。

3. EDTA 与金属离子配合，不论金属离子是几价，绝大多数都是以_____的关系配位反应。

4. EDTA 配合物的有效浓度_____与酸度有关，它随溶液的_____升高而_____。

5. 用 EDTA 滴定 Ca^{2+}、Mg^{2+} 总量时，以_____为指示剂，溶液的 pH 必须控制在_____。滴定 Ca^{2+} 时，以_____为指示剂，溶液的 pH 必须控制在_____。

6. 配合物 $[Cu(NH_3)_4]SO_4$ 的名称为_____，中心离子的氧化数为_____，配位数为_____，配位原子为_____。

四、计算题

1. 称取含钙试样 0.2000g，溶解后转入 100ml 容量瓶中，稀释至标线。吸取此溶液 25.00ml，以钙指示剂为指示剂，在 pH＝12.0 时用 0.02000mol/L EDTA 滴定液滴定，消耗 EDTA 体积为 19.86ml、19.88ml 和 19.89ml，求试样中 $CaCO_3$ 的质量分数。

2. 测定水中钙、镁总量时，取 100.0ml 水样，以铬黑 T 作指示剂，用 0.01000mol/L EDTA 溶液滴定，共消耗 12.41ml。计算水中钙、镁总量，分别以 ρ_{CaCO_3}（mg/L）和 c（mmol/L）表示。（M_{CaCO_3} 为 100.1g/mol）

第八章 氧化还原滴定分析

📩 学习引导

FeSO₄·7H₂O 呈绿色，俗称绿矾，在医药上常制成片剂或糖浆，用于治疗缺铁性贫血，硫酸亚铁含量可用 KMnO₄ 滴定液直接测定。精密称取硫酸亚铁样品约 0.5000g，加 3mol/L H₂SO₄ 溶液 10ml，纯化水 30ml，振摇，溶解，立即用 0.02mol/L 的 KMnO₄ 滴定液滴定至溶液变为淡红色（30 秒内不褪色）。用下式计算 FeSO₄·7H₂O 含量：

$$\omega_{FeSO_4 \cdot 7H_2O} = \frac{5 c_{KMnO_4} V_{KMnO_4} M_{FeSO_4 \cdot 7H_2O} \times 10^{-3}}{m_S}$$

测定过程中发生了何种化学反应？有哪些注意事项？

学习本章内容之后，同学们就会对以氧化还原反应为基础的滴定分析方法，即氧化还原滴定分析方法有新的认识。

📩 学习目标

1. 知识目标

了解氧化还原反应、氧化、还原、氧化剂、还原剂、电极电势的基本概念；熟悉氧化数定义和氧化还原反应本质；掌握高锰酸钾法、碘量法、亚硝酸钠法的测定原理、特点、指示剂、反应条件以及应用要求。

2. 能力目标

能熟练应用高锰酸钾法、碘量法、亚硝酸钠法进行滴定分析，会进行氧化还原滴定的计算。

3. 素质目标

培养扎实严谨的工作作风和精益求精的基本素质。

第一节 氧化还原反应

一、氧化还原反应基本概念

从化学反应过程中是否有电子的转移或电子对的偏移的角度考虑，可将所有的化学反应划分为两类：一类是氧化还原反应；另一类是非氧化还原反应。氧化还原反应作为重要的化学反应类型之一，不仅在金属冶炼、高能燃料和众多化工产品的合成中具有重要意义，而且与医药卫生、生命活动也密切相关，如药物分析中维生素 C 含量测定、磺胺嘧啶含量测定等。氧化还原反应的特征是反应前后某些元素的氧化数发生了改变，其实质是化学反应中有电子得失或电子对偏移。

（一）氧化数（氧化值）

氧化数又称为氧化值，是某元素一个原子的形式电荷数。这种电荷数的确定是假定把原子间的成键电子指定给电负性较大的原子而求得的。氧化数是表示元素被氧化程度的代数值。

确定氧化数的一般规则如下：

① 在单质中，元素的氧化数为零。如 O_2、Cu、S 等物质中，氧、铜、硫的氧化数均为零。

② 简单离子（单原子离子）的氧化数等于该离子的电荷数。如在 Na^+ 和 Cl^- 中，Na 的氧化数为 $+1$；Cl 的氧化数 -1（此处需注意离子电荷数与氧化数表示方法的差异）。

③ 在多原子离子中各元素原子的氧化数的代数和等于离子所带的电荷数。可由此推算各原子的氧化数。

④ 氧在化合物中的氧化数一般为 -2；在过氧化物（如 H_2O_2、Na_2O_2）中氧的氧化数为 -1；在超氧化物（如 KO_2）中氧的氧化数为 -0.5；在氧的氟化物（如 OF_2）中氧的氧化数为 $+2$。

⑤ 氢在化合物中的氧化数一般为 $+1$；在金属氢化物（如 NaH）、硼氢化物（如 B_2H_6）中氢的氧化数为 -1。

⑥ 氟在化合物中的氧化数皆为 -1。

⑦ 在共价化合物中，将属于两个原子的共用电子对指定给电负性较大的原子后，两个原子所表现出的形式电荷数就是其氧化数。例如，在 NH_3 中，N 的氧化数为 -3。

⑧ 在中性分子中，各元素原子氧化数的代数和为零。

根据以上规则，可以计算出各种化合物中任一元素的氧化数。

  案例 8-1

计算 H_2SO_4、$S_2O_3^{2-}$、$S_4O_6^{2-}$ 中 S 的氧化数。

讨论：1. 以上相同元素 S 的氧化数是否一样？为什么？

2. 氧化数不同代表元素的什么不同？

3. 我们从中能得到哪些启示？

解析8-1

案例 8-2

计算 Fe_3O_4 中 Fe 的氧化数。

讨论：1. 氧化数一定是整数吗？

2. 氧化数和化合价有何不同？

解析8-2

从以上案例可知，根据氧化数的规定，氧化数并不是一个元素原子所带的真实电荷数，而是将成键电子指定给某个原子之后的人为规定值，是一种"形式电荷数"。所以，氧化数可以是整数，也可以是分数或小数。它与元素的化合价含义是不相同的。同种元素在同一化合物中，化合价和氧化数可以相同，也可以不同。

> **练一练：**
> 1. 计算 $MnCl_2$、MnO_2、K_2MnO_4、$KMnO_4$ 中 Mn 的氧化数。
> 2. 计算 C_2H_2、C_2H_4、C_2H_6、CH_4 中 C 的氧化数。

（二）氧化还原反应的本质

我们把化学反应前后元素的氧化数发生变化的反应称为氧化还原反应。氧化铜与氢气的反应是氧化还原反应，反应中各元素原子氧化数的变化情况如下：

$$\overset{得到电子，氧化数降低}{\underset{失去电子，氧化数升高}{\overset{+2\ -2\quad 0\quad\ 0\quad +1\ -2}{CuO + H_2 = Cu + H_2O}}}$$

某元素的原子得到电子，氧化数降低，此过程称为还原反应；失去电子，氧化数升高，此过程称为氧化反应。氧化还原反应的本质是电子的得失或电子对的偏移（人们习惯将电子的偏移也称作电子的得失），并引起元素氧化数发生变化。

1. 氧化剂和还原剂

在氧化还原反应中，得到电子氧化数降低的物质，称为氧化剂；失去电子氧化数升高的物质，称为还原剂。氧化剂能使其他物质氧化，而本身被还原；还原剂能使其他物质还原，而本身被氧化。例如下列反应：

$$\overset{氧化数降低，被还原}{\underset{氧化数升高，被氧化}{\overset{0\quad +2\quad\ +2\quad\ 0}{Fe + CuSO_4 = FeSO_4 + Cu}}}$$

$CuSO_4$ 中 Cu 的氧化数从 +2 降到 0，得到电子，$CuSO_4$ 是氧化剂，它使 Fe 氧化，其本身被还原。Fe 的氧化数从 0 升高到 +2，失去电子，Fe 是还原剂，它使 $CuSO_4$ 还原，其本身被氧化。

一般来说，活泼的非金属单质（如 Cl_2、O_2 等），高价态的金属离子（如 Fe^{3+}、Ce^{4+} 等），某些含高氧化数元素的化合物（如 $K_2Cr_2O_7$、$KMnO_4$ 等）及某些氧化物和过氧化物（如 MnO_2、H_2O_2 等）在氧化还原反应中往往成为氧化剂。

活泼的金属单质（如 Na、Zn 等），低价态的金属离子（如 Fe^{2+}、Cu^+ 等），某些含低氧化数元素的化合物或阴离子（如 $H_2C_2O_4$、SO_3^{2-}、I^- 等）往往成为还原剂。

氧化数处于最高值的元素的化合物（如 $K_2Cr_2O_7$、$KMnO_4$ 等）只能作氧化剂；氧化数处于最低值的元素的化合物（H_2S、CO 等）只能作还原剂；氧化数处于中间值的元素的化合物（如 H_2O_2、H_2SO_3 等），既可作氧化剂，又可作还原剂。应该指出，一种氧化剂的氧化性或一种还原剂的还原性强弱，与物质的本性有关，元素的氧化数只是必要条件，不是决定因素,如 H_3PO_4 中 P 的氧化数是 +5,是该元素的最高氧化数,但是 H_3PO_4 不具有氧化性。F^- 是处于 F 的最低氧化数,但是它不具有还原性。通常某种物质是氧化剂,是指其具有较显著的氧化性,还原剂是指其具有较显著的还原性。

> **知识补充**
>
> 高锰酸钾是一种很强的氧化剂,紫红色晶体,可溶于水,常用作消毒剂、水净化剂、氧化剂、漂白剂、毒气吸收剂、二氧化碳精制剂等。在临床和日常生活方面有着广泛应用。例如治疗感染创面,当伤口发生化脓,长了疖肿、褥疮等,可用 1∶1000 的高锰酸钾溶液清洗,对于肛门疾患如肛瘘、肛裂、痔疮者,可坐浴或外擦患处,具有预防感染、收敛止痛、止痒和消炎的作用。另外,高锰酸钾还能用于治疗妇科炎症,祛除腋臭和脚臭,消毒蔬果和餐具等。在自来水厂净化水的处理过程中,高锰酸钾也是常规添加剂。

2. 氧化还原电对与半反应

在氧化还原反应中,为叙述方便,根据氧化数的升高或降低,可以将氧化还原反应拆分成两个半反应:氧化数升高(失去电子)的半反应,称为氧化反应;氧化数降低(得到电子)的半反应,称为还原反应。氧化反应与还原反应相互依存,共同组成氧化还原反应。即在同一反应中,一种元素的氧化数升高,必有另一种元素的氧化数降低,且氧化数升高的总数与氧化数降低的总数相等。

例如,对于反应 $Cu^{2+} + Zn \rightleftharpoons Cu + Zn^{2+}$

其氧化反应为 $Zn - 2e \rightleftharpoons Zn^{2+}$

其还原反应为 $Cu^{2+} + 2e \rightleftharpoons Cu$

我们把在半反应中,通过电子的得失而相互转化的一对物质称为一个氧化还原电对。氧化数较高的物质叫氧化态(如 Zn^{2+}、Cu^{2+}),可用 Ox 表示。氧化数较低的物质叫还原态(如 Zn、Cu),可用 Red 表示。

氧化还原电对可用"氧化态/还原态"表示。如 Zn^{2+}/Zn、Cu^{2+}/Cu。而半反应可以表示为:

$$\text{氧化态} + ne \rightleftharpoons \text{还原态} \quad \text{或} \quad Ox + ne \rightleftharpoons Red$$

每一个电对都对应一个氧化还原半反应。如:

Fe^{3+}/Fe^{2+} $Fe^{3+} + e \rightleftharpoons Fe^{2+}$

S/S^{2-} $S + 2H + 2e \rightleftharpoons H_2S$

Ca^{2+}/Ca $Ca^{2+} + 2e \rightleftharpoons Ca$

O_2/OH^- $O_2 + 2H_2O + 4e \rightleftharpoons 4OH^-$

物质的氧化性和还原性是相对的,同种物质在不同电对中可表现出不同性质。如在 Cu^{2+}/Cu^+ 电对中,Cu^+ 为还原型,可作还原剂;在 Cu^+/Cu 电对中,Cu^+ 为氧化型,可作氧化剂。应该注意的是,在氧化还原反应中,氧化和还原是指反应过程,氧化剂、还原剂是指参加反应的物质。

3. 氧化还原反应的分类

根据元素氧化数的变化情况,可将氧化还原反应分类。把氧化数的变化发生在不同物质中不同元素上的反应称为一般的氧化还原反应;把氧化数的变化发生在同一物质中不同元素上的反应称为自身氧化还原反应；把氧化数的变化发生在同一物质中同一元素上的氧化还原反应称为歧化反应。

(1) 一般氧化还原反应　电子的得失或偏移发生在两种不同物质的分子之间。如：

$$Zn + CuSO_4 = ZnSO_4 + Cu$$

金属锌失去电子，氧化数升高；硫酸铜分子中的铜得到电子，氧化数降低。

(2) 自身氧化还原反应　电子的转移发生在同一分子内的不同原子之间。如：

$$2KMnO_4 = K_2MnO_4 + MnO_2 + O_2\uparrow$$

高锰酸钾中的锰得到电子，氧化数降低；而氧失去电子，氧化数升高。

(3) 歧化反应　电子的转移发生在同一分子里的同一种价态、同一种元素的原子上。如：

$$Cl_2 + H_2O = HClO + HCl$$

氯气分子中的氯既得到电子，氧化数降低；又失去电子，氧化数升高。

二、氧化还原反应方程式的配平

氧化还原反应方程式一般较复杂，用观察法往往不易配平，需按一定方法配平。配平氧化还原反应方程式的方法很多，主要有电子得失法、氧化数法、离子-电子法等，这里只介绍氧化数法。配平时首先明确反应物和生成物，并遵循下列配平原则：

一是电荷守恒：氧化剂中元素氧化数降低的总数（氧化剂得到的电子总数）和还原剂中元素氧化数升高的总数（还原剂失去的电子总数）相等；

二是质量守恒：反应前后原子种类和数目相等。

配平的主要步骤如下：

① 根据反应事实，写出反应物和生成物的化学式，中间用"——"隔开。

② 标出氧化数发生变化的元素的氧化数，并求出升高值和降低值。

③ 根据氧化剂氧化数降低总数等于还原剂氧化数升高总数，按最小公倍数确定氧化剂和还原剂化学式前的系数。

④ 根据反应前后原子种类和数目相等的原则，用观察法确定其他物质的系数，并把"——"改成"===""。

下面以 $KMnO_4$ 和 $FeSO_4$ 在稀 H_2SO_4 溶液中的反应为例说明其配平步骤。

第一步，写出反应物和生成物的化学式：

$$KMnO_4 + FeSO_4 + H_2SO_4 \longrightarrow MnSO_4 + Fe_2(SO_4)_3 + K_2SO_4 + H_2O$$

第二步，标出氧化数发生变化的元素的氧化数，并求出升高值和降低值：

$$\overset{+7}{K}\overset{}{Mn}O_4 + \overset{+2}{Fe}SO_4 + H_2SO_4 \longrightarrow \overset{+2}{Mn}SO_4 + \overset{+3}{Fe}_2(SO_4)_3 + K_2SO_4 + H_2O$$

氧化数降低 5
氧化数升高 1×2

第三步，按最小公倍数法确定氧化剂和还原剂化学式前的系数：

$$2\overset{+7}{K}MnO_4 + 10\overset{+2}{Fe}SO_4 + H_2SO_4 \longrightarrow 2\overset{+2}{Mn}SO_4 + 5\overset{+3}{Fe}_2(SO_4)_3 + K_2SO_4 + H_2O$$

氧化数降低 5×2
氧化数升高 1×2×5

第四步，用观察法确定其他物质的系数：

生成物中共有 18 个 SO_4^{2-}，需在左边再加上 8 个 H_2SO_4 分子。这样左边有 16 个 H 原子，右边可以生成 8 个 H_2O 分子，得到方程式：

$$2KMnO_4 + 10FeSO_4 + 8H_2SO_4 \xrightarrow{\quad} 2MnSO_4 + 5Fe_2(SO_4)_3 + K_2SO_4 + 8H_2O$$

再核对方程式两边的 O 原子都是 80，该方程式已配平。

例题 8-1 配平碘与硫代硫酸钠的反应方程式。

解析：（1）写出反应物和生成物的化学式：

$$I_2 + Na_2S_2O_3 \xrightarrow{\quad} NaI + Na_2S_4O_6$$

（2）标出氧化数发生变化的元素的氧化数，并求出升高值和降低值：

$$\overset{0}{I_2} + Na_2\overset{+2}{S_2}O_3 \xrightarrow{\quad} Na\overset{-1}{I} + Na_2\overset{+2\frac{1}{2}}{S_4}O_6$$

氧化数降低 1
氧化数升高 0.5×2

（3）按最小公倍数法确定氧化剂和还原剂化学式前的系数：

$$\overset{0}{I_2} + 2Na_2\overset{+2}{S_2}O_3 \xrightarrow{\quad} Na\overset{-1}{I} + Na_2\overset{+2\frac{1}{2}}{S_4}O_6$$

氧化数降低 1
氧化数升高 0.5×2

（4）配平其他物质：

$$I_2 + 2Na_2S_2O_3 \xrightarrow{\quad} 2NaI + Na_2S_4O_6$$

最后再核对一下各元素的原子个数是否相等。

第二节　电极电势

不同的氧化剂（还原剂）的氧化能力（还原能力）是不同的，即使是同一种氧化剂或者还原剂，因浓度、温度、介质条件的不同，其氧化能力或者还原能力也是相应变化的。氧化剂的氧化能力和还原剂的还原能力的大小，可用电极电势来衡量。要了解电极电势，先对原电池做一简介。

一、原电池

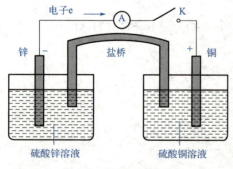

图 8-1　Cu-Zn 原电池

在一个盛有 $ZnSO_4$ 溶液的烧杯中插入一块 Zn 片，在另一个盛有 $CuSO_4$ 溶液的烧杯中插入一块 Cu 片，将两个烧杯中的溶液用一个倒置的装满饱和 KCl 溶液和琼脂做成冻胶的 U 形管（称为盐桥）连接起来，再将 Zn 片和 Cu 片用导线连接起来，并在导线中间接上检流计，这样就构成了一个铜锌原电池，如图 8-1 所示。当合上开关 K 时，就会看到检流计的指针发生偏转，这说明在外电路中有电流通过，说明此装置中确实有电子的转移，并且电子是沿一定方向有规则地流动，这种借助氧化还原反应产生电流，将化学能转变成电能的装置称为原电池，原电池的工作原理本质上就是氧化还原反应。

任何一个原电池都由两部分组成。如上述铜锌原电池中一个烧杯是由 Cu 片和 $CuSO_4$ 溶液组成，另一个烧杯是由 Zn 片和 $ZnSO_4$ 溶液组成，它们分别称为半电池或一个电极。通常叫作铜电极（铜半电池）和锌电极（锌半电池），分别对应 Cu^{2+}/Cu 电对和 Zn^{2+}/Zn 电对。

当原电池工作时，两个电极便开始发生化学反应。在锌电极，由于锌是活泼的金属，所以单质锌失去电子生成锌离子，其失去的电子通过导线流入铜电极，由于铜是不活泼的金属，所以铜离子接受电子生成单质铜。

锌电极　　$Zn - 2e \rightleftharpoons Zn^{2+}$　　氧化反应

铜电极　　$Cu^{2+} + 2e \rightleftharpoons Cu$　　还原反应

我们把上述电极上发生的反应称为电极反应或半电池反应。

锌电极是电子流出（即正电荷流入）的电极，称为负极，发生的是氧化反应；铜电极是电子流入（即正电荷流出）的电极，称为正极，发生的是还原反应。

随着反应进行，盐桥中的负离子就向 $ZnSO_4$ 溶液中移动，中和由于 Zn^{2+} 进入溶液而产生的过剩的正电荷以保持溶液的电中性；正离子就向 $CuSO_4$ 溶液中移动，中和由于 Cu^{2+} 沉积在铜片上而产生的过剩的负电荷，这样原电池反应会持续进行，电子不断从负极流向正极，这就是原电池产生电流的原理。两个电极反应之和即为电池反应：

$$Zn + Cu^{2+} \rightleftharpoons Zn^{2+} + Cu$$

为方便起见，原电池常用符号表示，称为电池组成或电池符号。如铜锌原电池可以表示为：

$$(-)Zn(s) \mid ZnSO_4(c_1) \parallel CuSO_4(c_2) \mid Cu(s)(+)$$

书写原电池符号应遵循以下规则：

① 负极写在左边，正极写在右边。

② 写电极的化学组成时，若电极物质是溶液要注明其浓度，是气体要注明其分压。

③ 用"｜"表示电极与溶液的界面；用"，"区分同一相中的不同组分；用"‖"表示盐桥。

④ 若电对中没有金属单质，则要用不活泼的金属或石墨作电极，这种电极不参与电极反应，只起导电作用，称为惰性电极，在电池符号中也要表示出惰性电极。常见的惰性电极材料为 Pt、C 等。例如由 H^+/H_2 电对和 Fe^{3+}/Fe^{2+} 电对组成原电池，采用惰性电极 Pt，可表示为：

$$(-)Pt \mid H_2(p) \mid H^+(c_1) \parallel Fe^{3+}(c_2), Fe^{2+}(c_3) \mid Pt(+)$$

负极　　　　$H_2 - 2e \rightleftharpoons 2H^+$　　氧化反应

正极　　　　$Fe^{3+} + e \rightleftharpoons Fe^{2+}$　　还原反应

原电池反应　$H_2 + Fe^{3+} \rightleftharpoons 2H^+ + Fe^{2+}$

> **知识补充**
>
> 盐桥通常由饱和 KCl 溶液和琼脂溶胶装入 U 形管后经过冷冻制成，离子可在其中自由移动，起到沟通两个半电池、保持电荷平衡、使反应持续进行的作用。Zn 片上的 Zn 给

第八章　氧化还原滴定分析

出电子后转变为 Zn^{2+} 进入 $ZnSO_4$ 溶液的瞬间，溶液中 Zn^{2+} 浓度增加，正电荷过剩。同时 $CuSO_4$ 溶液中的 Cu^{2+} 通过导线获得电子，变成 Cu 析出的瞬间造成溶液中 Cu^{2+} 减少，SO_4^{2-} 相对增加，负电荷过剩，阻止反应继续进行。两个半电池用盐桥连通后，盐桥中的正负离子会向两个半电池扩散。Cl^- 较快地向 Zn 半电极扩散而 K^+ 较快向 Cu 半电极扩散，少量的 SO_4^{2-}、Zn^{2+}、Cu^{2+} 也可以通过盐桥分别向 $ZnSO_4$ 溶液和 $CuSO_4$ 溶液移动，这样可保持溶液中的电荷平衡，从而使电流持续产生，反应继续进行。

二、电极电势与标准氢电极

（一）电极电势的产生

金属由金属原子、金属离子和自由移动的电子构成，它们以金属键相结合，将金属插入其盐溶液时，在金属与盐溶液的界面上就会发生两个相反的过程。一方面金属表面的金属离子受到水分子的作用，脱离金属表面溶解进入溶液，电子则留在金属表面，金属越活泼，溶液越稀，金属溶解的倾向越大；另一方面溶液中的金属离子也有从金属表面获得电子而沉积在金属表面的倾向，金属越不活泼，溶液越浓，离子沉积的倾向越大。这两个过程最终达到平衡。

$$M \rightleftharpoons M^{n+} + ne$$

若金属溶解的倾向大于沉积的倾向，金属表面就会积累过多的电子而带负电荷，溶液中金属离子受到金属表面负电荷的吸引而较多地分布于金属表面附近，于是在两相之间的界面层就会形成一个双电层［如图 8-2(a) 所示］。若金属离子沉积的倾向大于金属溶解的倾向，将使金属表面带正电荷，溶液中阴离子受到金属表面正电荷的吸引而较多地分布于金属表面附近，在两相之间的界面层也形成一个双电层［如图 8-2(b) 所示］。这种产生在双电层之间的电势差称为金属电极的电极电势。

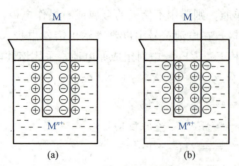

图 8-2　金属的电极电势

两个电极用导线相连接有电流产生，说明两个电极的电势是不相等的，有电势差。电流从电势高处向电势低处流动，如同有水位差水会自然从高处向低处流一样。在没有电流通过的情况下，正、负两极的电极电势之差称为原电池的电动势，用 E 表示。

$$E = \varphi_+ - \varphi_-$$

式中 φ_+ ——正极的电极电势；

φ_- ——负极的电极电势。

单个电极的电极电势无法测量，但是原电池的电动势可以准确测定。可选定某一电极作为比较标准，被测电极与之组成原电池，测出两个电极的电极电势差值，即求得该被测电极的电极电势相对值，所以通常所说的某电极的"电极电势"即相对电极电势。

按照国际纯粹与应用化学联合会（IUPAC）的建议，采用标准氢电极作为标准电极。

如果将某种电极和标准氢电极组成原电池，测定该原电池的电动势，即得该电极的电极电势。

（二）标准氢电极

标准氢电极的结构如图 8-3 所示。将镀有一层多孔铂黑的 Pt 片浸入含有 H^+ 浓度（严格说应为活度）为 1mol/L 的溶液中，并不断地通入压力为 101.325kPa 的纯 H_2，使铂黑电极上吸附的 H_2 达到饱和，即构成了标准氢电极。电极反应如下：

$$2H^+(aq) + 2e \rightleftharpoons H_2(g)$$

并规定在 298.15K 时，标准氢电极的电极电势其值为 0V，即：

$$\varphi^{\ominus}_{H^+/H_2} = 0.0000V$$

某电极在标准状态下的电极电势，称为该电极的标准电极电势。用 $\varphi^{\ominus}$ 表示，SI 单位为 V。所谓标准状态是指温度为 298.15K，所有溶液态作用物的浓度（严格说应为活度）为 1mol/L，所有气体作用物的分压为 101.325kPa，液体或固体都是纯净物质。

如果原电池的两个电极均为标准电极，此电池即为标准电池，对应的电动势为标准电动势，用 $E^{\ominus}$ 表示。即：

$$E^{\ominus} = \varphi^{\ominus}_+ - \varphi^{\ominus}_- \tag{8-1}$$

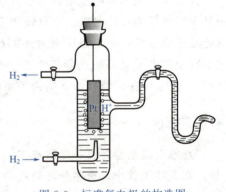

图 8-3 标准氢电极的构造图

测定某电极的标准电极电势时，可在标准状态下将待测电极与标准氢电极组成原电池，用电位计测出这个原电池的标准电动势即为该电极的标准电极电势。

如测定铜电极的标准电极电势时，将标准氢电极与标准铜电极组成下列原电池：

(−)Pt | H_2(101.325kPa) | H^+(1mol/L) ‖ Cu^{2+}(1mol/L) | Cu(+)

25℃时，测得该电池的标准电动势 $E^{\ominus} = 0.3419V$。

根据 $E^{\ominus} = \varphi^{\ominus}_{Cu^{2+}/Cu} - \varphi^{\ominus}_{H^+/H_2}$ 和 $\varphi^{\ominus}_{H^+/H_2} = 0.0000V$，求得 $\varphi^{\ominus}_{Cu^{2+}/Cu} = 0.3419V$，即铜电极的标准电极电势为 0.3419V。

又如要测定锌电极的标准电极电势，可将标准锌电极与标准氢电极组成原电池，由于 Zn 比 H_2 更易给出电子，所以 Zn 极为负极，H_2 极为正极。可组成如下原电池：

(−)Zn | Zn^{2+}(1mol/L) ‖ H^+(1mol/L) | H_2(101.325kPa) | Pt(+)

25℃时，测得该电池的电动势 $E^{\ominus} = 0.7618V$。

根据 $E^{\ominus} = \varphi^{\ominus}_{H^+/H_2} - \varphi^{\ominus}_{Zn^{2+}/Zn}$ 和 $\varphi^{\ominus}_{H^+/H_2} = 0.0000V$，求得 $\varphi^{\ominus}_{Zn^{2+}/Zn} = -0.7618V$，即锌

电极的标准电极电势为-0.7618V。

用同样的方法可以测量并计算其他电极的标准电极电势。表 8-1 列出了在 298.15K 时，一些常见的氧化还原电对的标准电极电势。

表 8-1 部分常用电对的标准电极电势（298.15K）

电极反应	$\varphi^{\ominus}/\text{V}$
$Zn^{2+} + 2e \rightleftharpoons Zn$	-0.7618
$2CO_2 + 2H^+ + 2e \rightleftharpoons H_2C_2O_4$	-0.49
$2H^+ + 2e \rightleftharpoons H_2$	0.0000
$Sn^{4+} + 2e \rightleftharpoons Sn^{2+}$	0.151
$Cu^{2+} + 2e \rightleftharpoons Cu$	0.3419
$I_2 + 2e \rightleftharpoons 2I^-$	0.5345
$O_2 + 2H^+ + 2e \rightleftharpoons H_2O_2$	0.695
$Fe^{3+} + e \rightleftharpoons Fe^{2+}$	0.771
$MnO_2 + 4H^+ + 2e \rightleftharpoons Mn^{2+} + 2H_2O$	1.224
$MnO_4^- + 8H^+ + 5e \rightleftharpoons Mn^{2+} + 4H_2O$	1.51

在实际测定标准电极电势的过程中，由于标准氢电极是气体电极，使用时不方便，常采用甘汞电极作为参比电极，不仅使用方便且性质稳定。应该指出的是，本书采用的标准电极电势是还原电势，即电池反应为还原反应，如 $Fe^{3+} + e \rightleftharpoons Fe^{2+}$。还原电势表示电对中氧化型物质的电子被还原的趋势大小。如果采用氧化电势，则与还原电势大小相等，符号相反。$\varphi^{\ominus}$ 是电极在标准状态下达到平衡时表现出来的特征值，与电极反应式的写法无关。

难点解析

标准电极电势是在一定温度下，氧化态和还原态的活度系数均为 1mol/L 时的电极电势。在实际工作中，通常知道的是各物质的浓度而并非活度。并且各物质在溶液中常发生酸效应、配位效应、沉淀反应等副反应，都会引起电极电势的改变。为此，在氧化还原反应中采用条件电极电势。

条件电极电势是指在一定介质中，当氧化态和还原态的总浓度都为 1mol/L 或者两者浓度比值为 1 时，校正了各种外界因素影响后的实际电极电势。条件电极电势反映了离子强度与各种副反应影响的总结果，在条件不变时为一常数，条件改变数值随之改变。条件电极电势均由实验测得，它更能说明电对的氧化还原能力，用能斯特公式表示如下：

$$\varphi_{Ox/Red} = \varphi_{Ox/Red}^{\ominus\prime} + \frac{0.059}{n} \times \lg \frac{c_{Ox}^a}{c_{Red}^b}$$

$\varphi_{Ox/Red}^{\ominus\prime}$ 为条件电极电势。进行计算时，最好采用条件电势，但由于目前数值较少，没有条件电势数值的可以采用标准电极电势代替。

三、电极电势的应用

1. 判断原电池的正负极

任何一个氧化还原反应，原则上都可以设计成原电池。当原电池的电动势 $\varphi^\ominus$ 大于 0 时，电池反应将正向自发进行。根据公式 $E^\ominus = \varphi_+^\ominus - \varphi_-^\ominus$，只有 $\varphi_+^\ominus > \varphi_-^\ominus$ 时，才能满足 $E^\ominus > 0$，所以在原电池中，正极的 $\varphi^\ominus$ 一定大于负极的 $\varphi^\ominus$，例如查表得：$\varphi_{Cu^{2+}/Cu}^\ominus = 0.3419V$，$\varphi_{Zn^{2+}/Zn}^\ominus = -0.7618V$，所以铜电极为正极，锌电极为负极。

2. 判断氧化剂和还原剂的相对强弱

标准电极电势的大小是氧化剂氧化能力或还原剂还原能力强弱的标志。电对的 $\varphi^\ominus$ 值越大，表明电对中该物质其氧化态越容易获得电子，氧化能力越强，如 $Cr_2O_7^{2-}$、MnO_4^- 等都是强氧化剂；反之，$\varphi^\ominus$ 值越小，表明电对中该物质其还原态越容易失去电子，还原能力越强，如 Li、Na、K 等都是强还原剂。

例题 8-2 查表得知 $\varphi_{MnO_4^-/Mn^{2+}}^\ominus = 1.51V$，$\varphi_{Fe^{3+}/Fe^{2+}}^\ominus = 0.771V$，$\varphi_{Cu^{2+}/Cu}^\ominus = 0.3419V$，试回答哪些物质可以作还原剂，哪些可以作氧化剂？请排列各氧化型物质的氧化能力及还原型物质的还原能力的强弱顺序。

解析： 氧化还原电对中其氧化型可作氧化剂 MnO_4^-、Fe^{3+}、Cu^{2+}；

氧化还原电对中其还原型可作还原剂 Mn^{2+}、Fe^{2+}、Cu。

电对中 MnO_4^-/Mn^{2+} 的 $\varphi^\ominus$ 值最大，说明其氧化型是最强的氧化剂；电对中 Cu^{2+}/Cu 的 $\varphi^\ominus$ 值最小，说明其还原型是最强的还原剂。

所以，各氧化型物质的氧化能力从强到弱为 $MnO_4^- > Fe^{3+} > Cu^{2+}$；

各还原型物质的还原能力从强到弱为 $Cu > Fe^{2+} > Mn^{2+}$。

3. 根据标准电极电势，可判定氧化还原反应进行的方向

任何一个氧化还原反应，都是争夺电子的反应，反应总是在得电子能力大的氧化剂和失电子能力大的还原剂之间进行，即：

$$强氧化剂1 + 强还原剂2 = 弱还原剂1 + 弱氧化剂2$$

如有几种物质可能同时发生氧化还原反应，电极电势差值越大，则相互反应的趋势就越大。

例题 8-3 试判断反应 $Fe^{2+} + Ce^{4+} \rightleftharpoons Fe^{3+} + Ce^{3+}$ 在标准状态下进行的方向。

解析： 查表，$Fe^{3+} + e \rightleftharpoons Fe^{2+}$　　$\varphi_{Fe^{3+}/Fe^{2+}}^\ominus = 0.771V$

$Ce^{4+} + e \rightleftharpoons Ce^{3+}$　　$\varphi_{Ce^{4+}/Ce^{3+}}^\ominus = 1.72V$

由反应式可知，Ce^{4+} 是比 Fe^{3+} 强的氧化剂，Fe^{2+} 是比 Ce^{3+} 强的还原剂。氧化还原反应在 Ce^{4+} 和 Fe^{2+} 之间发生，即：

$$Fe^{2+} + Ce^{4+} \rightleftharpoons Fe^{3+} + Ce^{3+}$$

所以，上述反应能自发向正反应方向进行。

事实上，氧化还原反应总是在 $\varphi^\ominus$ 大的电对中的氧化型的物质和 $\varphi^\ominus$ 小的电对中的还原型的物质之间进行，或者说氧化剂所在电对的 $\varphi^\ominus$ 一定大于还原剂所在电对的 $\varphi^\ominus$。$\varphi_+^\ominus > \varphi_-^\ominus$，即 $E^\ominus = \varphi_+^\ominus - \varphi_-^\ominus > 0$ 反应正向进行；$\varphi_+^\ominus < \varphi_-^\ominus$，即 $E^\ominus = \varphi_+^\ominus - \varphi_-^\ominus < 0$ 反应逆向进行。

上述反应，$E^{\ominus}=\varphi_{+}^{\ominus}-\varphi_{-}^{\ominus}=1.72-0.771=0.949V>0$，反应正向进行。

另外，根据氧化还原反应中的两个电对的电极电势值以及反应的标准平衡常数值还可判断反应进行的完全程度。氧化剂和还原剂电对的 $\varphi^{\ominus}$ 值差值越大，反应的标准平衡常数也越大，反应进行得越完全。

> **练一练：**
> 用标准电极电势判断反应 $2Ag+Zn(NO_3)_2 \Longrightarrow Zn+2AgNO_3$ 能否从左向右进行。

第三节 氧化还原滴定法介绍

一、概述

氧化还原滴定法是以氧化还原反应为基础的一类滴定分析方法。氧化还原滴定法在药品检验中应用广泛。例如，抗菌类药物磺胺嘧啶的含量测定方法、维生素C的含量测定方法、消毒剂过氧化氢的含量测定方法等，都采用氧化还原滴定法。常用的氧化还原滴定法有高锰酸钾法、重铬酸钾法、碘量法、亚硝酸钠法等。

滴定分析对精度、效率等都有一定的要求，并不是所有的氧化还原反应均可应用于滴定分析。氧化还原滴定法须具备以下条件：

① 反应必须进行完全，滴定物质对应的电对的条件电极电势差大于0.4V。
② 反应必须迅速进行。
③ 反应必须按照一定的计量关系进行，不得出现副反应。
④ 有适当的指示终点的方法。

（一）氧化还原滴定法的分类

根据氧化还原反应中氧化剂或者还原剂的种类，常用的氧化还原滴定法有以下几类，详见表8-2。

表8-2 常见的氧化还原滴定法

名称	滴定液种类	反应原理
高锰酸钾法	$KMnO_4$	$MnO_4^-+8H^++5e \longrightarrow Mn^{2+}+4H_2O$
直接碘量法	I_2	$I_2+2e \longrightarrow 2I^-$
间接碘量法	$Na_2S_2O_3$	$2S_2O_3^{2-}-2e \longrightarrow S_4O_6^{2-}$
亚硝酸钠法	$NaNO_2$	重氮化反应 亚硝基化反应
铈量法	$Ce(SO_4)_2$	$Ce^{4+}+e \longrightarrow Ce^{3+}$

续表

名称	滴定液种类	反应原理
重铬酸钾法	$K_2Cr_2O_7$	$Cr_2O_7^{2-} + 14H^+ + 6e \longrightarrow 2Cr^{3+} + 7H_2O$
溴酸钾法	$KBrO_3 + KBr$	$BrO_3^- + 6H^+ + 6e \longrightarrow Br^- + 3H_2O$

（二）氧化还原滴定法的指示剂

根据指示剂变色原理不同，氧化还原滴定法指示剂有以下几类。

1. 自身指示剂

滴定液或者待测组分，反应前后在颜色上有明显差异，利用滴定液或者待测组分的颜色变化，可以判定反应体系中的进行情况，这类指示剂称为自身指示剂。

在高锰酸钾滴定法中，滴定液 $KMnO_4$ 溶液本身显紫红色，在酸性溶液中其还原产物 Mn^{2+} 则几乎无色。滴定过程中，溶液显示 Mn^{2+} 的颜色，反应计量点后，稍过量的高锰酸钾使溶液显示浅粉色，提示待测物质消耗完，滴定结束。

2. 专属指示剂

有些物质能与滴定液或被测物质特异性结合，产生特殊的颜色，从而指示出滴定终点，这类指示剂称为专属指示剂或显色指示剂。

如淀粉遇碘变蓝色。在碘量法中，使用淀粉作指示剂，根据颜色变化，可以判断溶液中是否有碘存在。

3. 氧化还原指示剂

氧化还原指示剂，本身具有氧化还原性，并且在被氧化还原前后，颜色存在明显差异。滴定终点时，稍过量的滴定液与氧化还原指示剂反应，便显出显著的颜色变化。

如利用 $KMnO_4$ 滴定液滴定 Fe^{2+} 时，使用二苯胺磺酸钠作指示剂。二苯胺磺酸钠的氧化态呈紫红色，还原态是无色。化学计量点时，稍过量的 $KMnO_4$ 把指示剂二苯胺磺酸钠由无色的还原态氧化为紫红色的氧化态，从而指示出滴定终点。常用的氧化还原指示剂见表 8-3。

表 8-3 常用的氧化还原指示剂的 $\varphi_{in}^{\ominus}$ 及颜色变化

指示剂	氧化态颜色	还原态颜色	$\varphi_m^{\ominus}(pH=0)/V$
二苯胺磺酸钠	紫红色	无色	+0.85
二苯胺	紫色	无色	+0.76
邻二氮菲亚铁	浅蓝色	红色	+1.06
邻氨基苯甲酸	紫红色	无色	+0.89
亚甲基蓝	蓝色	无色	+0.53

> **练一练：**
> 举例说明什么是自身指示剂？什么是专属指示剂？

二、高锰酸钾法

（一）基本原理

高锰酸钾滴定法是以 $KMnO_4$ 溶液为滴定液，在强酸性溶液中直接或间接地测定还原性或氧化性物质含量的滴定分析法。

$KMnO_4$ 是强氧化剂，其氧化能力及还原产物都与溶液的酸度有关。

在强酸性溶液中，MnO_4^- 被还原成 Mn^{2+}。

$$MnO_4^- + 8H^+ + 5e \rightleftharpoons Mn^{2+} + 4H_2O \qquad \varphi^\ominus = 1.51V$$

在弱酸性、中性、弱碱性溶液中，MnO_4^- 被还原成 MnO_2。

$$MnO_4^- + 2H_2O + 3e \rightleftharpoons MnO_2\downarrow + 4OH^- \qquad \varphi^\ominus = 0.59V$$

在强碱性溶液中，MnO_4^- 被还原成 MnO_4^{2-}。

$$MnO_4^- + e \rightleftharpoons MnO_4^{2-} \qquad \varphi^\ominus = 0.56V$$

由此可见，高锰酸钾法可在酸性条件下使用，也可在中性或者碱性条件下使用。由于 $KMnO_4$ 在强酸性溶液中氧化能力最强，同时生成几乎无色的 Mn^{2+}，便于滴定终点的观察，因此高锰酸钾法通常在强酸性溶液中进行，一般用 H_2SO_4 调节其溶液的酸度在 $0.5\sim1mol/L$。但是高锰酸钾在碱性条件下氧化有机物的反应速率比在酸性条件下快，所以也可在 NaOH 浓度大于 $2mol/L$ 的碱性溶液中，用高锰酸钾法测定有机物。

> **练一练：**
> 高锰酸钾滴定法通常是在什么酸碱性条件下使用？在高锰酸钾法中，能否用盐酸或硝酸来调节溶液的酸度？

有些物质与 $KMnO_4$ 在常温下反应速率较慢，为了加快反应速率，可在滴定前将溶液加热，趁热滴定，或加入 Mn^{2+} 作催化剂来加快反应速率。但在空气中易氧化或加热易分解的物质（如 Fe^{2+}、H_2O_2 等），则不能加热。

用高锰酸钾法滴定无色或浅色溶液时，一般不需要另加指示剂，可利用 $KMnO_4$ 作自身指示剂来指示滴定终点。

高锰酸钾法的优点是：$KMnO_4$ 的氧化能力强，可直接或间接地测定许多无机物和有机物，滴定时自身可作指示剂。缺点是：$KMnO_4$ 试剂常含有少量杂质，其滴定液不够稳定。另外由于它的氧化能力强，可以和许多还原性物质发生反应，因此干扰也比较严重。

高锰酸钾法应用范围很广，可根据被测组分的性质选择不同的滴定方法。

1. 直接滴定法

许多还原性较强的物质，如 Fe^{2+}、Sb^{2+}、H_2O_2、$C_2O_4^{2-}$、AsO_3^{3-}、NO_2^- 等均可用 $KMnO_4$ 滴定液直接滴定。

2. 返滴定法

某些氧化性物质不能用 $KMnO_4$ 滴定液直接滴定，可采用返滴定法进行测定。如测定 MnO_2 的含量时，可在 H_2SO_4 溶液存在下，加入准确过量的基准物质 $Na_2C_2O_4$，待 MnO_2 及

$Na_2C_2O_4$ 反应完全后，再用 $KMnO_4$ 滴定液滴定剩余的 $Na_2C_2O_4$，从而求出 MnO_2 的含量。

3. 间接滴定法

某些非氧化还原性物质，不能用直接滴定法或返滴定法进行滴定，但这些物质能与另一氧化剂或还原剂定量反应，可采用间接滴定法进行测定。如测定 Ca^{2+} 含量时，首先将 Ca^{2+} 沉淀为 CaC_2O_4，过滤后，再用稀 H_2SO_4 将 CaC_2O_4 溶解，然后用 $KMnO_4$ 滴定液滴定溶液中的 $C_2O_4^{2-}$，从而间接求得 Ca^{2+} 含量。凡是能与 $C_2O_4^{2-}$ 定量反应生成草酸盐沉淀的金属离子，如 Ba^{2+}、Ni^{2+}、Cd^{2+}、Cu^{2+}、Zn^{2+}、Pb^{2+}、Hg^{2+}、Ag^+ 等均能以此方法测定。

（二）高锰酸钾滴定液

1. 配制

因市售的 $KMnO_4$ 试剂中常含有少量的 MnO_2 和其他杂质如硫酸盐、氯化物、硝酸盐等，纯化水中也常含有微量还原性物质，可以与 $KMnO_4$ 反应生成 $MnO(OH)_2$ 沉淀，$MnO(OH)_2$ 又能进一步促进 $KMnO_4$ 溶液的分解；此外，热、光、酸和碱也能促进 $KMnO_4$ 分解，故要用间接法配制 $KMnO_4$ 滴定液。即先配成近似浓度的溶液，再用基准物质进行标定。为了配制较稳定的 $KMnO_4$ 滴定液，常采取以下措施：

① 称取固体 $KMnO_4$ 的质量应稍多于理论计算量，将其溶解于一定体积的蒸馏水中。

② 将配好的 $KMnO_4$ 滴定液加热至沸腾，并保持微沸约 1 小时，然后冷却放置 2～3 天，使溶液中存在的还原性物质充分氧化。

③ 使用前用垂熔玻璃滤器过滤，除去溶液中的沉淀。

④ 过滤后的 $KMnO_4$ 滴定液摇匀后贮存在棕色瓶中，置于阴凉、干燥处密闭保存，再进行标定。

如称取高锰酸钾 3.2g，加蒸馏水 1000ml，溶解后煮沸 15 分钟，转入棕色瓶中密闭避光保存，2 天以后过滤等待标定。

2. 标定

常用 $Na_2C_2O_4$、$H_2C_2O_4 \cdot 2H_2O$ 等基准物质来标定 $KMnO_4$ 滴定液。其中 $Na_2C_2O_4$ 不含结晶水，性质稳定，容易提纯，是常用的基准物质。

在酸性溶液中（常用 H_2SO_4）$KMnO_4$ 与 $C_2O_4^{2-}$ 的反应方程式如下：

$$2MnO_4^- + 5C_2O_4^{2-} + 16H^+ = 2Mn^{2+} + 10CO_2\uparrow + 8H_2O$$

为使标定反应定量而迅速地完成，应掌握好以下滴定条件：

(1) 温度　为了加快反应速率，滴定前可将溶液加热到 75～85℃，趁热滴定。低于 55℃反应速率太慢；温度超过 90℃，会使 $H_2C_2O_4$ 部分分解。

$$H_2C_2O_4 \longrightarrow CO_2\uparrow + CO\uparrow + H_2O$$

(2) 酸度　为使标定反应正常进行，反应体系必须保持一定的酸度。酸度太低，部分 $KMnO_4$ 能被还原为 MnO_2；酸度太高，$H_2C_2O_4$ 易分解。所以，开始滴定时溶液的酸度一般保持在 0.5～1.0mol/L，到滴定终点酸度即变为 0.2～0.5mol/L。

(3) 滴定速度　此反应即使在 75～85℃的酸性溶液中，反应速率也是比较慢的，但生成的 Mn^{2+} 对该反应有催化作用。这种生成物本身起催化作用的反应叫自动催化反应。滴定开始时，溶液中没有 Mn^{2+} 催化，反应速率很慢，第一滴 $KMnO_4$ 滴定液滴入后，红色很难褪去，这时需红色消失后再滴加第二滴。$KMnO_4$ 与 $C_2O_4^{2-}$ 反应生成 Mn^{2+} 后，Mn^{2+} 的催化作用使反应速率明显加快，可适当加快滴定速度，但也不能滴得太快，因为 $KMnO_4$ 如果来不及与 $C_2O_4^{2-}$ 反应会发生分解，影响标定结果。

$$4MnO_4^- + 12H^+ =\!\!=\!\!= 4Mn^{2+} + 5O_2\uparrow + 6H_2O$$

若在滴定开始前就加入几滴 $MnSO_4$ 溶液，则滴定开始时反应速率就较快。

（4）终点判断　$KMnO_4$ 可作为自身指示剂，滴定至化学计量点时，$KMnO_4$ 微过量就可使溶液呈粉红色，若 30 秒不褪色即为滴定终点。

注意：标定过的 $KMnO_4$ 滴定液应避光、避热且不宜长期存放；使用久置的 $KMnO_4$ 滴定液时，应将其过滤并重新标定。另高锰酸钾法滴定终点不太稳定，由于空气中的还原性气体或杂质落入溶液中会使 $KMnO_4$ 缓慢分解，导致粉红色消失，所以经过 30 秒不褪色即为终点已到。

案例 8-3

精密称取恒重的基准物 $Na_2C_2O_4$ 约 0.2g，加新煮沸过的冷蒸馏水 250ml、浓 H_2SO_4 10ml 使溶解，自滴定管中加入待标定的高锰酸钾溶液约 20ml，随加随搅拌，待褪色后，加热至 65℃，继续滴定至溶液显粉红色 30 秒不褪色，放置之后，粉红色褪去，继续滴定至出现粉红色。

讨论：1. 滴定至溶液显粉红色 30 秒不褪色，放置之后，粉红色为什么褪去？

2. 若按照以上操作步骤进行浓度计算，得出的高锰酸钾溶液浓度偏大还是偏小，为什么？

解析 8-3

（三）应用示例

1. H_2O_2 含量的测定（直接滴定法）

在稀 H_2SO_4 溶液中，H_2O_2 能定量地被 $KMnO_4$ 氧化生成 O_2 和 H_2O，因此，可用 $KMnO_4$ 溶液直接测定 H_2O_2 的含量。反应式为：

$$2MnO_4^- + 5H_2O_2 + 6H^+ =\!\!=\!\!= 2Mn^{2+} + 5O_2\uparrow + 8H_2O$$

反应在室温下于 H_2SO_4 介质中进行。开始滴定时，反应速率较慢，但因 H_2O_2 不稳定，受热易分解，因此不能加热。随着反应的进行，由于生成的 Mn^{2+} 的自动催化作用，反应速率逐渐加快，因而能顺利地到达滴定终点。滴定前也可加入 2 滴 $MnSO_4$ 以提高反应速率。用下式计算 H_2O_2 的含量：

$$\rho_{H_2O_2} = \frac{\frac{5}{2} c_{KMnO_4} V_{KMnO_4} M_{H_2O_2} \times 10^{-3}}{V_s}$$

式中　$\rho_{H_2O_2}$——H_2O_2 的质量浓度（含量），g/ml；

c_{KMnO_4}——$KMnO_4$ 滴定液的物质的量浓度，mol/L；

V_{KMnO_4}——消耗的 $KMnO_4$ 滴定液的体积，ml；

$M_{H_2O_2}$——H_2O_2 的摩尔质量，g/mol；

V_s——H_2O_2 样品液的体积，ml。

2. 有机酸含量测定（返滴定法）

在强碱性溶液中过量的 $KMnO_4$ 能定量地氧化甘油、甲酸、甲醇、苯酚和葡萄糖等有机化合物，生成绿色的 MnO_4^{2-}。利用这一反应可定量测定有机化合物。例如测定 HCOOH 时，向试液中加入 NaOH 使溶液呈碱性，再加入准确过量的 $KMnO_4$ 溶液，反应式为：

$$2MnO_4^- + HCOO^- + 3OH^- = 2MnO_4^{2-} + CO_3^{2-} + 2H_2O$$

反应完成后将溶液酸化，用 Fe^{2+}（还原剂）滴定液滴定剩余的 MnO_4^-。根据已知过量的 $KMnO_4$ 及 Fe^{2+} 滴定液的浓度和消耗的体积，即可计算出 HCOOH 的含量。

3. Ca^{2+} 含量测定（间接滴定法）

先向试样中加过量的 $Na_2C_2O_4$ 使其中的 Ca^{2+} 沉淀为 CaC_2O_4，沉淀经过滤、洗涤后用适当浓度的 H_2SO_4 溶解，然后用 $KMnO_4$ 滴定液滴定溶液中的 $H_2C_2O_4$，间接求得 Ca^{2+} 的含量。有关反应式为：

$$Ca^{2+} + C_2O_4^{2-} = CaC_2O_4 \downarrow$$

$$CaC_2O_4 + 2H^+ = Ca^{2+} + H_2C_2O_4$$

$$2MnO_4^- + 5H_2C_2O_4 + 6H^+ = 2Mn^{2+} + 10CO_2 \uparrow + 8H_2O$$

用下式计算 Ca^{2+} 的含量：

$$\omega_{Ca^{2+}} = \frac{\frac{5}{2}c_{KMnO_4} V_{KMnO_4} M_{Ca} \times 10^{-3}}{m_s}$$

式中　$\omega_{Ca^{2+}}$——Ca^{2+} 的质量分数；

c_{KMnO_4}——$KMnO_4$ 滴定液的物质的量浓度，mol/L；

V_{KMnO_4}——消耗的 $KMnO_4$ 滴定液的体积，ml；

M_{Ca}——Ca 的摩尔质量，g/mol；

m_s——样品的质量，g。

例题 8-4　标定高锰酸钾溶液浓度时，准确称取 0.1625g 基准试剂 $Na_2C_2O_4$ 溶于水后，在 H_2SO_4 酸性溶液中，用待标定的高锰酸钾溶液滴定至终点，消耗 24.20ml，求此高锰酸钾溶液的浓度 $c(KMnO_4)$。（$M_{Na_2C_2O_4} = 134.00$ g/mol）

解析：$KMnO_4$ 与 $Na_2C_2O_4$ 的反应式为：

$$2MnO_4^- + 5C_2O_4^{2-} + 16H^+ = 2Mn^{2+} + 10CO_2 + 8H_2O$$

所以

$$\frac{2}{c(KMnO_4)V(KMnO_4)} = \frac{5}{\frac{m(Na_2C_2O_4)}{M(Na_2C_2O_4)}}$$

$$c(KMnO_4) = \frac{2 \times m(Na_2C_2O_4)}{5 \times M(Na_2C_2O_4) \times V(KMnO_4)}$$

$$= \frac{2 \times 0.1625}{5 \times 134.00 \times 24.20 \times 10^{-3}}$$

$$= 0.02004 \text{mol/L}$$

三、碘量法

（一）基本原理

碘量法是利用 I_2 的氧化性或 I^- 的还原性进行滴定的分析方法。其半电池反应为：

$$I_2 + 2e \rightleftharpoons 2I^- \quad E^{\ominus} = 0.5345V$$

I_2 在水中溶解度很小，为增大其溶解度，通常将 I_2 溶解在 KI 溶液中，使 I_2 以 I_3^- 的形式存在。为了简便和强调化学计量关系，习惯上仍将 I_3^- 写成 I_2。

I_2 是较弱的氧化剂，可与较强的还原剂作用；而 I^- 是中等强度的还原剂，能与许多氧化剂反应生成 I_2。因此，碘量法又可分为直接碘量法和间接碘量法。

1. 直接碘量法

直接碘量法又称碘滴定法。它是利用 I_2 溶液作滴定液，在酸性、中性或弱碱性溶液中直接测定电极电势比 $E^{\ominus}_{I_2/I^-}$ 低的还原性物质含量的分析方法。

如果溶液的 pH>9，则会发生下列副反应：

$$3I_2 + 6OH^- \rightleftharpoons IO_3^- + 5I^- + 3H_2O$$

即使是在酸性条件下，也只有少数还原能力强且不受 H^+ 浓度影响的物质才能与 I_2 发生定量反应。因此，直接碘量法的应用有一定的局限性。

2. 间接碘量法

间接碘量法又称为滴定碘法。它是利用 I^- 的还原性来测定氧化性物质含量的分析方法。其原理是：将电极电势比 $E^{\ominus}_{I_2/I^-}$ 高的待测氧化性物质与过量的 I^- 作用析出定量的 I_2，然后再用 $Na_2S_2O_3$ 滴定液滴定析出的 I_2，从而测出氧化性物质的含量。其反应式为：

$$2I^- - 2e \rightleftharpoons I_2$$
$$I_2 + 2S_2O_3^{2-} \rightleftharpoons 2I^- + S_4O_6^{2-}$$

凡是能够和 KI 作用定量析出 I_2 的氧化性物质均能用间接碘量法测定。间接碘量法是在中性或弱酸性溶液中进行的，因在强酸性溶液中 $Na_2S_2O_3$ 会分解，I^- 也容易被空气中的 O_2 氧化。其反应式为：

$$S_2O_3^{2-} + 2H^+ \rightleftharpoons SO_2\uparrow + S\downarrow + H_2O$$
$$4I^- + 4H^+ + O_2 \rightleftharpoons 2I_2 + 2H_2O$$

在碱性溶液中 $Na_2S_2O_3$ 与 I_2 会发生如下副反应：

$$S_2O_3^{2-} + 4I_2 + 10OH^- \rightleftharpoons 2SO_4^{2-} + 8I^- + 5H_2O$$

> **知识补充**
>
> 碘量法误差主要来源是 I_2 的挥发和 I^- 在酸性溶液中被空气中的 O_2 氧化，光照会促使 I^- 被空气氧化，因此，在测定时要加入过量的 KI 以增大 I_2 的溶解度；在室温下使用碘量瓶滴定；滴定前要密塞、封水和避光放置；滴定时不要剧烈摇动。

碘量法常用淀粉作指示剂，根据蓝色的出现或消失指示滴定终点。在使用时应注意以下几个问题：

1. 淀粉指示剂在室温及有少量 I^- 存在的弱酸性溶液中最灵敏。
2. 直链淀粉遇 I_2 显蓝色且显色反应可逆性好、敏锐。
3. 淀粉指示剂不宜久放，配制时加热时间不宜过长并应迅速冷却至室温。
4. 直接碘量法淀粉可在滴定前加入，根据蓝色的出现确定终点；间接碘量法淀粉应在近终点时加入，根据蓝色的消失确定终点。

（二）滴定液

1. I_2 滴定液

（1）配制　用升华法制得的纯 I_2 可直接配制滴定液。但由于 I_2 有挥发性且对分析天平有一定的腐蚀作用，所以通常采用间接法配制。I_2 在水中的溶解度很小且易挥发，所以配制时先称取一定量的 I_2 和 KI（I_2：KI＝1：3）置于研钵中加入少量水润湿研磨，待 I_2 全部溶解后加纯化水稀释到一定体积。将溶液贮于具玻璃塞的棕色瓶中，置于阴暗处保存。

（2）标定　常用基准物质 As_2O_3 来标定 I_2 滴定液。As_2O_3 难溶于水，易溶于碱溶液生成亚砷酸盐，故可将准确称取的 As_2O_3 溶于 NaOH 溶液中，然后以酚酞为指示剂，用 HCl 中和过量的 NaOH 至中性或弱酸性，再加入过量的 $NaHCO_3$，保持溶液的 pH≈8，以淀粉为指示剂，用待标定的 I_2 滴定液滴定至溶液由无色变为浅蓝色（30 秒内不褪色）即为终点。其反应式为：

$$As_2O_3 + 6NaOH = 2Na_3AsO_3 + 3H_2O$$

$$Na_3AsO_3 + I_2 + 2NaHCO_3 = Na_3AsO_4 + 2NaI + 2CO_2\uparrow + H_2O$$

根据 As_2O_3 的质量及消耗的 I_2 滴定液体积，即可计算出 I_2 滴定液的准确浓度。

$$c_{I_2} = \frac{2m_{As_2O_3}}{M_{As_2O_3} V_{I_2} \times 10^{-3}}$$

2. $Na_2S_2O_3$ 滴定液

（1）配制　硫代硫酸钠晶体（$Na_2S_2O_3 \cdot 5H_2O$）易风化、潮解，且含有少量杂质，故不能用直接法配制。$Na_2S_2O_3$ 溶液不稳定易分解，其浓度会随时间的变化而改变，其原因如下：

① 纯化水中的 CO_2 会促使 $Na_2S_2O_3$ 分解：

$$Na_2S_2O_3 + CO_2 + H_2O = NaHCO_3 + NaHSO_3 + S\downarrow$$

② 空气中的 O_2 可氧化 $Na_2S_2O_3$，使其浓度降低：

$$2Na_2S_2O_3 + O_2 = 2Na_2SO_4 + 2S\downarrow$$

③ 纯化水中嗜硫菌等微生物及微量的 Cu^{2+}、Fe^{3+} 等会促使 $Na_2S_2O_3$ 分解：

$$Na_2S_2O_3 = Na_2SO_3 + S\downarrow$$

因此，配制 $Na_2S_2O_3$ 滴定液时，应使用新煮沸放冷的纯化水，以减少溶解在水中的 CO_2、O_2，并加入少量的 Na_2CO_3，使溶液呈微碱性，以抑制微生物的生长，防止

$Na_2S_2O_3$ 分解。将配好的 $Na_2S_2O_3$ 溶液贮于棕色瓶中，放置 7～15 天后再进行标定。

(2) 标定　常用 $K_2Cr_2O_7$、KIO_3、$KBrO_3$ 等基准物质来标定 $Na_2S_2O_3$ 滴定液。其中 $K_2Cr_2O_7$ 因性质稳定且易精制，最为常用。标定方法如下：

准确称取一定量的 $K_2Cr_2O_7$ 基准品于碘量瓶中，加纯化水溶解，加 H_2SO_4 酸化后，加入过量的 KI，待反应进行完全后，加纯化水稀释，用待标定的 $Na_2S_2O_3$ 滴定液滴定析出的 I_2 至近终点（浅黄绿色）时，加淀粉指示剂，继续滴定至溶液由蓝色变为亮绿色即为终点。有关反应式和计算公式如下：

$$Cr_2O_7^{2-} + 6I^- + 14H^+ = 2Cr^{3+} + 3I_2 + 7H_2O$$

$$I_2 + 2S_2O_3^{2-} = 2I^- + S_4O_6^{2-}$$

$$c_{Na_2S_2O_3} = \frac{6 m_{K_2Cr_2O_7}}{M_{K_2Cr_2O_7} V_{Na_2S_2O_3} \times 10^{-3}}$$

（三）应用示例

1. 直接碘量法测维生素 C 含量

维生素 C 又名抗坏血酸，在其分子结构中含有烯二醇基，具有较强的还原性，能被 I_2 定量氧化成二酮基。其反应式如下：

从反应式可以看出，在碱性条件下更有利于平衡向右移动，但因维生素 C 的还原性较强，在碱性溶液中更易被空气中的 O_2 氧化，所以滴定时应用新煮沸的冷纯化水溶解样品，加入适量的 CH_3COOH 溶液，保持酸性环境。溶解后立即滴定，减少维生素 C 被空气中的 O_2 氧化的机会。操作过程中也应注意避光防热。

用下式计算维生素 C 的含量：

$$\omega_{C_6H_8O_6} = \frac{c_{I_2} V_{I_2} M_{C_6H_8O_6} \times 10^{-3}}{m_s}$$

式中　$\omega_{C_6H_8O_6}$ ——维生素 C 的质量分数；

c_{I_2} —— I_2 滴定液的物质的量浓度，mol/L；

V_{I_2} ——消耗的 I_2 滴定液的体积，ml；

$M_{C_6H_8O_6}$ ——维生素 C 的摩尔质量，g/mol；

m_s ——样品的质量，g。

2. 间接碘量法测焦亚硫酸钠含量

焦亚硫酸钠（$Na_2S_2O_5$）具有较强的还原性，常用作药品制剂的抗氧剂，可用返滴定法测定其含量。先加入准确过量的 I_2 液，待 I_2 液与 $Na_2S_2O_5$ 完全反应后，再用 $Na_2S_2O_3$ 溶液回滴剩余的 I_2，近终点时加入淀粉指示剂，继续滴定至蓝色消失，并将滴定结果用空白试验校正。其反应式和计算公式为：

$$Na_2S_2O_5 + 2I_2(过量) + 3H_2O = Na_2SO_4 + H_2SO_4 + 4HI$$

$$I_2(剩余) + 2Na_2S_2O_3 = Na_2S_4O_6 + 2NaI$$

$$\omega_{Na_2S_2O_5} = \frac{\frac{1}{4}c_{Na_2S_2O_3}(V-V_0)M_{Na_2S_2O_5} \times 10^{-3}}{m_S}$$

式中 $\omega_{Na_2S_2O_5}$ —— $Na_2S_2O_5$ 的质量分数；

$\quad\quad c_{Na_2S_2O_3}$ —— $Na_2S_2O_3$ 滴定液的物质的量浓度，mol/L；

$\quad\quad V_0$ —— 空白实验消耗的 $Na_2S_2O_3$ 滴定液的体积，ml；

$\quad\quad V$ —— 回滴实验消耗的 $Na_2S_2O_3$ 滴定液的体积，ml；

$\quad\quad M_{Na_2S_2O_5}$ —— $Na_2S_2O_5$ 的摩尔质量，g/mol；

$\quad\quad m_S$ —— 样品的质量，g。

案例 8-4

葡萄糖为临床上常见的药品，用于血糖过低、心肌炎、补充体液等。通常，葡萄糖含量用旋光法测定，但也可用碘量法测定。葡萄糖分子中含有醛基，能在碱性条件下被过量的 I_2 液氧化成羧基，然后用 $Na_2S_2O_3$ 回滴剩余的 I_2。

解析 8-4

讨论：1. 以上测定方法是直接碘量法还是间接碘量法？

2. 该种碘量法何时加入淀粉指示剂？若提前加入，则滴定终点会提前还是拖后？

四、亚硝酸钠法

（一）基本原理

亚硝酸钠法是以 $NaNO_2$ 为滴定液，测定芳香族伯胺和芳香族仲胺类化合物含量的滴定分析法。

用 $NaNO_2$ 滴定液滴定芳香族伯胺类化合物的方法称为重氮化滴定法，其反应式为：

$$Ar-NH_2 + NaNO_2 + 2HCl \rightleftharpoons [Ar-N^+\equiv N]Cl^- + NaCl + 2H_2O$$

用 $NaNO_2$ 溶液滴定芳香族仲胺类化合物的方法称为亚硝基化滴定法，其反应式为：

$$\underset{R}{\overset{Ar}{\diagdown}}NH + NaNO_2 + HCl \rightleftharpoons \underset{R}{\overset{Ar}{\diagdown}}N-NO + NaCl + H_2O$$

影响亚硝酸钠滴定法的因素有：

1. 酸的种类和浓度

$NaNO_2$ 法的反应速率与酸的种类有关。在 HBr 中比在 HCl 中快，在 H_2SO_4 或 HNO_3 中较慢。因 HBr 价格较贵，故常用 HCl。酸度一般控制在 1mol/L 左右为宜。酸度过高，会引起亚硝酸分解，妨碍芳伯胺的游离；酸度不足，反应速率慢，生成的重氮盐不稳定易分解，而且容易与未反应的芳伯胺发生偶合反应，使测定结果偏低。

$$[Ar-N^+\equiv N]Cl^- + Ar-NH_2 \rightleftharpoons Ar-N\equiv N-NH-Ar + HCl$$

2. 滴定速度与温度

$NaNO_2$ 法的反应速率随温度的升高而加快。但温度升高又会促使亚硝酸的分解。实验证明，温度在 5℃ 以下测定结果较准确。如果在 30℃ 以下可采用快速滴定法。即将滴定管尖插入液面下 2/3 处，在不断搅拌下，迅速滴定至临近终点，再将管尖提出液面，继续缓慢滴定至终点。这样开始生成的 HNO_2 在剧烈搅拌下向四方扩散并立即与芳伯胺反应，来不及分解、逸失，即可作用完全。

3. 芳环上取代基的影响

在氨基的对位上，如果有 $-X$、$-COOH$、$-NO_2$、$-SO_3H$ 等吸电子基团，可使反应速率加快；有 $-CH_3$、$-OH$、$-OR$ 等供电子基团，可使反应速率减慢。对于较慢的反应可加入适量的 KBr 作催化剂，以加快反应速率。

亚硝酸钠法现在一般采用永停滴定法确定终点。

（二）滴定液

1. 配制

$NaNO_2$ 溶液不稳定，久置时浓度会显著下降，因此要用间接法配制。但 pH 在 10 左右时，$NaNO_2$ 溶液的稳定性很高，三个月内其浓度可保持稳定。故配制时常加入少量 Na_2CO_3 作稳定剂。$NaNO_2$ 溶液见光易分解，应贮于具玻璃塞的棕色瓶中，密闭保存。

2. 标定

常用基准物质对氨基苯磺酸来标定 $NaNO_2$ 滴定液。对氨基苯磺酸为分子内盐，在水中溶解缓慢，需加入氨试液使其溶解，再加盐酸，使其成为对氨基苯磺酸盐。标定反应为：

$$HO_3S-\!\!\!\!\bigcirc\!\!\!\!-NH_2 + NaNO_2 + 2HCl \rightleftharpoons [HO_3S-\!\!\!\!\bigcirc\!\!\!\!-N^+\!\!\equiv\!\!N]Cl^- + NaCl + 2H_2O$$

如用天平称取 7.2g $NaNO_2$ 晶体，加 0.1g 无水 Na_2CO_3，溶于新煮沸的冷水中，加蒸馏水稀释成 1000ml，摇匀等待标定。用分析天平精密称取在 120℃ 干燥至恒重的基准试剂对氨基苯磺酸 0.5000g，在烧杯中，加 30ml 蒸馏水和浓氨溶液 3ml，溶解后加盐酸 20ml，搅拌，在 30℃ 以下用 $NaNO_2$ 滴定液快速滴定，滴定管尖插入液面下 2/3 处，在不断搅拌下，迅速滴定至临近终点，再将管尖提出液面，用少量水洗涤尖端，继续缓慢滴定，用永停法确定终点。计算公式为：

$$c_{NaNO_2} = \frac{m_{C_6H_7O_3NS}}{V_{NaNO_2} M_{C_6H_7O_3NS} \times 10^{-3}}$$

（三）应用示例

重氮化滴定法主要用于测定芳伯胺类药物，如盐酸普鲁卡因、盐酸普鲁卡因胺、氨苯砜和磺胺类药物等。还可测定水解后生成芳伯胺类的药物，如酞磺胺噻唑、对乙酰氨基酚、非那西丁等。亚硝基化法可用于测定芳仲胺类药物，如磷酸伯胺喹等。

1. 盐酸普鲁卡因含量的测定

盐酸普鲁卡因（$C_{13}H_{21}O_2N_2Cl$）具有芳伯胺结构，在酸性条件下可与 $NaNO_2$ 发生重

氮化反应,滴定前加入 KBr,以加快重氮化反应速率。用永停滴定法确定终点。其滴定反应和含量计算公式为:

$$H_2N-\!\!\!\!\!\bigcirc\!\!\!\!\!-COOCH_2CH_2N-(C_2H_5)_2 \cdot HCl + NaNO_2 + HCl$$

$$\rightleftharpoons Cl^- [\,\overset{+}{N}\!\!\equiv\!\!N-\!\!\!\!\!\bigcirc\!\!\!\!\!-COOCH_2CH_2N-(C_2H_5)_2\,] + NaCl + 2H_2O$$

$$\omega_{C_{13}H_{21}O_2N_2Cl} = \frac{c_{NaNO_2} V_{NaNO_2} M_{C_{13}H_{21}O_2N_2Cl} \times 10^{-3}}{m_s}$$

2. 扑热息痛的测定

扑热息痛为常用的解热镇痛药,其分子结构中有酰氨基,水解后可得到游离的芳伯胺,因此可用重氮化滴定法测定其含量,以淀粉碘化钾指示剂指示滴定终点。其滴定反应以及计算公式为:

$$HO-\!\!\!\!\!\bigcirc\!\!\!\!\!-NH-COCH_3 + H_2O \xrightarrow[\Delta]{H_2SO_4} HO-\!\!\!\!\!\bigcirc\!\!\!\!\!-NH_2 + CH_3COOH$$

$$HO-\!\!\!\!\!\bigcirc\!\!\!\!\!-NH_2 + NaNO_2 + 2HCl \xrightarrow{KBr} [\,HO-\!\!\!\!\!\bigcirc\!\!\!\!\!-\overset{+}{N}\!\!\equiv\!\!N\,]Cl^- + NaCl + 2H_2O$$

按下列公式计算扑热息痛含量:

$$c_{C_8H_9NO_2} = \frac{c_{NaNO_2} V_{NaNO_2} M_{C_8H_9NO_2} \times 10^{-3}}{m_s}$$

知识回顾

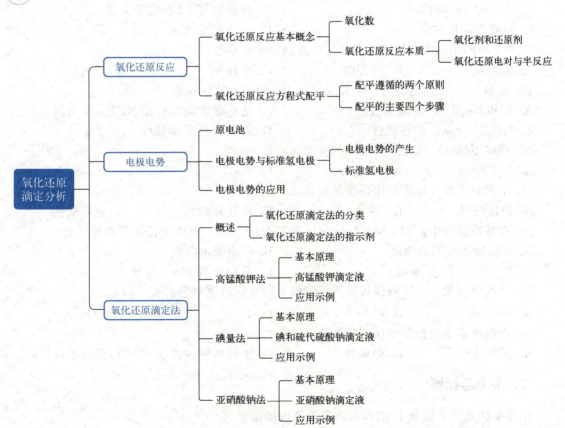

目标检测

一、单项选择题

1. 高锰酸钾法应在下列哪种溶液中进行？（　　）
   A. 强酸性溶液　　B. 弱酸性溶液　　C. 弱碱性溶液　　D. 强碱性溶液

2. 不属于氧化还原滴定法的是（　　）。
   A. 亚硝酸钠法　　B. 高锰酸钾法　　C. 铬酸钾指示剂法　　D. 碘量法

3. 高锰酸钾滴定法中，调节溶液酸度使用的是（　　）。
   A. H_2SO_4　　B. $HClO_4$　　C. HNO_3　　D. HCl

4. 高锰酸钾滴定法指示终点用的是（　　）。
   A. 酸碱指示剂　　B. 金属指示剂　　C. 吸附指示剂　　D. 自身指示剂

5. 用直接碘量法测定维生素C的含量，调节溶液酸度的物质是（　　）。
   A. 醋酸　　B. 盐酸　　C. 氢氧化钠　　D. 氨水

6. 间接碘量法所用的滴定液是（　　）。
   A. I_2　　B. $Na_2S_2O_3$　　C. I_2 和 $Na_2S_2O_3$　　D. I_2 和 KI

7. 间接碘量法中加入淀粉指示剂的适宜时间是（　　）。
   A. 滴定开始时
   B. 滴定液滴加到一半时
   C. 滴定至近终点时
   D. 滴定到溶液呈无色时

8. 间接碘量法中，滴定至终点后5分钟内的溶液变为蓝色的原因是（　　）。
   A. 空气中 O_2 的作用
   B. 待测物与KI反应不完全
   C. 溶液中淀粉过多
   D. 反应速度太慢

9. 在亚硝酸钠法中，能用重氮化滴定法测定的物质是（　　）。
   A. 芳伯胺　　B. 芳仲胺　　C. 生物碱　　D. 季铵盐

10. 配制 $Na_2S_2O_3$ 溶液时，要加入少许 Na_2CO_3，其目的是（　　）。
    A. 中和 $Na_2S_2O_3$ 溶液的酸性
    B. 防止微生物生长和 $Na_2S_2O_3$ 分解
    C. 增强 $Na_2S_2O_3$ 的还原性
    D. 调节溶液呈微碱性

11. 标定 $KMnO_4$ 滴定液时常用的基准物质是（　　）。
    A. $K_2Cr_2O_7$　　B. KIO_3　　C. $Na_2C_2O_4$　　D. $Na_2S_2O_3$

12. 下列滴定液在反应中作还原剂的是（　　）。
    A. 高锰酸钾　　B. 碘　　C. 硫代硫酸钠　　D. 亚硝酸钠

13. 在酸性溶液中，用 $KMnO_4$ 滴定液滴定 $Na_2C_2O_4$，反应由慢而快的原因是（　　）。
    A. 反应物浓度不断降低
    B. 反应温度降低
    C. 反应中 $[H^+]$ 增加
    D. 反应中有 Mn^{2+} 生成

14. 在酸性溶液中，下列哪种物质不能使 $KMnO_4$ 溶液褪色？（　　）
    A. SO_3^{2-}　　B. $C_2O_4^{2-}$　　C. I^-　　D. CO_3^{2-}

15. 直接碘量法应控制的反应条件是（　　）。
    A. 强酸性　　B. 强碱性　　C. 中性或弱碱性　　D. 任何条件均可

二、多项选择题

1. 碘量法中为了防止 I_2 的挥发，应采取的措施是（　　）。

A. 加过量 KI B. 室温下滴定 C. 降低溶液的酸度
D. 使用碘量瓶 E. 滴定时不要剧烈振摇

2. 直接碘量法与间接碘量法的不同之处有（　　）。
A. 滴定液不同 B. 指示剂不同 C. 加入指示剂的时间不同
D. 终点的颜色不同 E. 反应的机制不同

3. 可用 $KMnO_4$ 法测定的物质有（　　）。
A. $Na_2C_2O_4$ B. CH_3COOH C. H_2O_2
D. $FeSO_4$ E. $NaOH$

4. 间接碘量法的酸度条件为（　　）。
A. 强酸性 B. 弱酸性 C. 强碱性
D. 弱碱性 E. 中性

5. 碘量法中为了防止 I^- 被空气氧化应（　　）。
A. 避免阳光直接照射 B. 碱性条件下滴定
C. 强酸性条件下滴定 D. 滴定速度适当快些
E. I_2 完全析出后立即滴定

三、简答题

1. 用 $KMnO_4$ 溶液测定 H_2O_2 含量时，能否用 HNO_3 或 HCl 控制溶液的酸度？为什么？

2. 标定 $Na_2S_2O_3$ 滴定液时，在 $K_2Cr_2O_7$ 溶液中加入过量 KI 和稀 H_2SO_4 后，应怎样操作？何时加入淀粉指示剂？为什么？

3. 亚硝酸钠法为什么常用 HCl 控制溶液的酸度？酸度过高或过低对测定结果有何影响？

4. $K_2Cr_2O_7$、$Na_2C_2O_4$、H_2O_2、维生素 C 可用何种方法测定？写出有关化学反应方程式和计算公式。

四、计算题

1. 精密吸取 H_2O_2 溶液 25.00ml，置 250.0ml 容量瓶中，加纯化水稀释至标线，混匀。从上述稀释好的溶液中精密吸出 25.00ml 于锥形瓶中，加 H_2SO_4 酸化，用 0.02700mol/L $KMnO_4$ 滴定液滴定至终点，消耗了 $KMnO_4$ 滴定液 35.86ml。计算此样品中 H_2O_2 的含量。（$M_{H_2O_2}=34.02$g/mol）

2. 精密称取 0.1936g 基准 $K_2Cr_2O_7$，加纯化水溶解后，加酸酸化，加入过量的 KI，待反应完成后，用 $Na_2S_2O_3$ 滴定液滴定至终点，消耗了 $Na_2S_2O_3$ 滴定液 33.61ml。计算 $Na_2S_2O_3$ 溶液的物质的量浓度。（$M_{K_2Cr_2O_7}=294.18$g/mol）

第九章 沉淀滴定分析

学习引导

生理盐水中氯化钠含量的测定：准确移取生理盐水 10.00ml 置于 250ml 锥形瓶中，加入 40ml 水，再加入 1ml 5%铬酸钾指示剂，用硝酸银滴定液（0.1mol/L）滴定，至溶液颜色由黄色变为砖红色即为滴定终点，记录消耗硝酸银滴定液的体积，计算生理盐水中氯化钠的含量。

讨论：生理盐水中氯化钠含量的测定采用什么方法？能用于该方法的反应需要具备哪些条件？

学习完本章内容后，同学们就会找到答案，也会对沉淀滴定分析建立新的认识。

学习目标

1. **知识目标**

掌握溶度积与溶解度之间的关系及其有关计算、溶度积规则。掌握莫尔法、佛尔哈德法和法扬斯法的基本原理、滴定条件及应用范围。了解影响沉淀溶解平衡的因素及沉淀滴定法对沉淀反应的要求。了解重量分析法的分类及基本原理。

2. **能力目标**

能熟练应用溶度积与溶解度之间的关系，能利用溶度积规则判断沉淀的生成及溶解。能熟练应用莫尔法、佛尔哈德法和法扬斯法测定物质的含量。

3. **素质目标**

具备严谨的科学态度和踏实认真的基本素质。

第一节 沉淀溶解平衡及其影响因素

各种物质在水中的溶解度差异很大，在水中绝对不溶的物质是不存在的。电解质依据溶解度的大小可分为易溶电解质和难溶电解质，通常将在水中溶解度小于 0.01g/100g 的物质称为难溶电解质，例如 $AgCl$、$BaSO_4$、$CaCO_3$、PbS 等都是难溶电解质。在一定温度下，在含有难溶性电解质固体的饱和溶液中，难溶电解质固体与溶解在溶液中的离子之间存在溶解和沉淀的平衡，称作多相离子平衡，也称为沉淀-溶解平衡。

一、溶度积常数

（一）沉淀溶解平衡

难溶性电解质在水中的溶解过程是可逆的，难溶性电解质固体与已解离的离子之间存在溶解和沉淀的平衡。以 AgCl 为例，在一定温度下，难溶性电解质 AgCl 在水中存在两个过程：在极性水分子的作用下，少量 Ag^+ 和 Cl^- 脱离 AgCl 固体表面溶于水中，这个过程称为溶解；同时溶液中的 Ag^+ 和 Cl^- 受 AgCl 表面正负离子的吸引，回到 AgCl 固体的表面，重新形成难溶性固体 AgCl，这个过程称为沉淀。沉淀在溶液中达到沉淀-溶解平衡状态时，固体溶解的速率和沉淀生成的速率相等，溶液中各离子浓度不再变化，体系达到动态平衡，平衡时的溶液称为饱和溶液。AgCl 的沉淀-溶解平衡可表示为：

$$AgCl(s) \underset{沉淀}{\overset{溶解}{\rightleftharpoons}} Ag^+(aq) + Cl^-(aq)$$

（二）溶度积常数

对于上述 AgCl 饱和溶液，达到沉淀-溶解平衡时，其平衡常数表达式为：

$$K = \frac{[Ag^+][Cl^-]}{[AgCl]}$$

式中，AgCl 为固体，$[AgCl]$ 可看作常数，因此 $K[AgCl]$ 也为常数，称为溶度积常数，简称溶度积，用符号 K_{sp} 表示。即：

$$K_{sp} = K[AgCl] = [Ag^+][Cl^-]$$

对于任一难溶性电解质 A_mB_n，在一定温度下，其饱和溶液中存在如下沉淀-溶解平衡：

$$A_mB_n(s) \rightleftharpoons mA^{n+}(aq) + nB^{m-}(aq)$$

其溶度积常数的表达式为：

$$K_{sp} = [A^{n+}]^m [B^{m-}]^n \tag{9-1}$$

溶度积常数的意义：一定温度下，在难溶性电解质的饱和溶液中，各离子浓度幂的乘积为常数，该常数称为溶度积常数。溶度积常数只与难溶性电解质的本性和温度有关，与溶液中离子浓度无关。

（三）溶度积与溶解度的关系

溶解度是指在一定温度下，难溶性电解质在一定量的饱和溶液中所溶解的溶质的质量，用符号 S 表示。溶度积和溶解度均可衡量难溶性电解质的溶解能力，因此，两者之间必然有着密切的联系，根据溶度积公式所表示的关系，溶度积与溶解度之间可以相互换算。

以难溶性电解质 A_mB_n 为例，假设在一定温度下其溶解度为 S，根据沉淀-溶解平衡：

$$A_mB_n(s) \rightleftharpoons mA^{n+}(aq) + nB^{m-}(aq)$$

$$[A^{n+}] = mS \quad [B^{m-}] = nS$$

则

$$K_{sp} = [A^{n+}]^m [B^{m-}]^n = (mS)^m (nS)^n = m^m n^n S^{m+n} \tag{9-2}$$

对于 AB 型（如 AgCl、AgBr）：$K_{sp} = S^2$，$S = \sqrt{K_{sp}}$

对于 A_2B 或 AB_2 型（如 Ag_2CrO_4、$PbCl_2$）：$K_{sp} = 4S^3$，$S = \sqrt[3]{\dfrac{K_{sp}}{4}}$

溶解度习惯上常用 100g 溶剂中所能溶解溶质的质量（单位 g/100g）表示。在利用上述公式进行计算时，需将溶解度的单位转化为物质的量浓度单位（mol/L）。

练一练：

请写出以下难溶性电解质的沉淀-溶解平衡表达式及溶度积 K_{sp} 与溶解度的关系。

AgBr　Ag_2CrO_4　$BaSO_4$

例题 9-1　已知 298.15K 时，AgCl 的溶解度 S 为 1.33×10^{-5} mol/L，求 AgCl 的溶度积 K_{sp}。

解析： 在 AgCl 的饱和溶液中，存在如下沉淀-溶解平衡：

$$AgCl(s) \rightleftharpoons Ag^+(aq) + Cl^-(aq)$$

平衡浓度（mol/L）　　　　　　　　S　　　　S

$$K_{sp} = [Ag^+][Cl^-] = S^2 = 1.33 \times 10^{-5} = 1.77 \times 10^{-10}$$

例题 9-2　已知 298.15K 时，AgCl 的溶度积 K_{sp} 为 1.77×10^{-10}，Ag_2CrO_4 的溶度积 K_{sp} 为 1.12×10^{-12}，比较两者溶解度大小。

解析： 设 AgCl 的溶解度为 S_1（mol/L），Ag_2CrO_4 的溶解度为 S_2（mol/L），则在 AgCl 的饱和溶液中存在如下沉淀-溶解平衡：

$$AgCl(s) \rightleftharpoons Ag^+(aq) + Cl^-(aq)$$

平衡浓度（mol/L）　　　　　　　　　S_1　　　　S_1

$$K_{sp1} = [Ag^+][Cl^-] = S_1^2 = 1.77 \times 10^{-10}$$

$$S_1 = \sqrt{K_{sp1}} = \sqrt{1.77 \times 10^{-10}} = 1.33 \times 10^{-5} \text{ mol/L}$$

在 Ag_2CrO_4 的饱和溶液中存在如下沉淀-溶解平衡：

$$Ag_2CrO_4(s) \rightleftharpoons 2Ag^+(aq) + CrO_4^{2-}(aq)$$

平衡浓度（mol/L）　　　　　　　$2S_2$　　　　S_2

$$K_{sp2} = [Ag^+]^2[CrO_4^{2-}] = (2S_2)^2 S_2 = 4S_2^3 = 1.12 \times 10^{-12}$$

$$S_2 = \sqrt[3]{\frac{K_{sp2}}{4}} = \sqrt[3]{\frac{1.12 \times 10^{-12}}{4}} = 6.54 \times 10^{-5} \text{ mol/L}$$

在上述例题中，虽然铬酸银的溶度积 K_{sp} 比氯化银的小，但溶解度 S 却比氯化银的大。可见对于不同类型（氯化银为 AB 型结构，铬酸银为 A_2B 型结构）的难溶性电解质，溶度积小的溶解度不一定小。因此不能通过比较溶度积直接判断其溶解能力的大小。对于相同类型的难溶性电解质，在一定温度下，可根据溶度积的大小直接比较溶解度的大小，溶度积大的溶解度也大。

（四）溶度积规则

在一定温度下，任意状态下的难溶性电解质溶液中，各离子浓度幂的乘积称为离子积，用符号 Q_c 表示。利用难溶性电解质沉淀-溶解反应的溶度积和离子积，可以判断沉淀生成或溶解。

以难溶性电解质 A_mB_n 为例，根据沉淀-溶解平衡：

$$A_mB_n(s) \rightleftharpoons mA^{n+}(aq) + nB^{m-}(aq)$$

则
$$Q_c = c_{A^{n+}}^m \cdot c_{B^{m-}}^n \tag{9-3}$$

通过比较难溶性电解质离子积 Q_c 和溶度积 K_{sp} 的关系，可以判断沉淀生成或溶解。Q_c 和 K_{sp} 之间存在以下三种关系：

（1）$Q_c = K_{sp}$　表示溶液为饱和溶液，此时溶液中沉淀与溶解达到动态平衡，既无沉淀析出也无沉淀溶解。

（2）$Q_c < K_{sp}$　表示溶液为不饱和溶液，溶液无沉淀析出，若加入难溶性强电解质，则会继续溶解，反应向正反应方向进行。

（3）$Q_c > K_{sp}$　表示溶液为过饱和溶液，溶液会有沉淀析出，反应向逆反应方向进行。

以上规则为溶度积规则，在一定温度时，难溶性电解质的溶度积 K_{sp} 是定值，而离子积 Q_c 数值不定，会随着溶液中离子浓度的改变而变化。根据溶度积规则可以判断沉淀生成或溶解的反应方向。

例题 9-3　已知 298.15K 时，Ag_2CrO_4 的溶度积 K_{sp} 为 1.12×10^{-12}，现将等体积的 6.0×10^{-3} mol/L $AgNO_3$ 和 6.0×10^{-3} mol/L K_2CrO_4 混合，判断有无 Ag_2CrO_4 沉淀产生？

解析：等体积混合后，浓度变为原来的一半，即 3.0×10^{-3} mol/L。

$$Q_c = c_{Ag^+}^2 \cdot c_{CrO_4^{2-}} = (3.0 \times 10^{-3})^2 \times 3.0 \times 10^{-3} = 2.7 \times 10^{-8} > K_{sp}$$

所以有 Ag_2CrO_4 沉淀产生。

二、沉淀溶解平衡

（一）沉淀的溶解

根据溶度积规则，欲使沉淀溶解的必要条件是：$Q_c < K_{sp}$。通过降低难溶性电解质饱和溶液中离子的浓度，使难溶性电解质的离子积 Q_c 小于溶度积 K_{sp}，则平衡会向沉淀溶解的方向移动。通常使沉淀溶解的方法有以下几种：

1. 发生酸碱反应使沉淀溶解

常见的难溶性电解质如氢氧化物和弱酸盐沉淀，都易与酸反应生成可溶性弱电解质，从而降低了难溶性电解质的离子浓度，使 $Q_c < K_{sp}$，沉淀溶解。

例如，碳酸钙沉淀溶于盐酸溶液，是由于碳酸钙解离的 CO_3^{2-} 与盐酸中的 H^+ 相结合，生成弱电解质 H_2CO_3，H_2CO_3 又分解为 CO_2 和 H_2O，从而使溶液中 CO_3^{2-} 浓度降低，$Q_c < K_{sp}$，平衡向沉淀溶解的方向移动。

$$CaCO_3(s) \rightleftharpoons Ca^{2+} + CO_3^{2-}$$
$$+$$
$$2H^+ \rightleftharpoons H_2CO_3 \longrightarrow CO_2\uparrow + H_2O$$
$$\uparrow$$
$$2HCl$$

2. 发生配位反应使沉淀溶解

加入配位剂，某些难溶性电解质的阳离子可与配位剂生成可溶性配离子，从而降低了难溶性电解质的阳离子浓度，使 $Q_c < K_{sp}$，沉淀溶解。

例如，氯化银沉淀溶于氨水，由于氯化银解离的 Ag^+ 与氨水中的 NH_3 相结合，生成 $[Ag(NH_3)_2]^+$，从而使溶液中 Ag^+ 浓度降低，$Q_c < K_{sp}$，平衡向沉淀溶解的方向移动。

$$AgCl(s) \rightleftharpoons Ag^+ + Cl^-$$
$$+$$
$$2NH_3 \rightleftharpoons [Ag(NH_3)_2]^+$$

3. 发生氧化还原反应使沉淀溶解

某些难溶性电解质的组成离子具有氧化性或还原性，比如难溶性的金属硫化物，可加入氧化剂或还原剂，通过发生氧化还原反应从而降低了难溶性电解质的离子浓度，使 $Q_c < K_{sp}$，沉淀溶解。

例如，硫化铜沉淀溶于硝酸，由于 HNO_3 可将硫化铜解离的 S^{2-} 氧化成 S，从而使溶液中 S^{2-} 浓度降低，$Q_c < K_{sp}$，平衡向沉淀溶解的方向移动。

$$CuS(s) \rightleftharpoons Cu^{2+} + S^{2-}$$
$$+$$
$$HNO_3 \longrightarrow S\downarrow + NO\uparrow + H_2O$$

（二）沉淀的生成

根据溶度积规则，欲使沉淀生成的必要条件是：$Q_c > K_{sp}$。因此，通过增大溶液中有关离子的浓度，使难溶性电解质的离子积 Q_c 大于溶度积 K_{sp}，则平衡会向生成沉淀的方向移动。通常生成沉淀的方法有以下几种：

1. 加入沉淀剂

要在溶液中去除某种离子，可加入沉淀剂使其产生沉淀。如在 $AgNO_3$ 溶液中加入 NaCl 溶液，当 $c_{Ag^+} c_{Cl^-} > K_{sp,AgCl}$，就会析出 AgCl 沉淀，其中 NaCl 就是沉淀剂。为使沉淀完全，应适当加入过量的沉淀剂，一般以过量 20%~50% 为宜，应选择沉淀物溶解度最小的沉淀剂。

例题 9-4 已知 298.15K 时，$BaSO_4$ 的溶度积 K_{sp} 为 1.07×10^{-10}，现将 30ml 0.002mol/L $BaCl_2$ 溶液和 50ml 0.002mol/L Na_2SO_4 溶液混合，判断有无 $BaSO_4$ 沉淀析出？

解析： 溶液混合后，浓度产生变化，

即：

$$c_{Ba^{2+}} = \frac{30 \times 0.002}{30+50} = 0.00075 \text{mol/L}$$

$$c_{SO_4^{2-}} = \frac{50 \times 0.002}{30+50} = 0.00125 \text{mol/L}$$

$$Q_c = c_{Ba^{2+}} c_{SO_4^{2-}} = 0.00075 \times 0.00125 = 9.38 \times 10^{-7} > K_{sp}$$

所以有 $BaSO_4$ 沉淀析出。

2. 控制溶液的 pH

溶液的酸碱度会影响某些离子沉淀生成的完全程度，比如 OH^-、CO_3^{2-}、S^{2-}、PO_4^{3-}

等阴离子形成的难溶性电解质，是否能够沉淀完全就取决于溶液的pH。

> **练一练：**
> 将等体积的 0.01mol/L $MgCl_2$ 溶液和 0.01mol/L NaOH 溶液混合后，判断是否会有 $Mg(OH)_2$ 沉淀产生？[已知 298K 时，$Mg(OH)_2$ 的溶度积 K_{sp} 为 1.8×10^{-11}]

三、分步沉淀

通常溶液中存在多种离子，当加入沉淀剂时，可能有两种或两种以上的离子都能与其发生反应生成沉淀，由于生成难溶性电解质的溶度积不同，沉淀按不同顺序析出，需要沉淀剂浓度小的离子先生成沉淀，需要沉淀剂浓度大的离子后生成沉淀，这种先后沉淀的现象称为分步沉淀。

例题 9-5 向含有浓度均为 0.001mol/L 的 Cl^- 和 Br^- 溶液中，逐滴加入 $AgNO_3$ 溶液，分别生成 AgCl 沉淀和 AgBr 沉淀。计算生成 AgCl 沉淀和 AgBr 沉淀时，所需的 Ag^+ 浓度分别为多少？并判断 AgCl 和 AgBr 谁先沉淀？（AgCl 的 $K_{sp}=1.77\times10^{-10}$；AgBr 的 $K_{sp}=5.35\times10^{-13}$）

解析： 生成 AgCl 沉淀所需 Ag^+ 的最低浓度为：

$$[Ag^+]=\frac{K_{sp,AgCl}}{[Cl^-]}=\frac{1.77\times10^{-10}}{0.001}=1.77\times10^{-7}\text{mol/L}$$

生成 AgBr 沉淀所需 Ag^+ 的最低浓度为：

$$[Ag^+]=\frac{K_{sp,AgBr}}{[Br^-]}=\frac{5.35\times10^{-13}}{0.001}=5.35\times10^{-10}\text{mol/L}$$

上述结果表明，生成 AgBr 沉淀所需 Ag^+ 浓度比生成 AgCl 沉淀所需 Ag^+ 浓度小，所以先生成 AgBr 沉淀，后生成 AgCl 沉淀。

总之，对于同一类型的难溶性电解质，需要沉淀剂浓度小的离子先生成沉淀，即 K_{sp} 越小，越先生成沉淀。且溶度积差别越大，利用分步沉淀实现离子分离的效果越好。对于不同类型的难溶性电解质，不能根据溶度积的大小直接判断沉淀产生的先后次序和分离效果。

> **练一练：**
> 向含有浓度均为 0.01mol/L 的 Cl^- 和 CrO_4^{2-} 溶液中，逐滴加入 $AgNO_3$ 溶液，判断哪种离子先生成沉淀？

四、沉淀的转化

沉淀的转化是指在含有某种沉淀的溶液中，加入适当试剂，使沉淀转化为另一种溶解度更小的沉淀的过程，其实质是沉淀溶解平衡的移动。例如，向白色 $PbSO_4$ 沉淀中加入适量的 Na_2S 溶液，搅拌后，可以观察到由白色沉淀转化为黑色 PbS 沉淀。

$$PbSO_4(s) \rightleftharpoons Pb^{2+} + SO_4^{2-}$$
白色　　　　　＋
$$S^{2-} \rightleftharpoons PbS\downarrow$$
　　　　　　黑色

案例 9-1

生活中化学无处不在，有时我们需要利用所学知识来解决一些实际问题，比如将一种沉淀转化为另一种沉淀。例如，锅炉因长期烧煮后产生锅垢，锅垢的主要成分是 $CaSO_4$，不溶于酸，不易除去，不利于人体健康。

讨论：1. 我们用什么方法能够容易地清除掉锅垢？
　　　2. 我们从中能得到哪些启示？

解析9-1

由此可见，沉淀转化是有条件的，对于相同类型的难溶性电解质，溶解度大的沉淀易转化为溶解度小的沉淀，即 K_{sp} 较大的沉淀转化为 K_{sp} 较小的沉淀容易。反之，则比较困难，甚至不能转化。

第二节　沉淀滴定法

沉淀滴定法是基于沉淀反应的一种滴定分析方法。沉淀滴定法是一种重要的滴定分析方法，常用于含量测定，例如生理盐水中氯化钠含量的测定。沉淀反应很多，但并不是所有的沉淀反应都能用于滴定分析，能用于沉淀滴定的沉淀反应需具备以下条件：

① 沉淀反应要迅速且能定量完成；
② 生成的沉淀应有固定的组成，溶解度要小；
③ 要有适当的方法能够确定滴定终点；
④ 沉淀的吸附现象不能影响滴定终点的确定。

目前应用比较广泛的沉淀滴定法是银量法，主要是利用银离子与卤素离子生成难溶性银盐来进行滴定分析。例如：

$$Ag^+ + Cl^- \rightleftharpoons AgCl\downarrow（白色）$$
$$Ag^+ + SCN^- \rightleftharpoons AgSCN\downarrow（白色）$$

银量法可用于测定 Cl^-、Br^-、I^-、SCN^- 和 Ag^+ 等。根据所用指示剂的不同，可将银量法分为铬酸钾指示剂法（莫尔法）、铁铵矾指示剂法（佛尔哈德法）和吸附指示剂法（法扬司法）。

一、莫尔法

莫尔法是以铬酸钾（K_2CrO_4）为指示剂，在中性或弱碱性溶液中，用硝酸银（$AgNO_3$）滴定液直接滴定含 Cl^- 或 Br^- 溶液的滴定法，又称铬酸钾指示剂法。

（一）基本原理

以 $AgNO_3$ 滴定液滴定 Cl^- 为例，向含 Cl^- 的中性溶液中，加入 K_2CrO_4 指示剂，用 $AgNO_3$ 滴定液滴定。由于 AgCl 的溶解度小于 Ag_2CrO_4 的溶解度，根据分步沉淀原理，AgCl 沉淀先析出来。随着 $AgNO_3$ 滴定液的逐渐滴入，不断生成 AgCl 沉淀。当 Cl^- 被完全沉淀后，稍过量的 $AgNO_3$ 与指示剂 K_2CrO_4 发生反应，生成砖红色的 Ag_2CrO_4 沉淀，从而确定到达滴定终点。

终点前：$\qquad Ag^+ + Cl^- \rightleftharpoons AgCl\downarrow$（白色）

终点时：$\qquad 2Ag^+ + CrO_4^{2-} \rightleftharpoons Ag_2CrO_4\downarrow$（砖红色）

（二）滴定条件

1. 指示剂的用量

到达指示终点时，Cl^- 完全沉淀以后，应立即析出砖红色的 Ag_2CrO_4 沉淀，因此指示剂 K_2CrO_4 的用量要适宜。CrO_4^{2-} 的浓度过高，会过早生成 Ag_2CrO_4 沉淀，滴定终点将提前；CrO_4^{2-} 的浓度过低，会延迟生成 Ag_2CrO_4 沉淀，滴定终点将推迟，因此产生一定的误差。

根据溶度积原理，到达化学计量点时 Ag^+ 的浓度为：

$$[Ag^+]=[Cl^-]=\sqrt{K_{sp,AgCl}}=\sqrt{1.77\times10^{-10}}=1.33\times10^{-5}\,mol/L$$

此时，要求恰好析出砖红色的 Ag_2CrO_4 沉淀指示终点，所以必须满足：

$$[Ag^+]^2[CrO_4^{2-}]=K_{sp,Ag_2CrO_4}$$

则 CrO_4^{2-} 的浓度为：

$$[CrO_4^{2-}]=\frac{K_{sp,Ag_2CrO_4}}{[Ag^+]^2}=\frac{1.12\times10^{-12}}{1.77\times10^{-10}}=6.33\times10^{-3}\,mol/L$$

由于 K_2CrO_4 溶液呈黄色，浓度过高颜色加深会影响终点的观察，所以实际工作中指示剂的浓度宜略低一些。实验表明，K_2CrO_4 的浓度约为 $0.005mol/L$ 比较合适，通常在 50～100ml 的溶液中加入 5% K_2CrO_4 溶液 1～2ml。

2. 溶液的酸度

滴定应在中性或弱碱性（pH=6.5～10.5）溶液中进行。在酸性条件下，CrO_4^{2-} 与 H^+ 会发生反应，生成 $Cr_2O_7^{2-}$，导致在化学计量点时不能生成 Ag_2CrO_4 沉淀，滴定终点将推迟。

$$2CrO_4^{2-}+2H^+\rightleftharpoons 2HCrO_4^-\rightleftharpoons Cr_2O_7^{2-}+H_2O$$

在强碱性条件下，Ag^+ 与 OH^- 会发生反应，生成白色 AgOH 沉淀，继而转化为黑色 Ag_2O 沉淀，影响滴定的准确度。

$$2Ag^++2OH^-\rightleftharpoons 2AgOH\downarrow（白色）\rightleftharpoons Ag_2O\downarrow（黑色）+H_2O$$

3. 滴定过程中充分振摇

由于滴定过程中生成的 AgCl 沉淀会吸附溶液中的 Cl^-，被测离子浓度降低，导致滴定终点提前出现，产生较大误差，所以滴定过程中要充分振摇，使被吸附的 Cl^- 释放出来。在滴定 Br^- 时，AgBr 沉淀吸附 Br^- 会更严重，所以滴定过程中更要剧烈振摇。

4. 预先分离干扰离子

凡能与 Ag^+ 生成沉淀的阴离子都干扰测定，如 PO_4^{3-}、CO_3^{2-}、S^{2-}、AsO_3^{3-}、$C_2O_4^{2-}$ 等。能与 Ag^+ 生成配合物的离子或分子都干扰测定，如 NH_3、EDTA、$S_2O_3^{2-}$ 等。能与 CrO_4^{2-} 生成沉淀的阳离子都干扰测定，如 Ba^{2+}、Pb^{2+}、Hg^{2+} 等。有色离子如 Cu^{2+}、Co^{2+}、Ni^{2+} 等对测定有干扰，应预先分离。在中性或弱碱性溶液中易发生水解的离子，如 Al^{3+}、Fe^{3+}、Bi^{3+}、Sn^{4+} 等也干扰测定，应预先分离。

（三）应用范围

莫尔法适用于测定含 Cl^- 和 Br^- 的卤化物，不适用于测定 I^- 和 SCN^-，这是由于 AgI 和 AgSCN 沉淀对 I^- 和 SCN^- 有强烈的吸附作用，即使剧烈振摇 I^- 和 SCN^- 也不能完全释放出来，导致滴定终点提早出现，产生较大误差。

二、佛尔哈德法

佛尔哈德法是以铁铵矾 $[NH_4Fe(SO_4)_2]$ 为指示剂，在强酸性溶液中，用硫氰酸铵（NH_4SCN）[或硫氰酸钾（KSCN）、硫氰酸钠（NaSCN）] 滴定液滴定含 Ag^+ 或卤素离子溶液的滴定法，又称铁铵矾指示剂法。按滴定方式的不同，分为直接滴定法和返滴定法。

（一）直接滴定法

1. 基本原理

在强酸性溶液中，以铁铵矾作指示剂，用硫氰酸铵（NH_4SCN）[或硫氰酸钾（KSCN）、硫氰酸钠（NaSCN）] 滴定液直接滴定 Ag^+，滴定过程中会产生白色 AgSCN 沉淀，到达化学计量点时，稍过量的 SCN^- 就与 Fe^{3+} 生成红色的配离子 $[FeSCN]^{2+}$，指示滴定终点的到达。

终点前： $Ag^+ + SCN^- \rightleftharpoons AgSCN \downarrow$（白色）

终点时： $Fe^{3+} + SCN^- \rightleftharpoons [Fe(SCN)]^{2+}$（红色）

2. 滴定条件

滴定在硝酸溶液中进行，滴定过程中生成的 AgSCN 沉淀会强烈吸附溶液中的 Ag^+，所以要充分振摇，使被吸附的 Ag^+ 及时被释放出来。

（二）返滴定法

1. 基本原理

在含卤素离子的酸性溶液中，加入定量且过量的 $AgNO_3$ 滴定液，使卤素离子完全生成卤化银沉淀。然后以铁铵矾为指示剂，用 NH_4SCN 滴定液滴定剩余的 $AgNO_3$，到达化学计量点时，稍过量的 SCN⁻ 就与 Fe^{3+} 生成红色的配离子$[Fe(SCN)]^{2+}$，指示滴定终点的到达。

终点前：$\qquad Ag^+（过量）+X^- \rightleftharpoons AgX\downarrow$
$\qquad\qquad\qquad Ag^+（剩余）+SCN^- \rightleftharpoons AgSCN\downarrow（白色）$
终点时：$\qquad Fe^{3+}+SCN^- \rightleftharpoons [Fe(SCN)]^{2+}（红色）$

2. 滴定条件

（1）**指示剂的用量** 溶液中加入铁铵矾指示剂，Fe^{3+} 浓度过大会使溶液呈现较深的橙黄色，影响终点的观察，所以实际工作中，指示剂的浓度宜略低一些。实验表明，Fe^{3+} 的浓度约为 0.015mol/L 比较合适，通常在 50~100ml 的溶液中加入 10%$[NH_4Fe(SO_4)_2]$ 指示剂 2ml。

（2）**溶液的酸度** 滴定在酸性条件下进行，一般用硝酸来控制酸度，不能在中性或碱性溶液中进行，这是由于在中性或碱性溶液中铁铵矾中的 Fe^{3+} 会水解形成$[Fe(OH)]^{2+}$、$[Fe(OH)_2]^+$ 等深色配合物，甚至生成氢氧化铁沉淀，影响终点观察。酸性条件下也可以消除 PO_4^{3-}、CO_3^{2-}、AsO_4^{3-}、S^{2-} 等对 Ag^+ 的干扰。

（3）**测定 Cl⁻ 时适当振摇** 测定 Cl⁻ 时，临近终点时应避免剧烈振摇，防止沉淀转化。由于 AgSCN 溶解度比 AgCl 小，若剧烈振摇会使 AgCl 沉淀转化为 AgSCN 沉淀，使溶液中 SCN⁻ 的浓度降低，生成的红色配离子$[Fe(SCN)]^{2+}$ 将分解，红色逐渐消失，需要滴加更多的 NH_4SCN 滴定液才能到达滴定终点，产生较大的滴定误差。为避免误差产生，通常在溶液中加入过量 $AgNO_3$ 滴定液后，待沉淀完全后将 AgCl 沉淀过滤除去，再用 NH_4SCN 滴定液滴定剩余的 Ag^+。也可以在加入过量 $AgNO_3$ 滴定液后，加入一定量硝基苯或 1,2-二氯乙烷等有机溶剂，并剧烈振摇，使 AgCl 沉淀表面覆盖有机溶剂，从而防止沉淀转化。

测定 I⁻ 时，应在加入过量 $AgNO_3$ 滴定液后，再加入铁铵矾指示剂，防止 I⁻ 被指示剂中的 Fe^{3+} 氧化，影响测定结果。

（三）应用范围

佛尔哈德法可用于测定 Ag^+、Cl^-、Br^-、I^- 及 SCN^- 等离子，也可以用来测定有机卤化物中卤素的含量，重金属硫化物的测定同样可以采用佛尔哈德法。

佛尔哈德法最大的优点是在酸性溶液中进行，许多弱酸根离子如 PO_4^{3-}、CO_3^{2-}、AsO_4^{3-} 等都不干扰测定，因而选择性高，比莫尔法应用更广泛。

> **练一练：**
> 佛尔哈德法选择性为什么比莫尔法高？

三、法扬司法

法扬司法是以吸附指示剂指示终点的银量法，又称吸附指示剂法。

（一）基本原理

吸附指示剂是一类有机染料，它们的阴离子在溶液中呈现出一种颜色，当被带正电荷的胶粒沉淀所吸附后，其结构发生变化而呈现出另一种颜色，从而指示终点。常用的吸附指示剂有荧光黄、二氯荧光黄、曙红、溴甲酚绿、甲基紫等，见表 9-1。

表 9-1 常用的吸附指示剂

指示剂名称	待测离子	滴定剂	酸度(pH)
荧光黄	Cl^-、Br^-、I^-	$AgNO_3$	7～10
二氯荧光黄	Cl^-、Br^-、I^-	$AgNO_3$	4～10
曙红	Br^-、SCN^-、I^-	$AgNO_3$	2～10
溴甲酚绿	SCN^-	$AgNO_3$	4～5
二甲基二碘荧光黄	I^-	$AgNO_3$	中性
甲基紫	Ag^+	NaCl	酸性

例如，用 $AgNO_3$ 滴定液滴定 Cl^-，常用荧光黄作指示剂。荧光黄是一种有机弱酸，用 HFIn 表示，它在溶液中能够解离出黄绿色的 FIn^-，存在如下解离平衡：

$$HFIn \rightleftharpoons H^+ + FIn^- （黄绿色）$$

到达化学计量点前，溶液中 Cl^- 过量，生成的 AgCl 沉淀吸附 Cl^-，形成 $AgCl \cdot Cl^-$ 而带负电荷，此时 FIn^- 受排斥不被吸附，溶液呈 FIn^- 的黄绿色。到达化学计量点后，溶液中 Ag^+ 稍过量，AgCl 沉淀吸附 Ag^+ 形成 $AgCl \cdot Ag^+$ 而带正电荷，$AgCl \cdot Ag^+$ 强烈吸附溶液中的 FIn^-，使 FIn^- 结构发生变化，溶液由黄绿色变为粉红色，从而指示滴定终点。

$$AgCl \cdot Ag^+ + FIn^- （黄绿色） \rightleftharpoons AgCl \cdot Ag^+ \cdot FIn^- （粉红色）$$

（二）滴定条件

1. 加入胶体保护剂防止凝聚

由于沉淀表面吸附引起溶液颜色变化，因此应尽量增大沉淀的比表面积，以便吸附更多的指示剂离子。为了使沉淀具有较大的吸附表面需使沉淀保持胶状，可加入糊精、淀粉等胶体保护剂防止卤化银沉淀凝聚。

2. 溶液的酸度

溶液的酸度要适宜。常用的吸附指示剂大多是有机弱酸，其适宜的 pH 范围各不相同。如荧光黄，只能在中性或弱碱性（pH=7～10）溶液中使用。不同指示剂适宜的酸度范围见表 9-1。

3. 选择适当的指示剂

要选择适当的指示剂，沉淀对指示剂的吸附能力应略小于对待测离子的吸附能力，否则终点将提前出现。卤化银沉淀对卤素离子和几种吸附指示剂吸附能力的大小顺序如下：

$$I^- > 二甲基二碘荧光黄 > Br^- > 曙红 > Cl^- > 荧光黄$$

所以测定 Cl^- 时，只能选荧光黄，测定 Br^- 时，只能选曙红或荧光黄。

4. 滴定时避免强光照射

滴定时应避免强光照射。卤化银沉淀对光敏感，遇光易分解析出灰黑色的金属银，影响滴定终点的观察。

（三）应用范围

法扬司法适用于测定 Cl^-、Br^-、I^-、SCN^-、SO_4^{2-} 及 Ag^+ 等离子，方法简便，终点较明显。但要注意胶体保护、控制适宜的酸度及避免强光照射等。

> **练一练：**
> 比较莫尔法、佛尔哈德法、法扬司法的基本原理、滴定条件及应用范围。

知识补充

三种沉淀滴定法的特征比较

滴定方法	指示剂	待测离子	滴定剂	酸度(pH)
莫尔法	K_2CrO_4	Cl^-、Br^-	$AgNO_3$	中性或弱碱性
佛尔哈德法	$NH_4Fe(SO_4)_2$	直接法 Ag^+ 返滴定法 X^-	$NH_4SCN/KSCN$	酸性(HNO_3)
法扬司法	吸附指示剂	X^-	$AgNO_3$	pH＝2～10

四、沉淀滴定法的应用

（一）滴定液的配制与标定

银量法中常用的滴定液是 $AgNO_3$ 滴定液和 NH_4SCN 滴定液。

1. $AgNO_3$ 滴定液的配制与标定

$AgNO_3$ 滴定液可采用基准物质 $AgNO_3$ 直接配制。但市售的 $AgNO_3$ 中常含有杂质，因此常采用间接法配制。先称取一定质量的 $AgNO_3$，配成近似浓度的 $AgNO_3$ 溶液后，再用基准试剂 NaCl 标定，确定其准确浓度。需要注意的是，$AgNO_3$ 溶液见光易分解，应贮存在棕色瓶中，并置于暗处。

2. NH_4SCN 滴定液的配制与标定

市售的 NH_4SCN 试剂一般含有杂质，易潮解，因此需采用间接法配制。先配成近似浓度的 NH_4SCN 溶液，再以铁铵矾作指示剂，用 $AgNO_3$ 滴定液进行标定。

（二）沉淀滴定法的应用实例

1. 可溶性氯化物中氯的测定

测定可溶性氯化物中的氯含量，通常采用莫尔法。在中性或弱碱性条件下（pH＝6.5～10.5），以 K_2CrO_4 为指示剂，用 $AgNO_3$ 滴定液滴定。若试样中含有 PO_4^{3-}、S^{2-}、AsO_4^{3-} 等阴离子，能和 Ag^+ 生成沉淀，则应在酸性条件下采用佛尔哈德法测定。

> **案例 9-2**
>
> 精密量取生理盐水 10.00ml，以 K_2CrO_4 作指示剂，用 0.1032mol/L $AgNO_3$ 滴定液滴定至出现砖红色沉淀，消耗 $AgNO_3$ 滴定液 14.96ml。计算：生理盐水中 NaCl 的质量浓度 ρ。
>
> $$\rho = \frac{c_{AgNO_3} V_{AgNO_3} M_{NaCl}}{V_{试样}} \tag{9-4}$$

解析9-2

2. 银合金中银含量的测定

先将银合金用硝酸溶解，制成含 Ag^+ 的溶液：

$$Ag + 2H^+ + NO_3^- \rightleftharpoons Ag^+ + NO_2 + H_2O$$

煮沸除去氮的低价氧化物 HNO_2，以免发生副反应，影响终点的观察。加入铁铵矾指示剂，用硫氰酸铵滴定液进行滴定。根据试样的质量和滴定消耗硫氰酸铵滴定液的体积，来计算银的百分含量。

$$\omega_{Ag} = \frac{c_{NH_4SCN} V_{NH_4SCN} M_{Ag}}{m_{试样}} \tag{9-5}$$

3. 有机卤化物中卤素含量的测定

有机卤化物一般不能直接进行滴定，应将有机卤化物经过适当的预处理，使有机卤化物中的卤素转变为卤离子，再用银量法测定。

第三节　重量分析法简介

重量分析法是采用适当的方法，使被测组分与试样中的其他组分分离，转化为一定的称量形式，然后通过称量物质的重量或重量变化，确定被测组分的含量。根据分离方法的不同，重量分析法可分为沉淀法、气化法、提取法和电解法。

一、沉淀法

沉淀法是重量分析法中的主要方法，是利用沉淀反应使被测组分生成难溶化合物沉淀出来，然后将沉淀过滤、洗涤、烘干或灼烧，使其成为组成一定的物质，最后称重，计算被测组分的含量。

在沉淀法中，通过加入适当的沉淀剂，使被测组分以沉淀形式析出，然后将沉淀过滤、洗涤、烘干或灼烧成称量形式称量。沉淀形式和称量形式可以相同，也可以不同。例如，用沉淀法测定 SO_4^{2-}，沉淀形式和称量形式都是 $BaSO_4$，两者是相同的；而用沉淀法测定 Ca^{2+}，沉淀形式是 $CaC_2O_4 \cdot H_2O$，称量形式是 CaO，两者是不同的。因此为了保证分析结果的准确度，对沉淀形式和称量形式有一定的要求。

对沉淀形式的要求：

① 沉淀的溶解度要小，这样被测组分才能够沉淀完全。

② 沉淀纯度要高，应避免混入其他杂质。

③ 沉淀应易于过滤和洗涤。因此，希望获得粗大的晶型沉淀便于过滤和洗涤，如果是无定形沉淀，应注意控制沉淀条件，改善沉淀的性质，便于得到易于过滤和洗涤的沉淀。

④ 沉淀应易于转化为称量形式。

对称量形式的要求：

① 称量形式必须有确定的化学组成，否则无法计算分析结果。

② 称量形式稳定性要高，不受空气中 O_2、CO_2 和 H_2O 等的影响。

③ 称量形式的摩尔质量要大，可减小称量的相对误差，提高测定结果的准确度。

二、气化法

气化法又称挥发法，是通过加热或其他方法使被测组分从试样中挥发逸出，根据试样质量的减少来计算被测组分的含量。例如，测定试样中含水量或者结晶水的含量，可将试样加热烘干至恒重，试样减少的质量就是水分的含量。或者当待测组分挥发逸出时，采用适当吸收剂将其吸收，根据吸收剂增加的质量可计算出被测组分的含量。例如，有机化合物中碳的测定。气化法只适用于挥发性组分的测定。

三、提取法

提取法又称萃取法，是利用被测组分在互不相溶的溶剂中溶解度不同，用一种溶剂把被测组分从另一溶剂里萃取出来，蒸发除去萃取液中的溶剂，干燥至恒重，称量干燥萃取物的重量，从而计算出被测组分的含量。例如，用四氯化碳从碘溶液中萃取碘，就是采用萃取法。

四、电解法

利用电解的方法，使被测金属离子以金属或金属氧化物的形式在电极上析出，称量电极增加的质量，即为金属的质量。例如，将 Cu^{2+} 以单质铜的形式在阴极上析出，通过称量阴极增加的质量，即为金属铜的质量。将 Pb^{2+} 以 PbO_2 的形式在阳极上析出，通过称量阳极增加的质量，计算出金属铅的质量。

重量分析法作为一种经典的分析方法，适用于常量组分的测定（含量≥1%）。重量分析法直接通过分析天平称量获得分析结果，不需要用标准试样或基准物质进行比较，分析结果的准确度较高，相对误差一般为 0.1%～0.2%。重量分析法的缺点是繁琐、费时，不适合微量和痕量组分的测定。目前，重量分析法主要用于常量的硅、硫、磷、镍以及水分、灰分和挥发物等的含量测定。

知识回顾

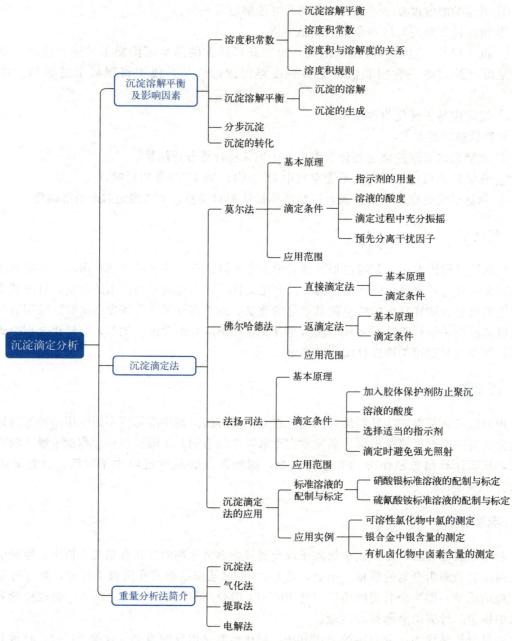

目标检测

一、选择题

（一）单选题

1. Ag_2CrO_4 溶度积常数表达式正确的是（ ）。

A. $K_{sp} = [Ag^+][CrO_4^{2-}]^2$

B. $K_{sp} = [Ag^+][CrO_4^{2-}]$

C. $K_{sp}=[Ag^+]^2[CrO_4^{2-}]$ D. $K_{sp}=[Ag^+][CrO_4^{2-}]/[Ag_2CrO_4]$

2. 莫尔法确定终点的指示剂是（ ）。
A. $K_2Cr_2O_7$ B. K_2CrO_4 C. $NH_4Fe(SO_4)_2$ D. 荧光黄

3. 利用莫尔法测定 Cl^- 含量时，要求 pH 值在 6.5~10.5 之间，若酸度过高，则（ ）。
A. AgCl 沉淀不完全   B. Ag_2CrO_4 沉淀不易形成
C. AgCl 沉淀吸附 Cl^- 能力增强   D. 形成 Ag_2O 沉淀

4. 要生成 $BaSO_4$ 沉淀，必须满足（ ）。
A. $[Ba^{2+}][SO_4^{2-}]<K_{sp,BaSO_4}$ B. $[Ba^{2+}]<[SO_4^{2-}]$
C. $[Ba^{2+}][SO_4^{2-}]>K_{sp,BaSO_4}$ D. $[Ba^{2+}]>[SO_4^{2-}]$

5. 以铁铵矾为指示剂，用硫氰酸铵标准滴定溶液滴定银离子时，应在（ ）条件下进行。
A. 弱酸性   B. 酸性   C. 中性   D. 弱碱性

6. 溶液中含有相同浓度的 Cl^-、Br^- 和 I^-，逐滴滴入 $AgNO_3$ 滴定液，则最先析出的沉淀是（ ）。
A. AgCl   B. AgBr   C. AgI   D. 同时析出

7. 沉淀滴定法中的莫尔法是指（ ）。
A. 以 $AgNO_3$ 为指示剂，用 K_2CrO_4 滴定液，滴定试液中的 Ba^{2+} 的分析方法
B. 以铬酸钾作指示剂的银量法
C. 以铁铵矾作指示剂的银量法
D. 用吸附指示剂指示滴定终点的银量法

8. 采用吸附指示剂法测定 Cl^- 的含量，可选择下列哪种吸附指示剂？（ ）
A. 荧光黄   B. 曙红   C. AB 都可以   D. AB 都不对

9. 莫尔法采用 $AgNO_3$ 滴定液测定 Cl^- 时，其滴定条件是（ ）。
A. pH=2.0~4.0   B. pH=4.0~6.5
C. pH=6.5~10.5   D. pH=10.0~12.0

10. 在铬酸钾指示剂法中，若溶液的碱性太强，则（ ）。
A. 指示剂浓度增大   B. 指示剂浓度减小
C. 生成 Ag_2O 沉淀   D. 终点不明显

11. 法扬司法采用的指示剂是（ ）。
A. 铬酸钾   B. 铁铵矾   C. 吸附指示剂   D. 自身指示剂

12. 下面论述中正确的是（ ）。
A. 莫尔法能测定 Ag^+、Cl^-、I^-
B. 福尔哈德法只能测定的离子有 Cl^-、Br^-、I^-、SCN^-
C. 福尔哈德法能测定的离子有 Ag^+、Cl^-、Br^-、I^-、SCN^-
D. 沉淀滴定中吸附指示剂的选择，要求沉淀胶体微粒对指示剂的吸附能力应略大于对待测离子的吸附能力

13. 用 $AgNO_3$ 滴定 Cl^- 时，用荧光黄作指示剂，滴定终点颜色变化是（ ）。
A. 由黄绿色变为粉红色   B. 由粉红色变为黄绿色
C. 由白色变为粉红色   D. 由黄绿色变为白色

14. 福尔哈德法返滴定测 I^- 时,必须在加入过量的 $AgNO_3$ 溶液后才能加入指示剂,这是因为（ ）。
   A. AgI 对 I^- 的吸附强
   B. AgI 对指示剂的吸附性强
   C. Fe^{3+} 氧化 I^-
   D. 终点提前出现

15. 用福尔哈德法测定 Cl^- 时,如果不加硝基苯或 1,2-二氯乙烷,会使分析结果（ ）。
   A. 偏高
   B. 偏低
   C. 可能偏高也可能偏低
   D. 无影响

16. 已知 $BaSO_4$ 的 $K_{sp}=1.1\times10^{-10}$,要使每升含 0.001mol 的 Ba^{2+} 能够析出,则 SO_4^{2-} 的最小浓度应该是（ ）。
   A. 1.1×10^{-4}
   B. 1.1×10^{-5}
   C. 1.1×10^{-6}
   D. 1.1×10^{-7}

17. 下列关于吸附指示剂,说法错误的是（ ）。
   A. 吸附指示剂是一种有机染料
   B. 吸附指示剂能用于沉淀滴定法中的法扬司法
   C. 吸附指示剂本身不具有颜色
   D. 吸附指示剂指示终点是由于指示剂结构发生改变

18. 下列条件不符合沉淀滴定形式要求的是（ ）。
   A. 沉淀易于过滤
   B. 沉淀的溶解度小
   C. 允许存在杂质
   D. 沉淀易转化为称量形式

19. 下列不属于银量法的是（ ）。
   A. 铬酸钾法
   B. 重铬酸钾法
   C. 铁铵矾法
   D. 吸附指示剂法

20. 佛尔哈德法在酸性介质中进行,可采用（ ）调节。
   A. HCl
   B. HNO_3
   C. H_2SO_4
   D. H_3PO_4

（二）多选题

1. 用于沉淀滴定反应必须符合哪些条件？（ ）
   A. 沉淀反应要迅速且能定量完成
   B. 生成的沉淀不需有固定的组成
   C. 溶解度要大
   D. 要有适当的方法能够确定滴定终点
   E. 沉淀的吸附现象不能影响滴定终点的确定

2. 为使滴定终点变化明显,法扬司法测定卤化物时应注意（ ）。
   A. 使卤化银呈胶状
   B. 选择不同的吸附指示剂,滴定的酸度条件不同
   C. 加入糊精、淀粉防止沉淀凝聚
   D. 避免在强光照射下滴定
   E. 胶粒对指示剂的吸附能力要适当

3. 对于一给定的难溶性电解质溶液,离子积 Q_c 和溶度积 K_{sp} 的关系正确的是（ ）。
   A. $Q_c=K_{sp}$,表示溶液为饱和溶液,既无沉淀析出也无沉淀溶解
   B. $Q_c<K_{sp}$,表示溶液为不饱和溶液,溶液无沉淀析出
   C. $Q_c<K_{sp}$,表示溶液为过饱和溶液,溶液会有沉淀析出
   D. $Q_c>K_{sp}$,表示溶液为不饱和溶液,溶液无沉淀析出
   E. $Q_c>K_{sp}$,表示溶液为过饱和溶液,溶液会有沉淀析出

4. 莫尔法适用于滴定哪些离子？（　　）。
A. Cl^-　　　B. Br^-　　　C. I^-
D. SCN^-　　E. Ag^+

5. 重量分析法按照分离方法的不同可分为（　　）。
A. 沉淀法　　　B. 气化法　　　C. 提取法
D. 莫尔法　　　E. 电解法

二、判断题

（　）1. 银量法根据确定滴定终点时所用指示剂的不同，可分为莫尔法、佛尔哈德法和法扬司法。

（　）2. K_{sp} 只能比较同种类型难溶性电解质的溶解度的大小。

（　）3. 使某一沉淀溶解的必要条件是 $Q_c > K_{sp}$。

（　）4. 莫尔法测定 Cl^- 含量时，其滴定反应的酸度条件是弱碱性或近中性。

（　）5. 佛尔哈德法适用于在酸性（稀硝酸）溶液中进行。

（　）6. 所有的沉淀反应都能用于沉淀滴定法。

（　）7. 对于难溶性电解质 AgCl，溶度积与溶解度的关系是 $K_{sp}=S^2$。

（　）8. 铬酸钾指示剂法所用指示剂是重铬酸钾。

（　）9. 硝酸银滴定液应避光保存。

（　）10. 两种难溶性电解质，溶度积大的溶解度也一定大。

（　）11. 硝酸银滴定液可用基准氯化钠标定。

（　）12. 市售的硫氰酸铵试剂可采用直接法配制滴定液。

（　）13. 重量分析法中气化法只适用于挥发性组分的测定。

（　）14. 法扬司法能测定的离子有 Cl^-、Br^-、I^-、SCN^- 及 Ag^+。

（　）15. 法扬司法滴定反应的酸度条件是弱碱性或近中性。

三、计算题

1. 将 0.005mol/L $AgNO_3$ 溶液与 0.002mol/L NaCl 溶液等体积混合，是否能产生 AgCl 沉淀？（AgCl 的 $K_{sp}=1.77\times 10^{-10}$）

2. 称取氯化钠试样 0.1082g，加适量水溶解后，加入 5% 铬酸钾指示剂 1ml，用 0.1012mol/L 硝酸银滴定液滴定，消耗 19.82ml。计算试样中氯化钠的含量。

附录 1 常见质子酸碱的解离常数

分子式	化合物	K_a（或 K_b）	pK_a（或 pK_b）
质子酸			
H_3BO_3	硼酸	$K_a = 7.3 \times 10^{-10}$	9.14
H_2CO_3	碳酸	$K_{a1} = 4.30 \times 10^{-7}$ $K_{a2} = 5.61 \times 10^{-11}$	6.37 10.25
HCN	氢氰酸	$K_a = 4.93 \times 10^{-10}$	9.31
HF	氢氟酸	$K_a = 3.53 \times 10^{-4}$	3.45
H_3PO_4	磷酸	$K_{a1} = 7.52 \times 10^{-3}$ $K_{a2} = 6.23 \times 10^{-8}$ $K_{a3} = 2.2 \times 10^{-13}$	2.12 7.21 12.66
H_2S	氢硫酸	$K_{a1} = 9.5 \times 10^{-8}$ $K_{a2} = 1.3 \times 10^{-14}$	7.02 13.9
NH_4^+		$K_a = 5.68 \times 10^{-10}$	9.25
HCOOH	甲酸	$K_a = 1.77 \times 10^{-4}$	3.75
CH_3COOH	醋酸	$K_a = 1.76 \times 10^{-5}$	4.75
$H_2C_2O_4$	草酸	$K_{a1} = 6.5 \times 10^{-2}$ $K_{a2} = 6.1 \times 10^{-5}$	1.19 4.21
$C_4H_4O_4$	顺丁烯二酸	$K_{a1} = 1.42 \times 10^{-2}$ $K_{a2} = 8.57 \times 10^{-7}$	1.83 6.06
C_6H_5COOH	苯甲酸	$K_a = 6.46 \times 10^{-5}$	4.19
C_6H_5OH	石炭酸	$K_a = 1.14 \times 10^{-10}$	10.0
$C_6H_8O_7$	枸橼酸	$K_{a1} = 1.1 \times 10^{-3}$ $K_{a2} = 4.1 \times 10^{-5}$ $K_{a3} = 2.1 \times 10^{-6}$	2.96 4.39 5.68
$C_7H_6O_3$	水杨酸	$K_{a1} = 1.07 \times 10^{-3}$ $K_{a2} = 4 \times 10^{-14}$	2.97 13.40
$C_6H_3N_3O_7$	苦味酸	$K_a = 4.2 \times 10^{-1}$	0.38
质子碱			
Ac^-		$K_b = 5.68 \times 10^{-10}$	9.25
$NH_3 \cdot H_2O$	氨水	$K_b = 1.76 \times 10^{-5}$	4.75
CO_3^{2-} HCO_3^-		$K_{b1} = 1.78 \times 10^{-4}$ $K_{b2} = 2.33 \times 10^{-8}$	3.75 7.63
en	乙二胺	$K_b = 8.5 \times 10^{-5}$	4.07
$C_6H_5NH_2$	苯胺	$K_b = 4.26 \times 10^{-10}$	9.37
C_6H_5N	吡啶	$K_b = 2.21 \times 10^{-10}$	9.65

附录2 常见金属配合物的稳定常数

配离子	$K_{稳}$	$lgK_{稳}$	配离子	$K_{稳}$	$lgK_{稳}$
$[Ag(CN)_2]^-$	1.3×10^{20}	20.1	AgY^{3-}	2.1×10^7	7.32
$[Ag(NH_3)_2]^+$	1.1×10^7	7.04	AlY^-	1.3×10^{16}	16.1
$[Ag(SCN)_2]^-$	3.7×10^7	7.57	CaY^{2-}	1.0×10^{11}	11.0
$[Co(NH_3)_6]^{2+}$	1.3×10^5	5.11	CdY^{2-}	2.5×10^{16}	16.4
$[Co(NH_3)_6]^{3+}$	2.0×10^{35}	35.3	CoY^{2-}	2.0×10^{16}	16.3
$[Cu(CN)_4]^{2-}$	2.0×10^{30}	30.3	FeY^{2-}	2.0×10^{14}	14.3
$[Cu(en)_2]^{2+}$	1.0×10^{21}	21.0	FeY^-	1.6×10^{24}	24.2
$[Cu(NH_3)_4]^{2+}$	2.1×10^{13}	13.3	HgY^{2-}	6.3×10^{21}	21.8
$[Fe(CN)_6]^{4-}$	1.0×10^{35}	35.0	MgY^{2-}	4.4×10^8	8.64
$[Fe(CN)_6]^{3-}$	1.0×10^{42}	42.0	MnY^{2-}	6.3×10^{13}	13.8
$[Fe(C_2O_4)_3]^{3-}$	2.0×10^{20}	20.3	NiY^{2-}	4.0×10^{18}	18.6
$[Pb(CH_3COO)_4]^{3-}$	2.0×10^8	8.30	PbY^{2-}	2.0×10^{18}	18.3
$[Ni(CN)_4]^{2-}$	2.0×10^{31}	31.3	SnY^{2-}	1.3×10^{22}	22.1
$[Zn(NH_3)_4]^{2+}$	2.9×10^7	7.46	ZnY^{2-}	2.5×10^{16}	16.4

附录 3 常见电极电对的标准电极电势

电极反应	电极电势 $\varphi^{\ominus}/V$	电极反应	电极电势 $\varphi^{\ominus}/V$
$Li^+ + e \Longrightarrow Li$	−3.042	$Cu^{2+} + e \Longrightarrow Cu^+$	0.519
$K^+ + e \Longrightarrow K$	−2.925	$Cu^+ + e \Longrightarrow Cu$	0.52
$Ba^{2+} + 2e \Longrightarrow Ba$	−2.9	$I_2(固) + 2e \Longrightarrow 2I^-$	0.5345
$Sr^{2+} + 2e \Longrightarrow Sr$	−2.89	$I_3^- + 2e \Longrightarrow 3I^-$	0.545
$Ca^{2+} + 2e \Longrightarrow Ca$	−2.87	$H_3AsO_4 + 2H^+ + 2e \Longrightarrow HAsO_2 + 2H_2O$	0.559
$Na^+ + e \Longrightarrow Na$	−2.71	$MnO_4^- + e \Longrightarrow MnO_4^{2-}$	0.564
$Mg^{2+} + 2e \Longrightarrow Mg$	−2.37	$MnO_4^- + 2H_2O + 3e \Longrightarrow MnO_2 + 4OH^-$	0.588
$Al^{3+} + 3e \Longrightarrow Al$	−1.66	$Hg_2SO_4(固) + 2e \Longrightarrow 2Hg + SO_4^{2-}$	0.6151
$Mn^{2+} + 2e \Longrightarrow Mn$	−1.182	$2HgCl_2 + 2e \Longrightarrow Hg_2Cl_2(固) + 2Cl^-$	0.63
$Se + 2e \Longrightarrow Se^{2-}$	−0.92	$O_2(气) + 2H^+ + 2e \Longrightarrow H_2O_2$	0.682
$Cr^{2+} + 2e \Longrightarrow Cr$	−0.91	$BrO^- + H_2O + 2e \Longrightarrow Br^- + 2OH^-$	0.76
$Zn^{2+} + 2e \Longrightarrow Zn$	−0.763	$Fe^{3+} + e \Longrightarrow Fe^{2+}$	0.771
$AsO_4^{3-} + 2H_2O + 2e \Longrightarrow AsO_2^- + 4OH^-$	−0.67	$Hg_2^{2+} + 2e \Longrightarrow 2Hg$	0.793
$SO_3^{2-} + 3H_2O + 4e \Longrightarrow S + 6OH^-$	−0.66	$Ag^+ + e \Longrightarrow Ag$	0.7995
$2SO_3^{2-} + 3H_2O + 4e \Longrightarrow S_2O_3^{2-} + 6OH^-$	−0.58	$NO_3^- + 2H^+ + e \Longrightarrow NO_2 + H_2O$	0.8
$HPbO_2^- + H_2O + 2e \Longrightarrow Pb + 3OH^-$	−0.54	$Hg^{2+} + 2e \Longrightarrow Hg$	0.845
$Sb + 3H^+ + 3e \Longrightarrow SbH_3$	−0.51	$Cu^{2+} + I^- + e \Longrightarrow CuI(固)$	0.86
$H_3PO_3 + 2H^+ + 2e \Longrightarrow H_3PO_2 + H_2O$	−0.5	$H_2O_2 + 2e \Longrightarrow 2OH^-$	0.88
$2CO_2 + 2H^+ + 2e \Longrightarrow H_2C_2O_4$	−0.49	$ClO^- + H_2O + 2e \Longrightarrow Cl^- + 2OH^-$	0.89
$S + 2e \Longrightarrow S^{2-}$	−0.48	$NO_3^- + 3H^+ + 2e \Longrightarrow HNO_2 + H_2O$	0.94
$Fe^{2+} + 2e \Longrightarrow Fe$	−0.44	$HIO + H^+ + 2e \Longrightarrow I^- + H_2O$	0.99
$Cd^{2+} + 2e \Longrightarrow Cd$	−0.403	$HNO_2 + H^+ + e \Longrightarrow NO(气) + H_2O$	1
$As + 3H^+ + 3e \Longrightarrow AsH_3$	−0.38	$VO_2^+ + 2H^+ + e \Longrightarrow VO^{2+} + H_2O$	1
$SeO_3^{2-} + 3H_2O + 4e \Longrightarrow Se + 6OH^-$	−0.366	$NO_2 + H^+ + e \Longrightarrow HNO_2$	1.07
$Co^{2+} + 2e \Longrightarrow Co$	−0.277	$ClO_4^- + 2H^+ + 2e \Longrightarrow ClO_3^- + H_2O$	1.19
$H_3PO_4 + 2H^+ + 2e \Longrightarrow H_3PO_3 + H_2O$	−0.276	$IO_3^- + 6H^+ + 5e \Longrightarrow 1/2 I_2 + 3H_2O$	1.2

续表

电极反应	电极电势 $\varphi^{\ominus}/V$	电极反应	电极电势 $\varphi^{\ominus}/V$
$Ni^{2+}+2e\Longrightarrow Ni$	-0.246	$O_2(气)+4H^++4e\Longrightarrow 2H_2O$	1.229
$AgI(固)+e\Longrightarrow Ag+I^-$	-0.152	$MnO_2(固)+4H^++2e\Longrightarrow Mn^{2+}+2H_2O$	1.23
$Sn^{2+}+2e\Longrightarrow Sn$	-0.136	$Cr_2O_7^{2-}+14H^++6e=2Cr^{3+}+7H_2O$	1.33
$Pb^{2+}+2e\Longrightarrow Pb$	-0.126	$ClO_4^-+8H^++7e\Longrightarrow 1/2Cl_2+4H_2O$	1.34
$O_2+H_2O+2e\Longrightarrow HO_2^-+OH^-$	-0.067	$Cl_2(气)+2e\Longrightarrow 2Cl^-$	1.3595
$2H^++2e\Longrightarrow H_2$	0	$BrO_3^-+6H^++6e\Longrightarrow Br^-+3H_2O$	1.44
$AgBr(固)+e\Longrightarrow Ag+Br^-$	0.071	$HIO+H^++e\Longrightarrow 1/2I_2+H_2O$	1.45
$S_4O_6^{2-}+2e\Longrightarrow 2S_2O_3^{2-}$	0.08	$ClO_3^-+6H^++6e\Longrightarrow Cl^-+3H_2O$	1.45
$Hg_2Br_2+2e\Longrightarrow 2Hg+2Br^-$	0.1395	$PbO_2(固)+4H^++2e\Longrightarrow Pb^{2+}+2H_2O$	1.455
$Sn^{4+}+2e\Longrightarrow Sn^{2+}$	0.154	$ClO_3^-+6H^++5e\Longrightarrow 1/2Cl_2+3H_2O$	1.47
$SO_4^{2-}+4H^++2e\Longrightarrow SO_2(水)+H_2O$	0.17	$HClO+H^++2e\Longrightarrow Cl^-+H_2O$	1.49
$SbO^++2H^++3e\Longrightarrow Sb+H_2O$	0.212	$MnO_4^-+8H^++5e\Longrightarrow Mn^{2+}+4H_2O$	1.51
$AgCl(固)+e\Longrightarrow Ag+Cl^-$	0.2223	$BrO_3^-+6H^++5e\Longrightarrow 1/2Br_2+3H_2O$	1.52
$HAsO_2+3H^++3e\Longrightarrow As+2H_2O$	0.248	$HBrO+H^++e\Longrightarrow 1/2Br_2+H_2O$	1.59
$Hg_2Cl_2(固)+2e\Longrightarrow 2Hg+2Cl^-$	0.2676	$Ce^{4+}+e\Longrightarrow Ce^{3+}$	1.61
$BiO^++2H^++3e\Longrightarrow Bi+H_2O$	0.32	$HClO+H^++e\Longrightarrow 1/2Cl_2+H_2O$	1.63
$Cu^{2+}+2e\Longrightarrow Cu$	0.337	$HClO_2+H^++e\Longrightarrow HClO+H_2O$	1.64
$Fe(CN)_6^{3-}+e\Longrightarrow Fe(CN)_6^{4-}$	0.36	$MnO_4^-+4H^++3e\Longrightarrow MnO_2(固)+2H_2O$	1.695
$HgCl_4^{2-}+2e\Longrightarrow Hg+4Cl^-$	0.48	$H_2O_2+2H^++2e\Longrightarrow 2H_2O$	1.77

附录4 常见难溶化合物的溶度积常数

分子式	化合物	K_{sp}	分子式	化合物	K_{sp}
AgBr	溴化银	5.0×10^{-13}	CuS	硫化铜	6.3×10^{-36}
AgCl	氯化银	1.8×10^{-10}	$Fe(OH)_2$	氢氧化亚铁	8.0×10^{-16}
AgCN	氰酸银	1.2×10^{-16}	$Fe(OH)_3$	氢氧化铁	4.0×10^{-38}
Ag_2CO_3	碳酸银	8.1×10^{-12}	FeS	硫化亚铁	6.3×10^{-18}
Ag_2CrO_4	铬酸银	1.2×10^{-12}	Hg_2Cl_2	氯化亚汞	1.3×10^{-18}
AgI	碘化银	8.3×10^{-17}	$MgCO_3$	碳酸镁	3.5×10^{-5}
Ag_2S	硫化银	6.3×10^{-50}	$Mg(OH)_2$	氢氧化镁	1.8×10^{-11}
Ag_2SO_4	硫酸银	1.4×10^{-5}	$PbCl_2$	氯化铅	1.6×10^{-5}
$Al(OH)_3$	氢氧化铝	4.6×10^{-33}	$PbCO_3$	碳酸铅	7.4×10^{-14}
AgSCN	硫氰酸银	1.0×10^{-12}	PbS	硫化铅	8.0×10^{-28}
$BaCO_3$	碳酸钡	5.1×10^{-9}	PbI_2	碘化铅	7.1×10^{-9}
$BaSO_4$	硫酸钡	1.1×10^{-10}	$Pb(OH)_2$	氢氧化铅	1.2×10^{-15}
$CaCO_3$	碳酸钙	2.8×10^{-9}	$Zn(OH)_2$	氢氧化锌	1.2×10^{-17}
CaC_2O_4	草酸钙	4.0×10^{-9}	ZnS	硫化锌	1.2×10^{-23}

目标检测参考答案

第一章 无机化学基础

一、选择题

（一）单选题

DCDCB　ACCAB

（二）多选题

1. ABCD　2. ABD　3. CDE　4. ABC　5. ABD

二、判断题

√√×√√　×√×√

第二章 定量分析实验基础

一、选择题

（一）单选题

CBBAC　CDCBC　BAADD　BCBBC　CBDBC　BDABC

（二）多选题

1. BC　2. BD　3. ABC　4. ABC　5. AC

二、判断题

××√√×　√××××　√×××√　√×√×√　√√√√　×√×√√

第三章 溶液及其制备

一、选择题

（一）单选题

CDDAA　CBBBA　DBDAD

（二）多选题

1. ABCDE　2. ABCD　3. ABDE　4. AC　5. ABC

二、判断题

√√√×　√√√√　√√√√　√×√√

第四章 定量分析中的有效数字及误差

一、选择题

（一）单选题

DBCCC　BAADD　CBCBB　CDAAC

（二）多选题

1. ABDE　2. ACDE　3. ACD　4. ACD　5. ADE

二、判断题

×√×√√　×√×××　√√√×√

第五章　滴定分析概论

一、选择题

（一）单选题

CAAAC　AACDD　BDCAA

（二）多选题

1. ABCDE　2. ABCD　3. ABD　4. CD　5. ABCDE

二、判断题

×× √√×　√×√√√　×√√××　√√√√√

三、计算题

1. 0.1936 mol/L　2. 36.75%

3. $\omega = \dfrac{V_B T_{A/B} F}{m_s} \times 100\% = \dfrac{V_B T_{A/B} \dfrac{c_{B实际}}{c_{B理论}}}{m_s} \times 100\% = \dfrac{7.50 \times 17.12 \times 10^{-3} \times \dfrac{0.1020}{0.1}}{0.1312} \times 100\% = 99.8\%$

第六章　酸碱滴定分析

一、选择题

（一）单选题

BBDCC　ADDDB　DDABB　BADAC

（二）多选题

1. AC　2. ACE　3. ABCDE　4. CD　5. CE

二、判断题

×××√×　√××××　×

三、填空题

1. 标准滴定溶液，pH，全部，部分，滴定突跃

2. $pK_{HIn} \pm 1$

3. 碱性

4. 大，大

5. 共轭酸碱对，$K_a K_b = K_w = 10^{-14}$

6. NH_4^+，Ac^-

7. 冰醋酸，高氯酸，结晶紫，醋酸汞

8. 酸、碱、碱、酸

四、简答题（略）

五、计算题（略）

第七章　配位滴定分析

一、选择题
（一）单选题
AADAB　D
（二）多选题
1．ABC　2．ADE　3．BD　4．ABC　5．AB

二、判断题
√×√√√

三、填空题
1．乙二胺四醋酸，乙二胺四醋酸二钠
2．N原子，O原子，配位原子
3．1∶1
4．$[Y^{4-}]$，pH，减小
5．铬黑T，7~10，钙指示剂，10~13
6．硫酸四氨合铜，Ⅱ，四，N

四、计算题
1．79.51%
2．124.2mg/L，1.241mmol/L

第八章　氧化还原滴定分析

一、单项选择题
ACADA　BCBAD　CCDDC

二、多项选择题
1．ABDE　2．ACDE　3．ACD　4．BE　5．AD

三、简答题（略）

四、计算题
1．0.0329g/ml 或 3.29%
2．0.1175mol/L

第九章　沉淀滴定分析

一、选择题
（一）单选题
CBBCB　CBACC　CCACB　DCCBB
（二）多选题
1．ADE　2．ABCDE　3．ABE　4．AB　5．ABCE

二、判断题
√√×√√　×√×√×　√×√√×

参考文献

[1] 国家药典委员会编.中华人民共和国药典.北京:中国医药科技出版社,2020.
[2] 董会钰.无机及分析化学.北京:化学工业出版社,2021.
[3] 勇飞飞,丁晓红.无机及分析化学实验实训教程.咸阳:西北农林科技大学出版社,2022.
[4] 李田霞,燕来敏.无机及分析化学.2版.北京:化学工业出版社,2023.
[5] 奚立民.无机及分析化学.3版.杭州:浙江大学出版社,2023.
[6] 邬建敏.无机及分析化学.3版.北京:高等教育出版社,2019.
[7] 韩兴昊,次仁德吉.无机及分析化学.南京:南京大学出版社,2019.
[8] 王元兰,邓斌.无机及分析化学.北京:化学工业出版社,2017.

元素周期表